机械加工产品生产管理与加工技术

李现新　张庆红　主　编

韩东刚　张　霞　杨　清　高洪卫　副主编

清华大学出版社

北　京

内 容 简 介

本书围绕机械加工职业岗位要求合理地组织内容，采用图文并茂的表现形式，知识表述浅显易懂。书中内容针对性、实用性强，引导学生“做中学，学中做”，使学生具备自主学习、合作交流的能力，提高学生分析问题、解决问题的能力，增强与职业岗位的对接度。全书共分为七个项目，十五个任务，主要内容包括机械加工组织生产流程及管理、机械加工概述、车削加工技术、铣削加工技术、钻孔加工技术、磨削加工技术、现代加工技术。

本书可作为职业学校机械类专业的基础教材，也可供技师学院相关专业师生作为教材使用，还可供相关专业技术人员参考。

图书在版编目（CIP）数据

机械加工产品生产管理与加工技术 / 李现新，张庆红主编. -- 北京 : 清华大学出版社, 2024. 8.
ISBN 978-7-302-66742-1

Ⅰ. TG5

中国国家版本馆 CIP 数据核字第 2024S4G616 号

责任编辑： 刘金喜
封面设计： 范惠英
版式设计： 芃博文化
责任校对： 孔祥亮
责任印制： 沈 露

出版发行： 清华大学出版社
网　　址： https://www.tup.com.cn，https://www.wqxuetang.com
地　　址： 北京清华大学学研大厦 A 座　　**邮　　编：** 100084
社 总 机： 010-83470000　　**邮　　购：** 010-62786544
投稿与读者服务： 010-62776969，c-service@tup.tsinghua.edu.cn
质 量 反 馈： 010-62772015，zhiliang@tup.tsinghua.edu.cn
印 装 者： 北京嘉实印刷有限公司
经　　销： 全国新华书店
开　　本： 185mm×260mm　　**印　　张：** 15　　**字　　数：** 365 千字
版　　次： 2024 年 10 月第 1 版　　**印　　次：** 2024 年 10 月第 1 次印刷
定　　价： 58.00 元

产品编号：098154-01

前 言

本书是在职业教育课程与教学改革形势下，结合行业企业需求以及职业教育机械类专业相关课程标准，针对职业院校机械加工技术、数控技术应用、数控设备应用与维护、模具制造技术等专业教学思路和方法的改革创新要求编写的。

本书全面贯彻落实党的二十大精神，依据职业院校学生的认知与心理特点，综合考虑学生发展需要，采用项目导向、任务驱动的形式编写，贯彻“做中学，学中做”的职教理念，采取图文并茂的表现形式展示各个知识点与任务，提高教材的可读性和可操作性，追求理论与实践的有机统一。同时根据课程知识点的内容，将自信自立、守正创新、劳动精神、大国工匠精神、创造精神、勤俭节约、安全操作等职业素养通过知识关联、典型案例等方式融入教学内容，培养学生良好的职业能力与职业素养。

本书分为七个项目，十五个任务，主要内容包括机械加工组织生产流程及管理、机械加工概述、车削加工技术、铣削加工技术、钻孔加工技术、磨削加工技术和现代加工技术。

本书由济南市历城职业中等专业学校李现新、张庆红任主编，韩东刚、张霞、杨清、高洪卫任副主编，参加编写的还有李金平、李辉、雷桂珍、孟繁堂、张强、陈学林。本书的编写得到了相关企业的支持与配合，在此致以最诚挚的感谢！同时在本书的编写过程中还得到济南市历城职业中等专业学校领导的大力支持与帮助，在此一并表示感谢！

由于编者水平有限，书中难免存在不足之处，恳请广大教师和读者在使用本书过程中及时将意见和建议反馈给我们，以便修订时完善。

本书免费提供 PPT 教学课件、课后习题、综合试题库及课程标准，可通过扫描下方二维码下载。微课视频可通过扫描书中二维码观看。

服务邮箱：476371891@qq.com。

教学资源下载

编写组

2024 年 4 月

目　录

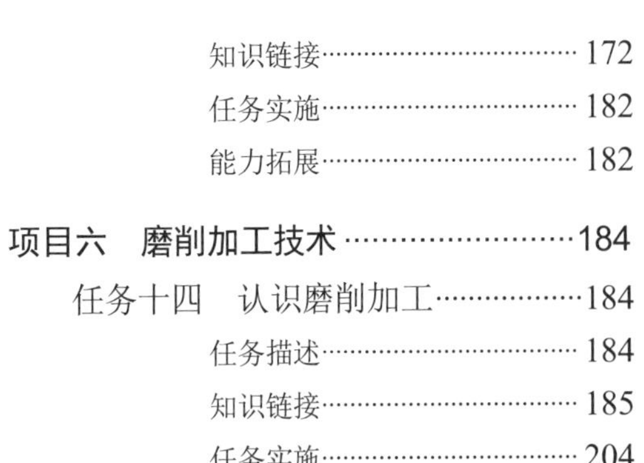

项目一

机械加工组织生产流程及管理

任务一 生产准备

知识目标

1. 掌握工艺过程组成中的基本概念，掌握各种生产类型的工艺特征；
2. 掌握工艺路线的制定方法；
3. 了解人员、设备、材料的准备工作；
4. 了解毛坯的种类及选择。

能力目标

1. 能够形成对工艺过程中基本概念的初步认知；
2. 能制定相对合理的工艺路线；
3. 能根据具体条件选择机床及工装。

素质目标

1. 具有严谨认真的工作态度；
2. 具有深厚的爱国情感、国家认同感、中华民族自豪感。

任务描述

在实际生产中，由于零件的结构形状、几何精度、技术条件和生产数量等要求不同，一个零件往往要经过一定的加工过程才能将其由图样变为成品零件。因此，机械加工工艺人员必须从工厂现有的生产条件和零件的生产数量出发，根据零件的具体要求，在保证加工质量、提高生产效率和降低生产成本的前提下，对零件上各加工表面选择适宜的加工方法，合理地制定工艺路线，科学地拟定加工工艺过程，才能获得合格的机械零件。本任务学习工艺过程组成的各个基本概念、各种生产类型及其工艺特征；重点学习工艺路线制订方面的知识，同时了解毛坯的种类及选择、机床与工装的选择等知识。

知识链接

一、生产计划

1. 生产与生产管理

1) 生产

生产也称社会生产，是指人们结成一定的生产关系，利用生产工具，改变劳动对象以适合人们需要的过程，即生产实际上是一种加工转换过程。在加工转换过程中，生产系统必须投入一定的生产要素，这样可根据不同的生产目的，生产出满足人们不同需要的产品，如图 1-1 所示。

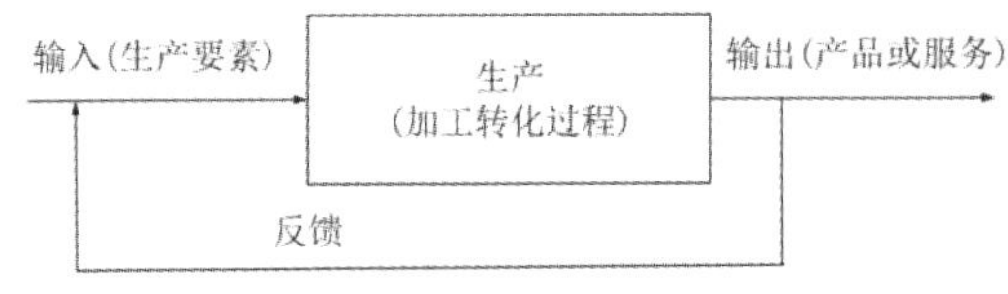

图1-1　生产活动模型

2) 生产管理

生产管理就是对企业生产活动的计划、组织、协调、控制，有广义和狭义之分。

广义的生产管理是指对企业生产活动的全过程进行系统的管理，也就是以企业生产系统作为对象的管理。由于广义的生产管理是对企业生产系统的管理，所以其内容十分广泛，包括生产过程的组织、劳动组织与劳动定额管理、生产技术准备工作、生产计划和生产作业计划的编制、生产控制、物资管理、设备和工具管理、能源管理、质量管理、安全生产、环境保护等。

狭义的生产管理则是指以产品的生产过程为对象的管理，即对企业的生产技术准备、原材料投入、工艺加工直至产品完工的具体活动过程的管理。由于产品的生产过程是生产系统的一部分，因此，狭义的生产管理的内容，也只能是广义生产管理内容的一部分，它主要包括生产过程组织、生产技术准备、生产计划与生产作业计划的编制、生产作业控制等。

3) 生产管理的组织机构

为了有效地从事生产管理，需要建立一个良好的生产管理的组织机构。这个机构在整个企业的组织机构中占有重要地位。生产管理机构的设置应符合三个要求：一是能够实行正确、迅速、有力的生产指挥；二是机构和人员精简，工作效率高，有明确的责任制；三是建立一个有效的、上下左右情报畅通的信息系统。由于企业的规模、生产类型、技术特点不同，因此生产管理组织机构的设置形式也不一样。尽管如此，它总是由两部分组成：一是生产管理的行政指挥机构；二是生产管理的职能机构。

(1) 生产管理的行政指挥机构。由于有效管理幅度的限制，一名生产管理人员不可能直接有效地指挥许多人，需要分级指挥，组成一个多级的生产管理指挥系统。在工业企业里一般采用三级生产指挥系统，组织结构如图 1-2 所示。

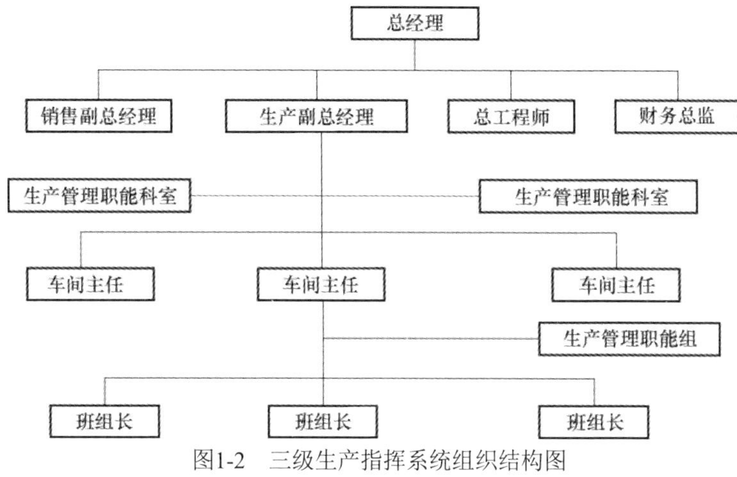

图1-2　三级生产指挥系统组织结构图

生产副总经理是总经理在生产管理方面的助手，在总经理的领导下，负责企业的日常生产技术管理工作，直接领导各个基本生产车间和辅助车间，以及生产调度科、生产技术科等职能科室。如果生产副总经理的工作过重，可设置总调度长、生产总监等岗位，负责有关方面的工作。

车间主任是车间生产行政工作的负责人，在总经理和生产副总经理的领导下，全面指挥车间的生产技术经济工作。在三班制连续生产的车间，可设置值班长作为车间主任在中、夜班中统一指挥车间生产技术活动的全权代理人。

班组长是生产班组的行政负责人，其主要职责有四个：一是根据车间下达的计划，组织指挥班组的生产工作；二是在技术上指导工人工作；三是检查和贯彻工人岗位责任制；四是组织工人管理员的工作。

在三级生产指挥系统中，必须加强企业的集中统一指挥，同时注意发挥车间和班组的生产指挥作用。

(2) 生产管理的职能机构。随着科学技术的不断发展，产品的技术含量越来越高。为了保证整个生产系统的正常运转，工业企业达到一定规模后，必须设置专门的生产管理机构，它是各级生产行政指挥人员的参谋和办事机构，在业务上起指导、帮助和监督下级行政组织的作用。生产管理的职能机构的设置是多种多样的，这里仅介绍一种典型形式，如图 1-3 所示。

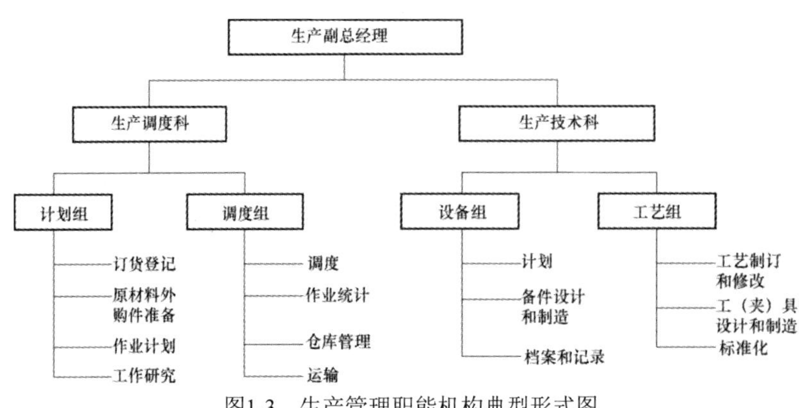

图1-3　生产管理职能机构典型形式图

2. 生产过程与工艺过程

1) 生产过程

机械产品的生产过程是指把原材料转变为机械成品的各相互关联劳动过程的总和，它包括：

(1) 生产技术准备过程。包括产品投产前的市场调查、预测、新产品开发鉴定、产品设计、标准化审查等。

(2) 生产工艺过程。指直接制造产品毛坯和零件的机械加工、热处理、检验、装配、调试、油漆等生产活动。

(3) 辅助生产过程。指为了保证基本生产过程的正常进行所必需的辅助生产活动，如工艺装备的制造、能源供应、设备维修等。

(4) 生产服务过程。指原材料的组织、运输、保管、储存、供应及产品包装、销售等过程。

为了便于组织生产和提高劳动生产率，取得更好的经济效益，现代工业趋向于专业化协作，即将一种产品的若干个零部件分散到若干专业化厂家进行生产，总装厂只生产主要零部件及总装调试。如汽车、摩托车行业大都采用这种模式进行生产。

2) 工艺过程

工艺过程是指生产过程中直接改变生产对象的形状、尺寸、相对应的位置和性质等，使之成为成品或半成品的过程。如毛坯制造、机械加工、热处理、表面处理及装配等，它是生产过程的主体。

机械加工生产过程与工艺过程的关系如图1-4所示。

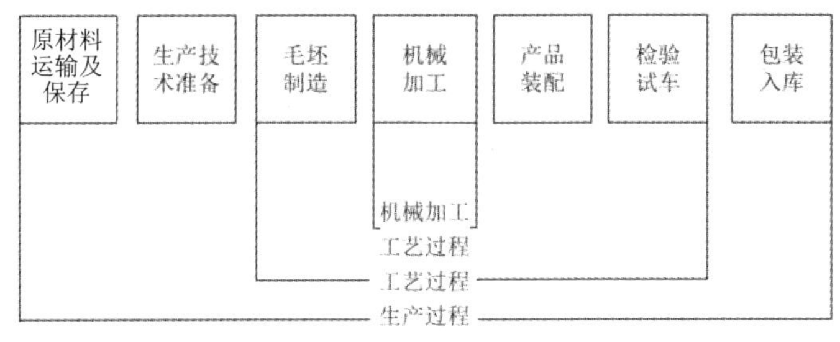

图1-4　机械加工生产过程与工艺过程

3) 工艺过程的组成

机械加工工艺过程由一个或若干个顺序排列的工序组成，而工序又可分为安装、工位、工步和走刀。

一个(或一组)工人，在一个工作地点(或一台机床上)，对同一个工件(或一组工件)所连续完成的部分工艺过程，称为工序。划分工序的主要依据是工作地点(或机床)是否变动和加工是否连续。

一个工艺过程需要包含哪些工序，是由被加工零件的结构复杂程度、加工精度要求及生产类型所决定的，图 1-5 所示的阶梯轴因不同生产批量，具有不同的工艺过程及工序，见表 1-1 及表 1-2。

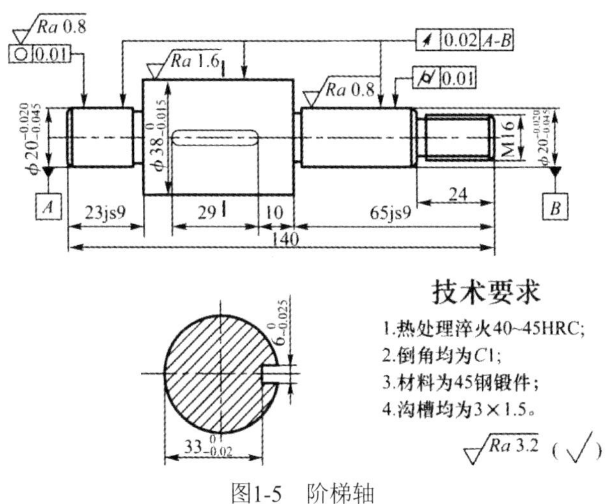

图1-5　阶梯轴

表1-1　阶梯轴工艺过程(生产批量较小时)

工序号	工序名称及内容	设备
1	车端面，打中心孔，车外圆，切退刀槽，倒角，车螺纹	车床
2	铣键槽	铣床
3	磨外圆	磨床
4	去毛刺	钳工台

表1-2　阶梯轴工艺过程(生产批量较大时)

工序号	工序名称及内容	设备
1	铣端面，钻中心孔	铣钻联合机床
2	粗车外圆	车床
3	精车外圆，切退刀槽，倒角，车螺纹	车床
4	铣键槽	铣床
5	去毛刺	钳工台
6	磨外圆	磨床

(1) 安装。工件经一次装夹后所完成的那部分工序，称为安装。一个工序中可以只有一次安装，也可以有多次安装。工件在加工过程中，应尽量减少装夹次数，因为多一次装夹就多一分误差，同时增加装卸工件的时间。例如表 1-1 的第 1 道工序，需经过两次安装才能完成其全部内容。

(2) 工位。一次装夹工件后，工件与夹具或设备的可动部分一起相对刀具或设备的固定部分所占据的每一个位置，称为工位。

图 1-6 所示为一利用回转工作台或转位夹具，在一次安装中顺次完成装卸工件、钻孔、扩孔、铰孔四个工位加工的实例。采用这种多工位加工方法，可以提高加工精度和生产率。

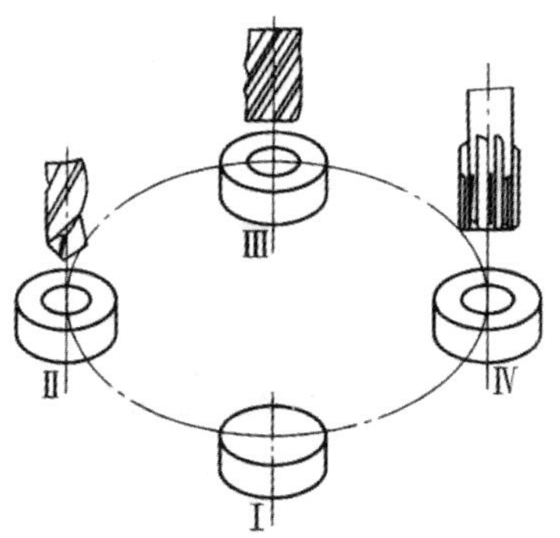

工位I—装卸工件；工位II—钻孔；工位III—扩孔；工位IV—铰孔

图1-6　多工位加工

(3) 工步。工步是工序的组成部分，指在加工表面、切削刀具和切削用量(指切削速度和进给量)均保持不变的情况下所完成的那部分工序。表 1-2 中的工序 1，需要铣削端面、钻中心孔等工步，而工序 4 铣键槽就只有一个工步。批量生产中，为了提高生产率，常采用多刀多刃刀具或复合刀具同时加工零件的多个表面，这样的工步称为复合工步，如图 1-7 所示。

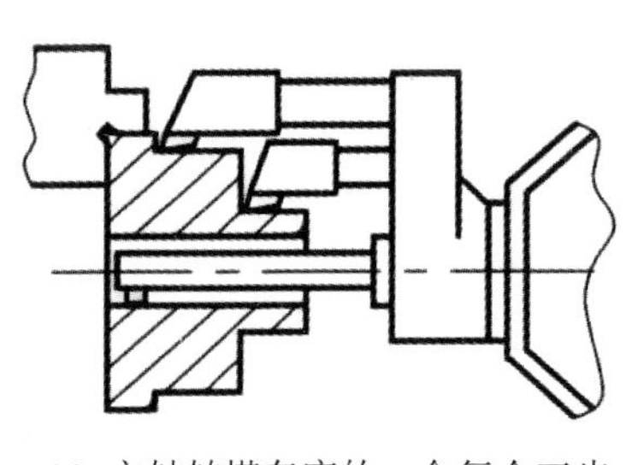

(a) 立轴转塔车床的一个复合工步

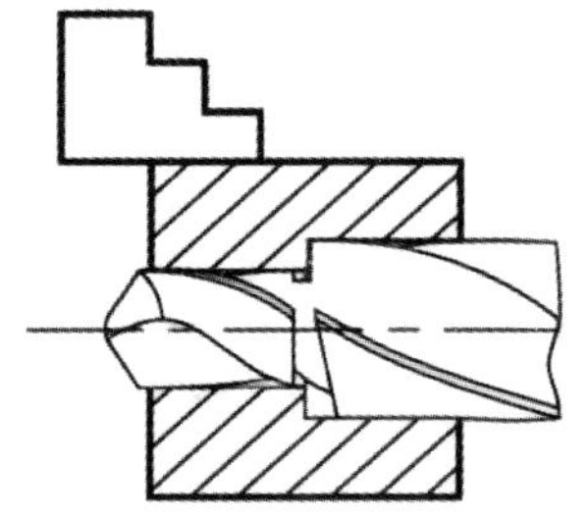

(b) 钻孔、扩孔复合工步

图1-7　复合工步

(4) 走刀。在一个工步内，如果被加工表面需要切去的金属层很厚，一次切削无法完成，则应分几次切削，每切去一层金属的过程就是走刀。一个工步可以包括一次或几次走刀。

3. 生产类型及工艺特征

1) 生产纲领

在计划期内应当生产的产品和进度计划称为生产纲领。零件的生产纲领可按下式计算：

$$N=Qn(1+\alpha+\beta)$$

式中，N——零件的年产量，件/年；

Q——产品的年产量，台/年；

n——每台产品中该零件的数量，件/台；

α——备品率，%；

β——废品率，%。

生产类型及工艺特征视频

生产纲领的大小决定了产品(或零件)的生产类型，不同的生产类型有不同的工艺特征，在制定工艺规程时必须考虑这些工艺特征对零件加工过程的影响。因此，生产纲领是制订和修改工艺规程的重要依据。

2) 生产类型

生产类型是指企业(或车间、工段、班组)生产专业化程度的分类。根据产品尺寸大小和特征以及生产纲领的不同，生产类型可分为三种，即单件生产、成批生产和大量生产。

(1) 单件生产。单件生产指产品品种多，很少重复生产同一品种，且每一种产品生产量很少的生产。例如，重型机器和大型船舶的制造，新产品样机的试制以及机修车间的零件制造等一般均为单件生产。

(2) 成批生产。成批生产是指一年中分批地制造若干相同产品，生产呈周期性重复状况。例如，机床和电机制造一般为成批生产。

(3) 大量生产。大量生产是指连续地大量生产同一种产品，一般每台机床都固定地完成某种零件的某一工序的加工。例如，汽车、拖拉机、轴承、自行车等产品的制造一般属于这一类型。

按投入零件的批量大小，成批生产又分为小批生产、中批生产及大批生产三种。小批生产的特点是零件虽然按批量投产，但批量不稳定，生产连续性不明显，其工艺过程及生产组织类型类似于单件生产；大批生产时产品品种较为稳定，零件投产批量大，其中主要零件连续生产，大批生产的工艺过程特点和生产组织与大量生产相似；中批生产的特点是产品生产有一定的周期性，其工艺特点和生产组织介于小批和大批之间。鉴于成批生产的以上特点，生产常把小批生产同单件生产、大批生产同大量生产相提并论，进而把生产类型分为单件小批生产、中批生产和大批大量生产。

生产类型与生产纲领、产品尺寸大小之间的大致关系见表 1-3。

表1-3　生产类型与生产纲领的关系

生产类型	零件的生产纲领/(件/年)		
	重型零件(>50 kg)	中型零件(15～50 kg)	轻型零件(≤15 kg)
单件生产	≤5	≤20	≤100
小批生产	5～100	20～200	100～500
中批生产	100～300	200～500	500～5000
大批生产	300～1000	500～5000	5000～50 000
大量生产	>1000	>5000	>50 000

3) 各种生产类型的工艺特征

不同生产类型的工艺特点不同，它们在毛坯种类、机床及工艺装备选用、机床布置和生产组织等方面均有明显区别。不同生产类型的工艺特征见表 1-4。

表1-4　各种生产类型的工艺特征

特点 类别 项目	单件小批生产	中批生产	大批大量生产
加工对象	经常变换	周期性交换	固定不变
毛坯及余量	木模手工造型，自由锻。毛坯精度低，加工余量大	金属模铸造，模锻。毛坯精度和加工余量均中等	广泛采用金属模机器造型和模锻。毛坯精度高，加工余量小
机床设备	通用机床按机群式排列，数控机床	部分专用机床，部分流水线排列，部分数控机床	广泛采用专机，按流水线布置
工装设备	通用工装为主，必要时采用专用夹具	广泛采用专用夹具、可调夹具，部分采用专用的刀、量具	广泛采用高效专用工装
工件装夹方法	通用夹具和划线找正	广泛采用专用夹具，少数采用划线找正	全部采用夹具装夹
装配方法	广泛采用修配法	大多采用互换法	互换法
操作工人技术水平	高	一般	较低
工艺文件	工艺过程卡	工艺卡，内容较详细	工艺过程卡、工序卡，内容详细
生产率	低	一般	高
成本	高	一般	低

随着技术的进步和市场需求的变换，生产类型的划分正在发生深刻的变化，传统大批量生产往往不能适应产品及时更新换代的需要，而单件小批生产的生产能力又不能跟上市场需求，因此各种生产类型都朝着柔性化的方向发展，多品种中小批量的生产方式成为当今社会主流。随着“工业 5.0”时代的到来，未来将趋于个性化生产——人人都是创客。

二、零件的工艺分析

1. 分析零件图和装配图

制定工艺规程时，首先应对产品的零件图和与之相关的装配图进行研究分析，明确该零件在产品中的位置和作用，了解各项技术要求制定的依据，找出其主要技术要求和技术关键。具体分析内容如下：

(1) 零件的视图、尺寸、公差和技术要求等是否齐全。

(2) 结合产品装配图分析判断零件图所规定的加工要求是否合理。例如图 1-8 所示的汽车钢板弹簧吊耳，原设计吊耳内侧面的表面粗糙度要求为 *Ra*3.2μm，但查阅装配图后发现，工作中钢板弹簧与吊耳的内侧面是不接触的，可以确定该表面粗糙度的要求不合理，可将其增大到 *Ra*12.5μm，这样就可以在铣削时增大进给量，使生产率提高。

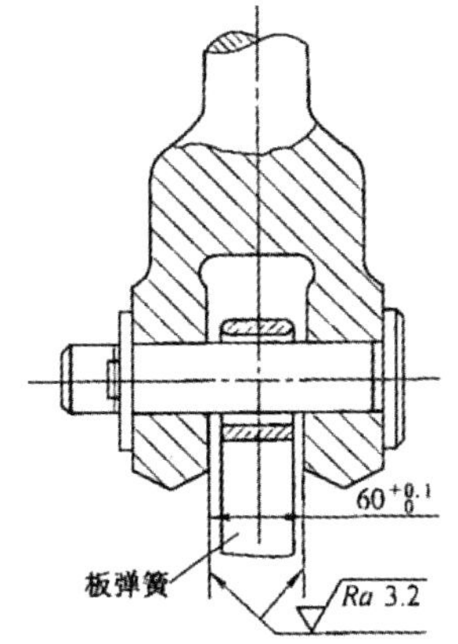

图1-8　汽车钢板弹簧吊耳

(3) 零件的选材是否恰当，热处理要求是否合理。例如图 1-9 所示的方头销，所选材料为 T8A，方头部分要求淬火硬度为 55～60HRC，零件上有一个孔 ϕ2H7 要求装配时配作。由于零件全长只有 15mm，方头部分为 4mm，很容易发生零件全长均被淬硬的情况，致使装配时 ϕ2H7 孔无法加工。若将材料改为 20Cr 钢，采用局部渗碳淬火，问题即可得到解决。

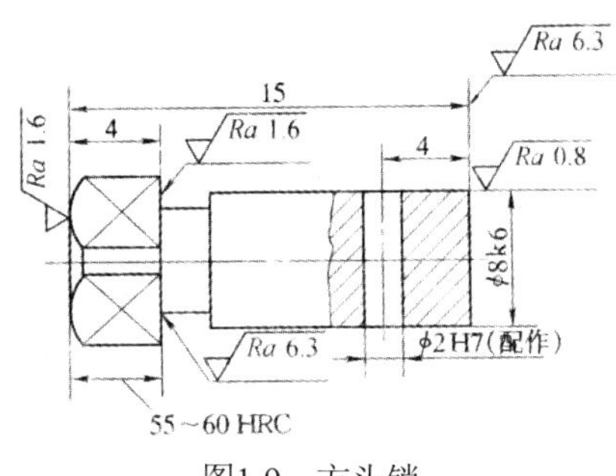

图1-9　方头销

2. 零件的结构工艺性分析

一个好的机器产品和零件结构，不仅要满足使用性能的要求，而且要便于制造和维修，即满足结构工艺性的要求。在产品技术设计阶段，工艺人员要对产品结构工艺性进行分析和评价；在产品设计阶段，工艺人员应对产品和零件结构工艺性进行全面审查并提出意见和建议。

1) 零件结构工艺性

零件结构工艺性是指在满足使用要求的前提下，制造该零件的可行性和经济性。它由零件结构要素的工艺性和零件整体结构的工艺性两部分组成。

组成零件的各加工表面称为结构要素，零件结构要素的工艺性主要表现在以下几个方面：

(1) 各结构要素应满足形状简单，面积尽量小，规格尽量统一和标准的要求，以减少加工时调整刀具的次数。

(2) 能采用普通设备和标准刀具进行加工，刀具易进入、退出和顺利通过，避免内端面加工，防止碰撞已加工面。

(3) 加工面与非加工面应明显分开，应使加工中的刀具具有较好的切削条件，以提高刀具的寿命，保证加工质量。

零件整体结构的工艺性主要表现在以下几个方面：

(1) 尽量采用标准件、通用件或相似件。

(2) 有位置精度要求的表面应尽量在一次安装下加工出来，例如箱体的同轴孔线孔，其孔径应当同向或双向递减，以便在单面或双面镗床上一次装夹把它们加工出来。

(3) 零件应有足够的刚性，以防止在加工过程中(尤其是在高速和多刀切削时)变形，影响加工精度。

(4) 有便于装夹的基准和定位面。

2) 产品结构的工艺性

产品结构的工艺性是指所设计的产品在满足使用要求的前提下，制造、维修的可行性和经济性。

(1) 独立的装配单元。所谓独立的装配单元，就是指机器结构能够划分成若干个独立的部件、组件，这些独立的部件和组件可以各自独立地进行装配，最后再将它们总装成一台机器。

(2) 便于装配和拆卸。

(3) 尽量减少在装配时的机械加工和修配工作。

表 1-5 列举了生产中常见的结构工艺性定性分析的实例。

表1-5　结构工艺性实例分析

序号	结构工艺性内容	不好	好
1	尽量减少大平面加工	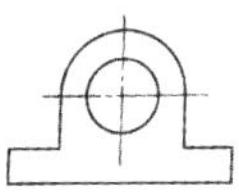	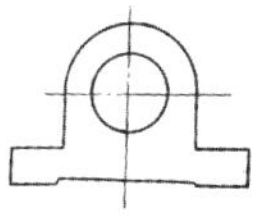
2	尽量减少长孔加工	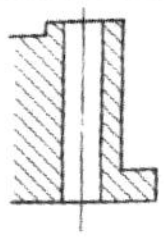	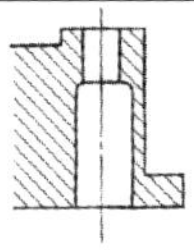
3	键槽在同一方向可减少调整次数	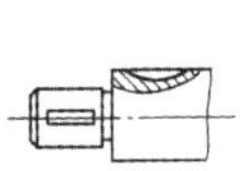	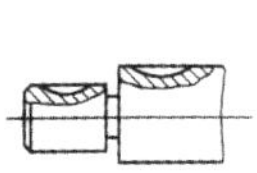
4	(1) 加工面与非加工面明显分开； (2) 凸台高度相同，一次加工	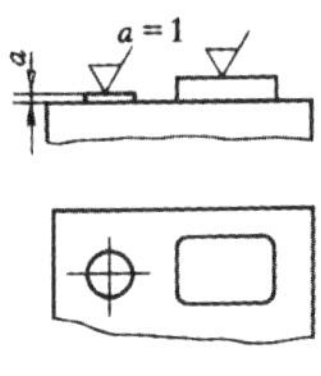 $a=1$	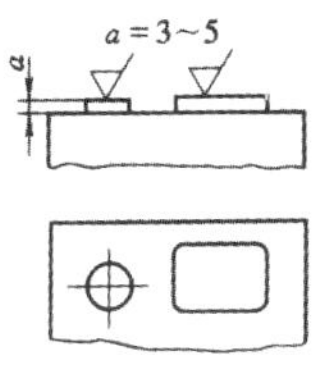 $a=3\sim5$

(续表)

序号	结构工艺性内容	不好	好
5	槽宽尺寸应一致	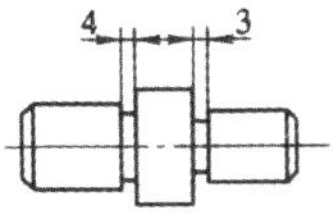	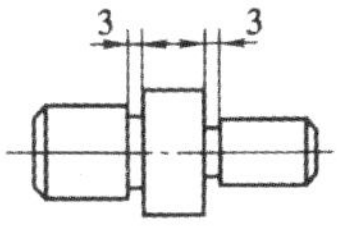
6	磨削表面应有退刀槽	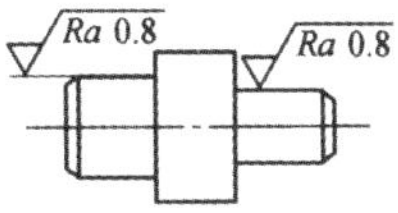	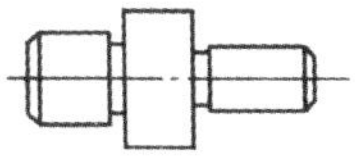
7	(1) 内螺纹孔口应倒角； (2) 根部有退刀槽	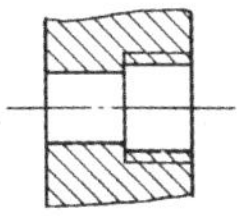	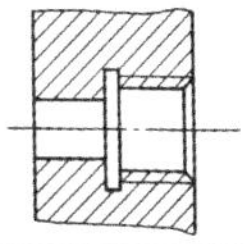
8	孔离箱壁太近，需用加长钻头加工	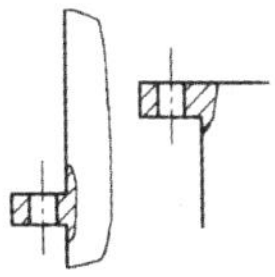	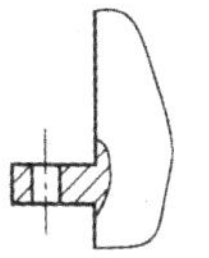
9	磨削锥面易碰伤加工面	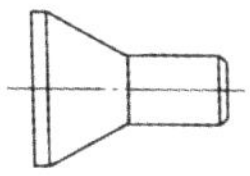	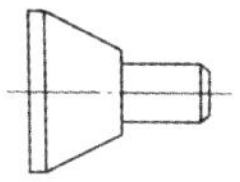
10	(1) 斜面钻孔，易引偏； (2) 出口处有阶梯，钻头易折断	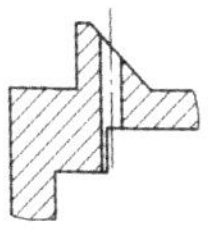	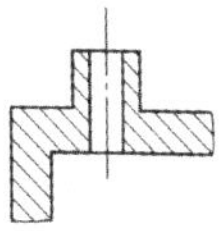

三、毛坯的选择

毛坯的选择包括选择毛坯的种类和确定毛坯的制造方法两个方面。毛坯选择是否合理对零件质量、金属消耗、机械加工质量、生产效率和加工过程等都有直接影响。一般来说，采用先进的、高精度的毛坯制造方法，可制造出更接近于成品零件形状和尺寸的毛坯，使机械加工的劳动量减少，材料的消耗降低，从而使机械加工成本降低。但是，先进的毛坯制造工艺会使毛坯的制造费用增加。因此，在选择毛坯和确定毛坯种类、形状、尺寸及制造精度时，要综合考虑零件设计要求和经济性等方面的因素，以求毛坯选择的合理性最佳。

毛坯的选择视频

1.0 常用毛坯的种类

1) 铸件

毛坯的铸造方法有砂型铸造、金属型铸造、精密铸造、离心铸造、压力铸造等。常用的材料有铸铁、钢、铜、铝等，其中铸铁因为其成本低廉、吸振性好和容易加工而被广泛应用。

如图 1-10 所示，铸件适宜做形状复杂的零件毛坯，如箱体、床身、机架、壳体等。

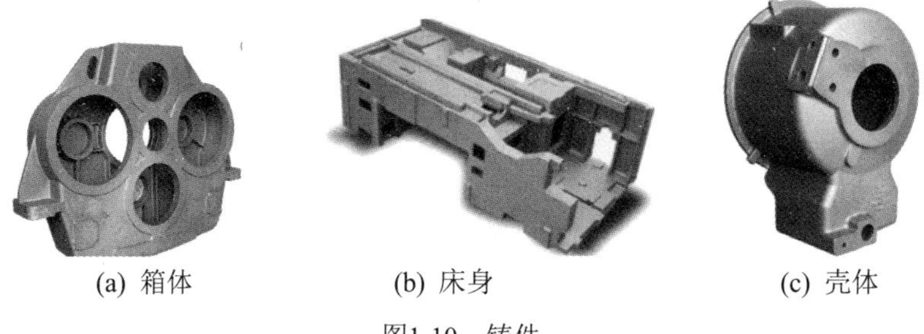

(a) 箱体　　(b) 床身　　(c) 壳体

图1-10　铸件

2) 锻件

锻件采用先进的精密锻造方法，可以使毛坯形状及尺寸非常接近成品，从而使机械加工工作量大为减少。目前应用最广泛的锻造方法为自由锻造和模锻。如图 1-11 所示，锻件适用于要求强度高、形状较为简单的零件的毛坯。

(a) 汽车配件　　(b) 轴套　　(c) 齿轮轴

图1-11　锻件

3) 型材

如图 1-12 所示，型材分热轧型材和冷拔型材，它有圆、方、六方棒料，板材，管材，角钢，工字钢等多种形式。热轧型材多用作一般零件的毛坯；冷拔型材尺寸精度较高，多作为自动机加工用料。

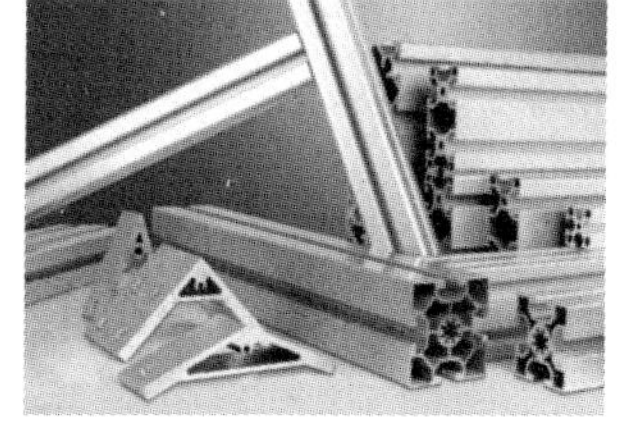

图1-12　型材

4) 焊接件

焊接件毛坯可由型材—型材、型材—锻件、锻件—铸钢件等焊接组合而成。焊接毛坯的制造周期短，适宜手工周期紧、批量不大的零件生产。但焊接毛坯的抗振性差，热变形较大，必须经时效处理后才能加工，如图 1-13 所示。

5) 冷冲件

如图 1-14 所示，冷冲压毛坯可以非常接近成品要求，在小型机械、仪表、轻工电子产品方面应用广泛，但因冲压模具昂贵，故多用于大量生产或成批生产。

图1-13 焊接件

图1-14 冷冲件

6) 其他

粉末冶金制品、工程塑料制品、新型陶瓷、复合材料制品等毛坯，在机械加工中也有一定范围的应用，并且随着技术的发展，这些新型毛坯的应用数量和范围会越来越大。

§ 细致求精 铸造“匠心” §

“柳州工匠”施华龙是广西壮族自治区柳州市五菱柳机动力有限公司铸造技术员，大学毕业进入公司以后，长期从事发动机缸体、缸盖铸造工艺的技术开发。传统铸造业曾有句老话：“差一寸、不算差”，意思是，在铸造产品中，一寸以内的误差都可以忽略不计。而随着时代发展，如今只有做到“零缺陷、零误差”，才能应对国内外激烈的市场竞争。从“土法上马”到“精雕细琢”，误差小于一粒沙子。为了达到这样的 100%，施华龙沉下心，把手上的工作做精做细。凭借匠心和创新，施华龙先后主导开发出多款使用在热销车型上的发动机缸盖毛坯。

2. 毛坯种类的选择

选择毛坯种类时，要从以下几个方面综合考虑：

1) 设计图样规定的材料及力学性能

根据零件材料可大致确定毛坯种类。例如，材料为铸铁和青铜的零件应选择铸件毛坯，钢制零件在形状不复杂及力学性能要求不太高时用型材毛坯，而在设计形状较为复杂、轴类零件直径差很大、火力学性能要求较高时使用锻件毛坯。

2) 零件的结构形状及外形尺寸

形状复杂的零件毛坯一般用铸造方法制造；薄壁且壁厚精度要求较高的零件不宜用砂型铸造；尺寸大的零件用自由锻造或砂型铸造；中小型零件则可用模锻件或压力铸造等先进铸造方法制造；一般用途的轴类零件，各台阶直径相差不大时可用棒料(型材)毛坯，各直径相差较大时，为节省材料和减少机械加工劳动量，可采用锻造毛坯或采用焊接件毛坯。

3) 生产类型

不同的生产类型决定了不同的毛坯制造方法。在大批量生产中，为减小零件的机械加工量，应采用精度和生产率都较高的先进毛坯制造，并充分考虑采用新工艺、新技术和新材料的可能性，如金属模机器造型、模锻、精铸、精锻、冷挤压、冷粉冶金和工程塑料等。单件小批量生产时，为降低毛坯制造成本，一般采用木模手工造型或自由锻等比较简单方便的毛坯制造技术。

4) 零件制造经济性

选择毛坯种类和制造方法的最终目的是在满足使用要求的前提下，使材料费用、毛坯制

造费用和零件加工费用之和为最小。一般来说，增大毛坯尺寸公差，毛坯成本降低，但机械加工成本增加；反之，毛坯成本增加，机械加工成本下降。因此，在选择毛坯种类和制造方法时还应考虑零件制造的经济性。

3. 毛坯形状的确定

确定毛坯形状时，主要应力求接近成品形状，以减少机械加工劳动量，同时也应考虑毛坯的制造、机械加工及热处理等工艺因素的影响。例如，在生产中遇到以下情况时应采用下述方法处理：

(1) 尺寸小或薄的零件。为方便加工时的装夹，减少夹头金属损失，制造毛坯时可将多个工件连在一起制出。图 1-15 所示的活塞环毛坯形状为筒状，图 1-16 所示的凿岩机棘爪毛坯为长形材坯。

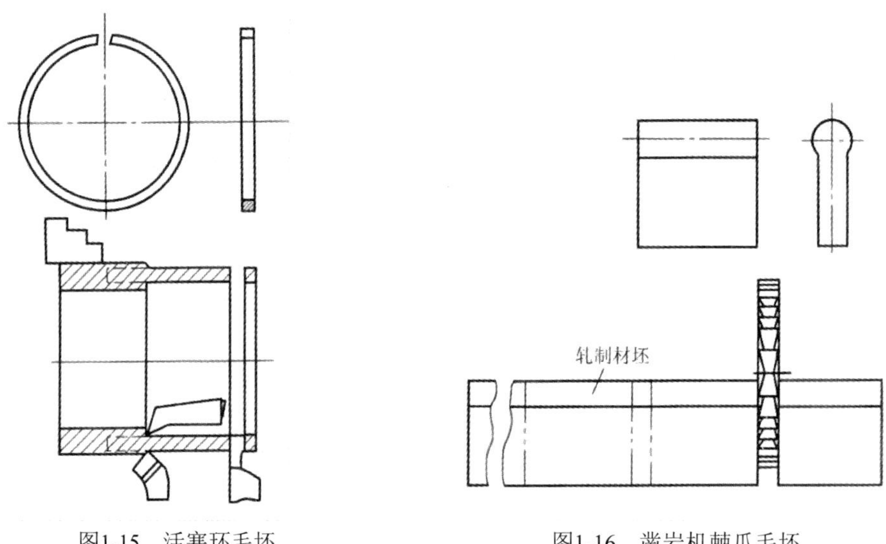

图1-15　活塞环毛坯　　图1-16　凿岩机棘爪毛坯

(2) 装配后需要形成同一工作表面的两个相关零件。为保证加工质量并考虑加工时方便，可把两个工件合并为一个毛坯，加工至一定阶段后再切开。例如车床开合螺母外壳(图 1-17)、曲轴轴瓦盖(图 1-18)等零件的毛坯都是两件合制的。

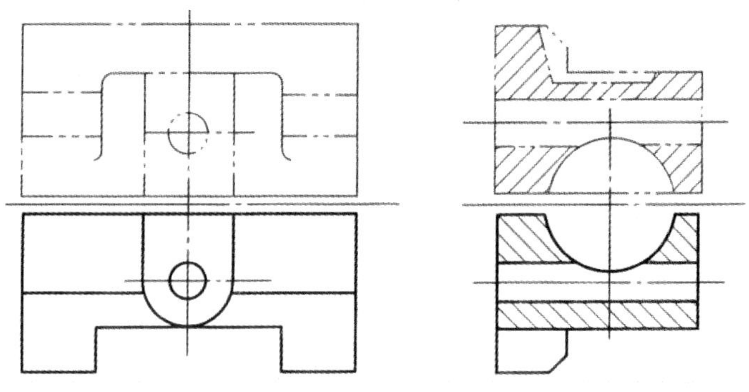

图1-17　车床开合螺母外壳

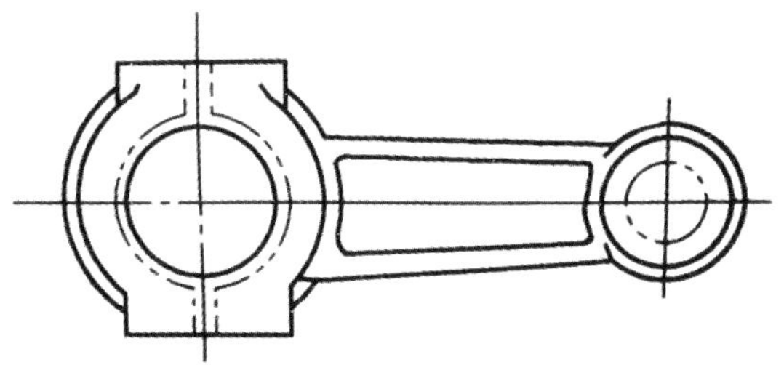

图1-18　曲轴轴瓦盖

(3) 为了加工时安装方便，一些铸件毛坯需要铸出工艺凸台。图 1-19 所示的车床小刀架毛坯上铸出工艺凸台后方便了零件的装夹。工艺凸台在零件加工后一般应切去，但若对使用没影响也可保留在零件上。

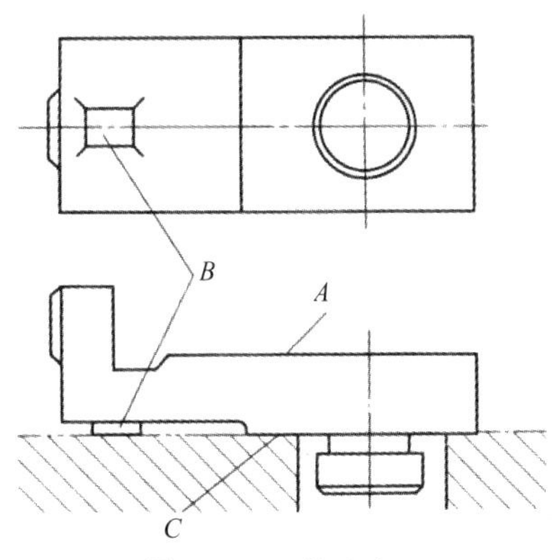

图1-19　工艺凸台

四、定位基准的选择

基准的基本概念视频

1. 基准

基准是指用来确定工件几何要素间的几何关系所依据的点、线、面。它是几何要素之间位置尺寸标注、计算和测量的起点。根据基准的用途不同，可分为设计基准和工艺基准两大类。

1) 设计基准

设计图样上所采用的基准称为设计基准。图 1-20(a)中，中心线是 ϕ30H7 内孔、ϕ48mm 齿轮分度圆和 ϕ50h8 齿顶圆的设计基准。图 1-20(b)中，平面 1 是平面 2 与孔 3 的设计基准，孔 3 是孔 4 和孔 5 的设计基准。

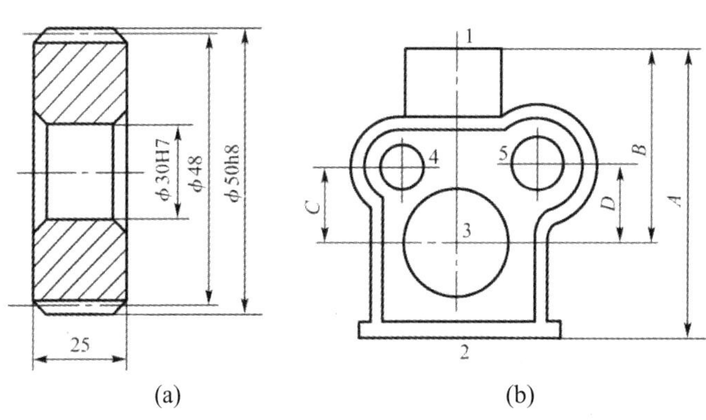

图1-20　设计基准示例

2) 工艺基准

工艺过程中所采用的基准称为工艺基准。工艺基准按照用途不同分为工序基准、定位基准、测量基准和装配基准。

(1) 工序基准。在工序图上用来标注被加工表面尺寸和相互位置的基准称为工序基准。图 1-21 所示的工件，加工表面为 ϕD 孔，要求中心线与 *A* 面垂直，并与 *C* 面和 *B* 面保持距离尺寸 *L*1 和 *L*2，则 *A* 面、*B* 面、*C* 面均为本工序的工序基准。

(2) 定位基准。加工过程中用来确定工件在机床或夹具中正确位置的基准称为定位基准。定位基准分为粗基准和精基准。以定位支座零件加以说明，定位支座零件如图 1-22 所示。

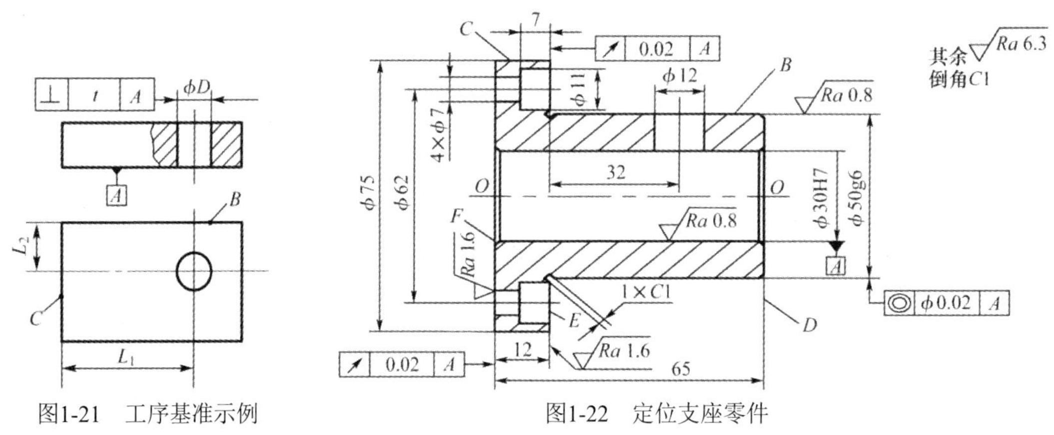

图1-21　工序基准示例　　图1-22　定位支座零件

① 粗基准。以未加工过的表面进行定位的定位基准称为粗基准。图 1-23 中安装I以工件毛坯(棒料)外圆表面 *C* 为粗基准。

② 精基准。以已加工过的面进行定位的定位基准称为精基准。图 1-23 中安装 II 中所使用的定位基准 *B*、*E* 都是精基准。

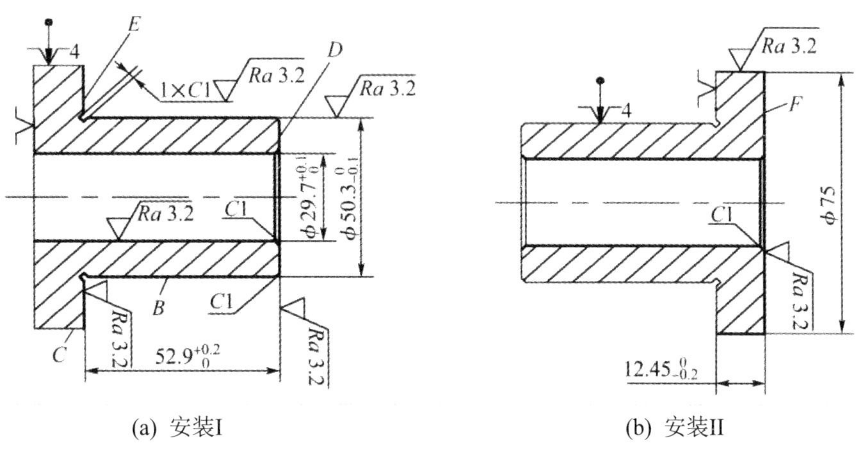

(a) 安装I　　(b) 安装II

图1-23　支座零件工序简图(车削)

(3) 测量基准。加工中或加工后，用以测量工件形状、位置和尺寸误差所采用的基准，称为测量基准。图 1-23(a)中 *E* 面的测量基准是 *D* 面。

(4) 装配基准。装配时用以确定零件或部件在产品上的相对位置所采用的基准称为装配基准。装配基准通常与设计基准是一致的。

2. 定位基准的选择

定位基准的选择视频

1) 粗基准的选择原则

在选择粗基准时，考虑的重点是如何保证各加工表面有足够的余量，以及保证不加工表面与加工表面间的尺寸、位置符合零件图样的设计要求。粗基准的选择原则如下：

(1) 重要表面余量均匀原则。必须首先保证工件重要表面具有较小而均匀的加工余量，应选择该表面作为粗基准。例如车床导轨面的加工，由于导轨面是车床床身的主要表面，精度要求高，希望在加工时切去较小而均匀的加工余量，使表面保留均匀的金相组织，具有较高而一致的物理力学性能，也可增加导轨的耐磨性。因此，应先以导轨面为粗基准，加工床腿的底平面，如图 1-24(a)所示，再以床腿的底平面为精基准加工导轨面，如图 1-24(b)所示。

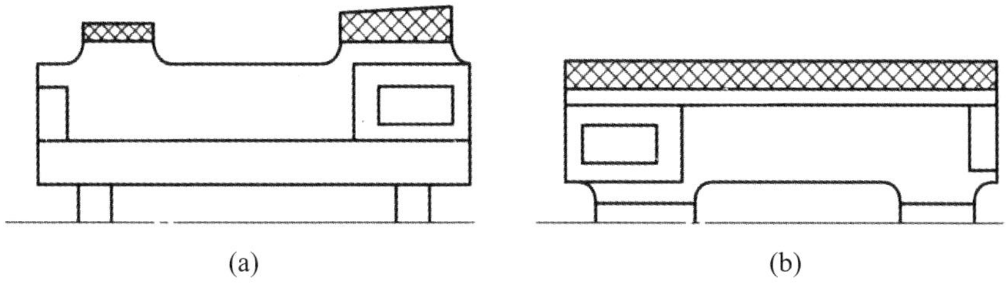

(a)　　(b)

图1-24　重要表面余量均匀时粗基准的选择

(2) 工件表面间相互位置要求原则。必须保证工件上加工表面与不加工表面之间的相互位置要求，应以不加工表面为粗基准。如果在工件上有很多不加工的表面，则应以其中与加工表面相互位置要求较高的不加工表面为粗基准，以求壁厚均匀、外形对称等。如图 1-25 所示的零件，外圆是不加工表面，内孔为加工表面，若选用需要加工的内孔作为粗基准，可保证所切去的余量均匀，但零件壁厚不均匀，如图 1-25(a)所示，不能保证内孔与外圆的位置精度。因此，可以选择不需要加工的外圆表面作为粗基准来加工内孔，如图 1-25(b)所示。又如图 1-26 所示的拨杆，加工 ϕ22H8 的孔时，因其为装配表面，应保证壁厚均匀，即要求与 ϕ45mm 外圆同轴，因此应选择 ϕ45mm 外圆作为粗基准。

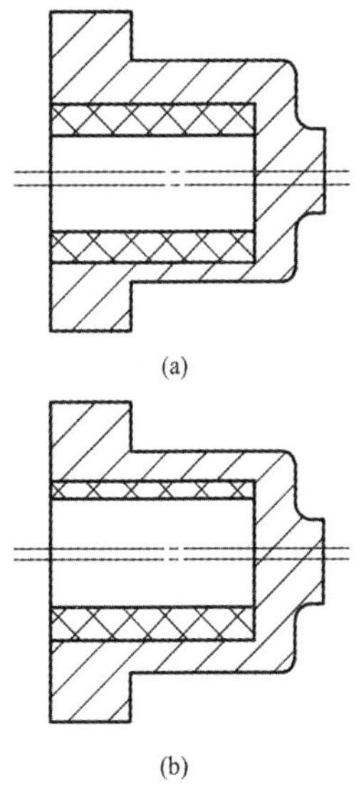

图1-25　选择不加工表面做粗基准

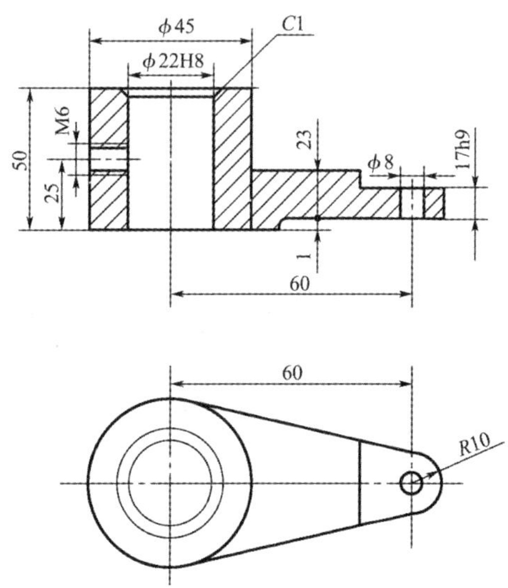

图1-26　不加工表面较多时粗基准的选择

(3) 余量足够原则。如果零件上各个表面均需加工，则以加工余量最小的表面为粗基准。如图 1-27 所示的阶梯轴，ϕ100mm 外圆的加工余量比 ϕ50mm 外圆的加工余量小，所以应选择 ϕ100mm 外圆为粗基准加工出 ϕ50mm 外圆，然后再以已加工的 ϕ50mm 外圆为精基准加工出 ϕ100mm 外圆，这样可保证在加工 ϕ100mm 外圆时有足够的加工余量。如果以毛坯的 ϕ58mm 外圆为粗基准，由于有 3mm 的偏心，则有可能因加工余量不足而使工件报废。

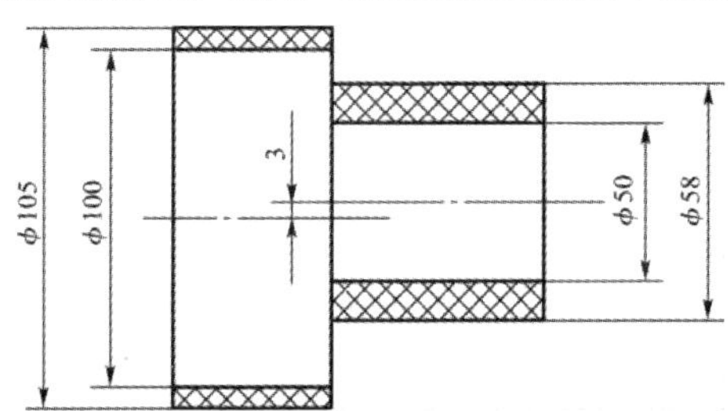

图1-27　各个表面均需加工时粗基准的选择

(4) 定位可靠性原则。作为粗基准的表面，应选用比较可靠、平整光洁的表面，以使定位准确、夹紧可靠。在铸件上不应该选择有浇冒口的表面、分型面、有飞翅或夹砂的表面作为粗基准；在锻件上不应该选择有飞边的表面作为粗基准。若工件上没有合适的表面作为粗基准，可以先铸出或焊上几个凸台，以后再去掉。

(5) 不重复使用原则。粗基准的定位精度低，在同一尺寸方向上只允许使用一次，不能重复使用，否则定位误差太大。

2) 精基准的选择原则

在选择精基准时，考虑的重点是如何减小误差，保证加工精度和安装方便。精基准的选择原则如下：

(1) 基准重合原则。应尽可能选用零件设计基准作为定位基准，以避免产生基准不重合误差。如图1-28(a)所示，零件的*A*面、*B*面均已加工完毕，钻孔时若选择*B*面作为精基准，则定位基准与设计基准重合，尺寸30±0.15mm可以直接保证，其加工误差易于控制，如图1-28(b)所示；若选择*A*面作为精基准，则尺寸30±0.15mm是间接保证的，产生基准不重合误差。影响尺寸精度的因素除与本道工序钻孔有关的加工误差外，还有与前道工序加工*B*面有关的加工误差，如图1-28(c)所示。

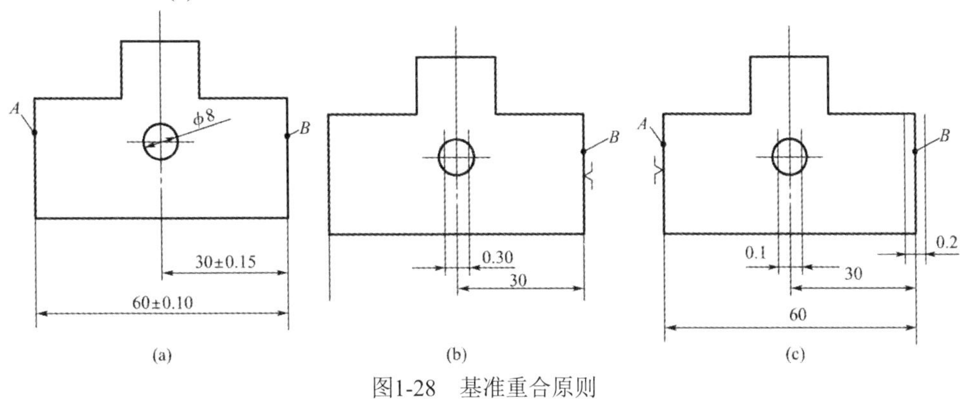

图1-28　基准重合原则

(2) 统一基准原则。应尽可能选用统一的精基准定位加工各表面，以保证各表面之间的相互位置精度。例如，当车床主轴采用中心孔时，不但能在一次装夹中加工大多数表面，而且保证了各级外圆表面的同轴度要求以及端面与轴线的垂直度要求。采用统一基准的好处在于可以在一次安装中加工几个表面，减少安装次数和安装误差，有利于保证各加工表面之间的相互位置精度；有关工序所采用的夹具结构比较统一，简化夹具设计和制造，缩短生产准备时间；当产量较大时，便于采用高效率的专用设备，大幅度提高生产率。

(3) 自为基准原则。有些精加工或光整加工工序要求加工余量小而均匀，应选择加工表面本身作为精基准。例如，在活塞销孔的精加工工序中，精镗销孔和滚压销孔都是以销孔本身作为精基准的。此外，无心磨、珩磨、铰孔及浮动镗等都是自为基准的例子。

(4) 互为基准反复加工原则。有些相互位置精度要求比较高的表面，可以采用互为基准反复加工的方法来保证。例如，内、外圆表面同轴度要求比较高的轴、套类零件，先以内孔定位加工外圆，再以外圆定位加工内孔，如此反复。这样，作为定位基准的表面的精度越来越高，而且加工表面的相互位置精度也越来越高，最终可达到较高的同轴度。

(5) 定位可靠原则。精基准应平整光洁，具有相应的精度，确保定位简单准确、便于安装、夹紧可靠。如果工件上没有能作为精基准选用的恰当表面，可以在工件上专门加工出定位基面，这种精基准称为辅助基准。辅助基准在零件的工作中不起任何作用，它仅仅是为加工的需要而设置的。例如，轴类零件加工用的中心孔、箱体零件上的定位销孔等。

基准的选择原则是从生产实践中总结出来的，必须结合具体的生产条件、生产类型、加

工要求等来分析和运用这些原则，甚至有时为了保证加工精度，在实现某些定位原则的同时可能放弃另外一些原则。

五、工艺路线的拟定

工艺路线的拟定是零件机械加工工艺过程的总体规划。工艺路线拟定得是否合理，直接影响到工艺规程的合理性、科学性、经济性。拟定工艺路线时，主要考虑以下几个方面的问题。

1. 零件表面加工方法的选择

1) 各种加工方法所能达到的经济精度及表面粗糙度

为了正确选择表面加工方法，首先应了解各种加工方法的特点和加工经济精度的概念。所谓加工经济精度，是指在正常的加工条件下(采用符合质量标准的设备、工艺装备、使用标准技术等级的工人，不延长加工时间)所能保证的加工精度。各种加工方法所能达到的经济精度和表面粗糙度如表 1-6 所示。

表1-6　机械加工经济精度表

加工表面	加工方法	经济精度等级(IT)	表面粗糙度Ra/μm
外圆柱面和端面	粗车	11～13	10～50
	半精车	9～10	2.5～10
	精车	7～8	1.25～5
	粗磨	8～9	1.25～10
	半精磨	7～8	0.63～2.5
	精磨	6～7	0.16～1.25
	研磨	5	0.04～0.32
	超精加工	5～6	0.01～0.32
	细车(金刚石车)	5～6	0.02～0.63
圆柱孔	钻孔	11～13	12.5～20
	铸孔的粗扩(镗)	11　～12	5～10
	精扩	10～11	0.63～4
	粗铰	8～9	1.25～5
	精铰	7～8	0.63～2.5
	半精镗	10～11	2.5～10
	精镗(浮动镗)	7～9	0.63～2.5
	细镗	6～7	0.16～1.25
	粗磨	8～9	1.25～10
	半精磨	7～8	0.63～5
	精磨	7	0.16～1.25
	研磨	6	0.16～0.63
	珩磨	6～7	0.02～1.25
	拉孔	6～9	0.32～2.5

(续表)

加工表面	加工方法	经济精度等级(IT)	表面粗糙度*Ra*/μm
平面	粗刨、粗铣	11～12	5～20
	半精刨、半精铣	8～10	1.25～10
	拉削	7～8	0.32～2.5
	粗磨	7～9	1.25～10
	半精磨	8～9	0.63～5
	精磨	6～7	0.16～1.25
	研磨	5	0.04 ～0.32
	刮研	6～7	0.04 ～0.32

2) 选择表面加工方案时考虑的因素

表面加工方案的选择，一般根据经验或查表法来确定，再结合实际情况或工艺试验进行修改。表面加工方案的选择，应同时满足加工质量、生产率和经济性等方面的要求，具体选择时应考虑以下几方面因素：

(1) 工件材料的性质。如淬火钢的精加工要用磨削，而有色金属的精加工中，为避免磨削时堵塞砂轮，应采用高速精细车削或金刚镗削等切削加工方法。

(2) 工件的形状和尺寸。例如，箱体类零件上的孔一般应采用镗削加工，不宜采用拉削或磨削；直径大于 ϕ60mm 的孔不宜采用钻、扩、铰等。

(3) 生产类型。选择加工方法要与生产类型相适应。大批量生产时应选用高生产率和质量稳定的加工方法；单件小批量生产时应尽量选择通用设备，避免采用非标准的专用刀具进行加工。例如，铣削或刨削平面的加工精度基本相当，但由于刨削生产率低，除特殊场合外(如狭长表面加工)，在成批以上生产中已逐渐被铣削代替；对于孔加工来说，由于镗削加工刀具简单，通用性好，因而广泛应用于单件小批量生产中。

(4) 具体的生产条件。工艺人员必须熟悉工厂现有的加工设备及其工艺能力以及工人的技术水平，以充分利用现有设备和工艺手段。同时，也要注意不断引进新技术，对老设备进行技术改造，挖掘企业潜力，不断提高工艺水平。

2. 各种表面的典型加工路线

机械加工零件的表面按其形状可分为外圆表面、孔和平面等，在长期的生产实践中，人们总结出了加工这些表面时使用的一些较为成熟的加工路线。

1) 外圆表面的加工路线

常用的外圆表面加工路线如表 1-7 所示。

表1-7　常用的外圆表面加工路线

序号	加工方案	尺寸公差等级	表面粗糙度 Ra值/μm	适用范围
1	粗车	IT13～IT11	50～12.5	适用于加工各种金属(未淬火钢)
2	粗车-半精车	IT10～IT9	6.3～3.2	
3	粗车-半精车-精车	IT7～IT6	1.6～0.8	
4	粗车-半精车-磨削	IT7～IT6	0.8～0.4	适用于淬火钢、未淬火钢、铸铁等。不宜加工强度低、韧性大的有色金属
5	粗车-半精车-粗磨-精磨	IT6～ IT5	0.4～0.2	
6	粗车-半精车-粗磨-精磨-高精度磨削	IT5～IT3	0.1～0.008	
7	粗车-半精车-粗磨-精磨-研磨	IT5～IT3	0.1～0.008	
8	粗车-半精车-精车-研磨	IT6～IT5	0.4～0.025	适用于有色金属

2) 孔的加工路线

常用的孔加工路线如表 1-8 所示。

表1-8　常用的孔加工路线

序号	加工方案	尺寸公差等级	表面粗糙度 Ra值/μm	适用范围
1	钻	IT13～IT11	12.5	用于加工除淬火钢以外的各种金属的实心工件
2	钻-铰	IT9	3.2～1.6	同上，但孔径 D<10 mm
3	钻-扩-铰	IT9～IT8	3.2～1.6	同上，但孔径为 ϕ10mm～ϕ80 mm
4	钻-扩-粗铰-精铰	IT7	1.6～0.4	
5	钻-拉	IT9～IT7	1.6～0.4	用于大批大量生产
6	(钻)-粗镗-半精镗	IT10～IT9	6.3～3.2	用于除淬火钢外的各种材料
7	(钻)-粗镗-半精镗-精镗	IT8～IT7	1.6～0.8	
8	(钻)-粗镗-半精镗-磨	IT8～IT7	0.8～0.4	用于淬火钢、不淬火钢和铸铁件。但不宜加工硬度低、韧性大的有色金属
9	(钻)-粗镗-半精镗-粗磨-精磨	IT7～IT6	0.4～0.2	
10	粗镗-半精镗-精镗-珩磨	IT7～IT6	0.4～0.025	
11	粗镗-半精镗-精镗-研磨	IT7～IT6	0.4～0.025	用于钢件、铸铁件和有色金属件的加工

3) 平面的加工路线

常用的平面加工路线如表 1-9 所示。

表1-9　常用的平面加工路线

序号	加工方案	尺寸公差等级	表面粗糙度 *Ra*值/μm	适用范围
1	粗车-半精车	ITI0～ IT9	6.3-3.2	用于加工回转体零件的端面
2	粗车-半精车-精车	IT7～IT6	1.6～0.8	
3	粗车-半精车-磨削	IT9～IT7	0.8～0.2	
4	粗铣(粗刨)-精铣(精刨)	IT9～IT7	6.3-1.6	用于精度要求较高的不淬硬平面，批量较大时宜采用宽刃精刨方案
5	粗铣(粗刨)-精铣(精刨)-刮研	IT6～IT5	0.8～0.1	
6	粗铣(粗刨)-精铣(精刨)-宽刃精刨	IT6	0.8～0.2	
7	粗铣(粗刨)-精铣(精刨)-磨削	IT6	0.8～0.2	用于精度要求高的淬硬平面或不淬硬平面
8	粗铣(粗刨)-精铣(精刨)-粗磨-精磨	IT6～ IT5	0.4～0.1	
9	粗铣-精铣-磨削-研磨	IT5～IT4	0.4～0. 025	
10	拉削	IT9～IT6	0.8～0.2	用于大批量生产的较小平面(精度由拉刀的精度而定)

3. 加工阶段的划分

一个零件的表面往往要经过粗加工、半精加工和精加工等若干次加工才能达到加工精度要求。在安排加工顺序时，将各表面的粗加工集中在一起首先进行，再将各表面的半精加工和精加工集中起来依次进行，这样整个加工过程就可以分为先粗后精的若干加工阶段。这些加工阶段的主要任务如下：

加工阶段的划分视频

(1) 粗加工阶段。粗加工阶段要切除毛坯的大部分余量，使毛坯形状和尺寸基本接近零件成品，该阶段的主要任务是尽可能提高生产率。

(2) 半精加工阶段。半精加工阶段切除的金属量介于粗、精加工之间。其主要任务是使主要表面达到一定精度并留有适当的余量，为进一步的精加工做准备，同时要完成一些次要表面的加工，如钻孔、攻螺纹、铣键槽等。

(3) 精加工阶段。精加工阶段切除的余量很少，其主要任务是全面保证加工质量，使零件达到图样规定的尺寸精度、表面粗糙度要求以及相互位置精度等要求。

(4) 光整加工阶段。光整加工阶段的主要任务是在精加工基础上进一步提高加工表面的尺寸精度和降低表面粗糙度值。光整加工的加工余量极小，因此不能用于纠正表面形状误差及位置误差。

工艺过程划分加工阶段的原因是：

(1) 保证加工质量。工件粗加工时切除金属较多，产生较大的切削力和切削热，同时也需要较大的夹紧力，因而工件会产生较大的弹性变形和内应力，从而造成较大的加工误差和较大的表面粗糙度值，需通过半精加工和精加工逐步减小切削用量、切削力和切削热，同时各阶段之间的时间间隔可使工件得到自然时效，有利于消除工件的内应力，逐步修正工件的变形，提高加工精度，降低表面粗糙度值，最后达到零件图的要求。

(2) 合理使用设备。加工过程划分阶段后，粗加工可以采用功率大、刚度好和精度不高的高效率机床以提高生产率，精加工时则可采用高精度机床以确保零件的精度要求。

(3) 便于安排热处理。热处理工序将机械加工工艺过程自然划分为几个阶段。例如，对于一些精密零件，粗加工后安排去除应力的时效处理，可减少内应力变形对精加工的影响；半精加工后安排淬火不仅容易满足零件的性能要求，而且淬火引起的变形又可通过精加工工序予以消除。

(4) 及时发现缺陷。粗加工阶段可及早发现毛坯的缺陷，及时报废或修补，精加工阶段安排在最后，可保护精加工后的表面尽量不受损伤。

应当指出，将工艺过程划分为几个阶段是对整个加工过程而言的，不能单纯从某一表面的加工或某一工序的性质来判断。例如工件的定位基准，在半加工阶段(甚至在粗加工阶段)就需要加工得很准确；而在精加工阶段安排某些钻孔之类的粗加工工序也是常有的。

加工阶段的划分并不是绝对的。对于刚性好、加工精度要求不高或余量不大的工件就不必划分加工阶段。有些精度要求高的重型零件，由于运输安装费时费力，一般也不划分加工阶段，而是在一次装夹下完成全部粗加工和精加工任务。为减少夹紧变形对加工精度的影响，可在粗加工后松开夹紧机构，然后用较小的夹紧力重新夹紧工件，继续进行精加工，这对提高加工精度非常有利。

4. 工序顺序的安排

一个复杂零件的加工过程不外乎有下列几类工序：机械加工工序、热处理工序、辅助工序等。

工序顺序的安排视频

1) 机械加工工序

机械加工工序的安排应遵循以下几个原则：

(1) 基准先行原则。应先加工基准表面再加工其他表面。精基准表面应在工艺过程一开始就进行加工，以便为后续工序提供精基准。如加工轴类零件时一般先以外圆为粗基准加工中心孔，然后再以中心孔为精基准加工其他表面。

(2) 先主后次原则。零件的主要工作表面一般指加工精度和表面质量要求较高的表面和装配基面，在加工中应首先加工出来。而键槽、螺孔等次要表面对加工过程影响较小，位置又和主要表面有关，因此应在主要表面加工到一定程度之后，最终精加工之前完成。

(3) 先面后孔原则。对于箱体、支架等零件，应先加工平面，后加工平面上的孔。先加工平面可方便孔加工时刀具的切入、零件的测量和尺寸的调整等工作。对于轮廓尺寸大的平面，先加工出来后可作为定位基准，使零件被稳定可靠地定位。

(4) 先粗后精原则。一个零件的加工过程，总是先进行粗加工，再进行半精加工，最后进行精加工和光整加工，这样加工有利于加工误差和表面缺陷层的不断减小，从而逐步提高零件的加工精度与表面质量。

2) 热处理工序

热处理是用来改善材料的性能及消除内应力的。热处理工序在工艺路线中的安排，主要取决于零件的材料和热处理的目的及要求。

(1) 预备热处理。预备热处理安排在机械加工之前，以改善切削性能、消除毛坯制造时的内应力为主要目的。例如，对于碳的质量分数超过 0.5%的碳钢，一般采用退火工艺，以降低硬度；对于碳的质量分数小于 0.5%的碳钢，一般采用正火工艺，以提高材料的硬度，使切削时切屑不粘刀，表面较光滑。调质处理可使零件获得细密均匀的回火索氏体组织，也用作预备热处理。

(2) 最终热处理。最终热处理安排在半精加工以后和磨削加工之前(有氮化处理时，应安排在精磨之后)，主要用于提高材料的强度和硬度，如淬火、渗碳淬火。由于淬火后材料的塑性和韧性很差，有很大的内应力，易于开裂，组织不稳定，材料的性能和尺寸要发生变化等，所以淬火后必须进行回火。调质处理能使钢材既获得一定的强度、硬度，又有良好的冲击韧性等综合力学性能，因此常作为最终热处理。

(3) 去除应力处理。最好安排在粗加工之后、精加工之前，如人工时效、退火。但是为了避免过多的运输工作量，对于精度要求不太高的零件，一般把去除内应力的人工时效和退火放在毛坯进入机械加工车间之前进行。但是，对于精度要求特别高的零件(例如精密丝杠)，在粗加工和半精加工过程中，要经过多次去内应力退火，在粗、精加工过程中，还要经过多次人工时效。

此外，为了提高零件的耐蚀性、耐磨性、抗高温能力和导电率等，一般都需要进行表面处理(如镀铬、锌、镍、铜以及钢的发蓝等)。表面处理工序大多数应安排在工艺过程的最后。

3) 辅助工序

辅助工序包括工件的检验、去毛刺、去磁、清洗和涂防锈漆等。其中检验工序是主要辅助工序，它是监控产品质量的主要措施，除了各工序操作工人自行检验外，还必须在下列情况下安排单独的检验工序：

(1) 粗加工阶段结束之后。

(2) 重要工序之后。

(3) 送往外车间加工的前后，特别是热处理前后。

(4) 特种性能(磁力探伤、密封性等)检验之前。

除检验工序外，其余的辅助工序也不能忽视，如缺少或要求不严，将对装配工作带来困难，甚至使机器不能使用。例如，未去净的毛刺或锐边，将使零件不能顺利地进行装配，并危及工人的安全；润滑油道中未去净的金属屑，将影响机器的运行，甚至损坏机器。

5. 工序的组合

在确定零件的加工顺序后，把工步序列进行适当组合，形成以工序为单位的工艺过程，这个工作称为工序的组合。在工序的组合中，有两种不同的原则，一是工序集中原则，另一种是工序分散原则。

1) 工序集中原则

所谓工序集中，就是使每个工序包括比较多的工步，完成比较多的表面加工任务，而整个工艺过程由比较少的工序组成。它的特点是：

(1) 工序数目少、设备数量少，可相应减少操作工人数量和生产面积。

(2) 工序装夹次数少，不但缩短了辅助时间，而且在一次装夹下所加工的各个表面之间容易保证较高的位置精度。

(3) 有利于采用高效专用机床和工艺装备，生产效率高。

(4) 由于采用比较复杂的专用设备，因此生产准备工作量大，调整费时。

2) 工序分散原则

所谓工序分散，就是使每个工序包括比较少的工步，甚至只有一个工步，而整个过程由比较多的工序组成。它的特点是：

(1) 工序数目多，设备数量多，相应地增加了操作工人数量和生产面积。

(2) 可以选用最有利的切削用量。

(3) 机床、刀具、夹具等结构简单，调整方便。

(4) 生产准备工作量小，改变生产对象容易，生产适应性好。

工序集中和分散各有特点，必须根据生产类型、工厂设备条件、零件结构特点和技术要求等具体生产条件来确定。

一般大批量生产适用工序分散原则；单件小批量生产适用工序集中原则；产品经常更换适用工序分散原则；零件加工质量技术要求高适用工序分散原则；零件尺寸大、重量大适用工序集中原则。随着数控、加工中心、柔性制造系统等的发展，使用工序集中原则将越来越多。

五、机床及工装的确定

1. 机床的选择

一个合理的机床选择方案应达到以下要求：

(1) 机床的加工规格范围与所加工零件的外形轮廓尺寸相适应。即小工件选用小规格机床，大工件选用大规格机床。

(2) 机床的精度与工序要求相适应。即机床的加工经济精度应满足工序要求的精度。

(3) 机床的生产率与工件的生产类型相适应。单件小批生产时，一般选用通用设备；大批量生产时，宜选用高生产率的专用设备。

(4) 在中小批生产中，对于一些精度要求较高、工步内容较多的复杂工序，应尽量采用数控机床加工。

(5) 机床的选择应与现有生产条件相适应。选择机床应当尽量考虑到现有的生产条件，充分发挥原有设备的作用，并尽量使设备负荷平衡。

2. 工艺装备的选择

1) 夹具的选择

在单件小批生产中，应优先选择通用夹具，如卡盘、回转工作台、平口钳等，也可选用组合夹具。大批大量生产时，应根据加工要求设计制造专用夹具。

2) 刀具的选择

选择刀具时应综合考虑工件材料、加工精度、表面粗糙度、生产率、经济性及选用机床的技术性能等因素。一般应优先选择标准刀具；在大批大量生产时为了提高生产率，保证加工质量，应采用各种高生产率的复合刀具或专用刀具。此外，应结合实际情况，尽可能选用各种先进刀具，如可转位刀具、陶瓷刀具、群钻等。

3) 量具的选择

选择量具的依据是生产类型和加工精度。首先，选用的量具精度应与加工精度相适应；其次，要考虑量具的测量效率应与生产类型相适应。在生产中，单件小批生产时通常采用游标卡尺、千分尺等通用量具；大批大量生产时，多采用极限量规和高生产率的专用量具。

此外，在工装的选择中，还应重视对刀杆、接杆、夹头等机床辅具的选用。辅具的选择要根据工序内容、刀具和机床结构等因素确定，应尽量选择标准辅具。

任务实施

1. 小组协作与分工。每组 4～5 人，通过参观实训场地或企业及查阅资料，讨论以下问题。

(1) 简述工序、安装、工位、工步、走刀的概念。

____

____

____

(2) 试述各种生产类型的工艺特征。

____

____

____

____

(3) 工序顺序的安排应遵循哪些原则？

____

____

2. 小组协作与分工。每组 4～5 人，根据工序、安装、工步、工位、走刀的定义分析表 1-10、表 1-11 中每道工序有几个工步。

表1-10　任务实施表(1)

工序号	工序内容	设备
1	车一端面，钻中心孔；掉头车另一端面，钻中心孔	车床
2	车大外圆及倒角；掉头车小外圆及倒角	车床
3	铣键槽；去毛刺	铣床

表1-11　任务实施表(2)

工序号	工序内容	设备
1	铣端面、钻中心孔	机床
2	车大外圆及倒角	车床
3	车小外圆及倒角	车床
4	铣键槽；去毛刺	铣床

3. 小组协作与分工。每组4～5人，通过参观实训场地或企业及查阅资料，在表1-12中填写相应内容。

表1-12 任务实施表(3)

序号	毛坯	毛坯种类及适用场合
1		
2		
3		
4		
5		

任务二　机械加工产品的质量与效率管理

知识目标

1. 了解机械加工精度的概念，了解影响机械加工精度的因素；
2. 掌握保证和提高加工精度的主要途径与方法；
3. 掌握提高劳动生产率的工艺途径。

能力目标

1. 能够制定出提高加工精度的方法；
2. 能够制定出提高劳动生产率的工艺途径。

素质目标

1. 具有严谨认真的工作态度；
2. 培养学生爱岗敬业精神，使学生具有良好的职业道德和职业素养。

任务描述

高产、优质、低消耗，产品技术性好、使用寿命长，这是机械制造企业的基本要求，而质量问题则是最根本的问题。不断提高产品的质量，提高其使用效能和使用寿命，最大限度地消灭废品，减少次品，提高产品合格率，以便最大限度地节约材料和减少人力消耗，乃是机械制造行业必须遵循的基本原则。劳动生产率是一个综合技术经济指标，它与产品设计、生产组织、生产管理和工艺设计都有直接的关系。本任务重点学习影响机械加工精度的因素、保证和提高加工精度的主要途径，以及提高劳动生产率的工艺途径。

知识链接

一、机械加工质量

1. 机械加工质量概述

产品质量取决于零件机械加工质量和装配质量，而零件的机械加工质量既与零件的材料有关，也与机械加工精度、表面粗糙度等几何因素及表层组织状态有关。零件的机械加工质量决定产品的性能、质量和使用寿命。随着科学技术的不断发展，对产品质量的要求越来越高。机械加工质量包含机械加工精度和机械加工表面质量。

1) 机械加工精度

机械加工精度是指零件加工后的几何参数(尺寸、形状和位置)与图纸规定的理想零件的几何参数的符合程度。符合程度愈高，加工精度愈高。所谓理想零件，对表面形状而言，就是绝对准确的平面、圆柱面、圆锥面等；对表面相对位置而言，就是绝对的平行、垂直、同轴和一定的角度关系；对于尺寸而言，就是零件尺寸的公差带中心。

机械加工精度包括三个方面：

(1) 尺寸精度。指加工后零件的实际尺寸与理想尺寸相符合的程度。

(2) 形状精度。指加工后零件的实际几何形状与理想的几何形状相符合的程度。

(3) 位置精度。指加工后零件有关表面的实际位置与理想位置符合的程度。

2) 机械加工表面质量

任何机械加工方法所获得的加工表面，实际上都不可能是绝对理想的表面。加工表面质量是指表面粗糙度和波度与表面层的物理机械性能。

- 表面粗糙度和波度

表面粗糙度是表面纹理的微观不平度，即微观几何形状，它主要由机械加工中切削刀具的运动轨迹形成，如图 1-29 所示，其波长 L_3 与波高 H_3 的比值一般小于 50。

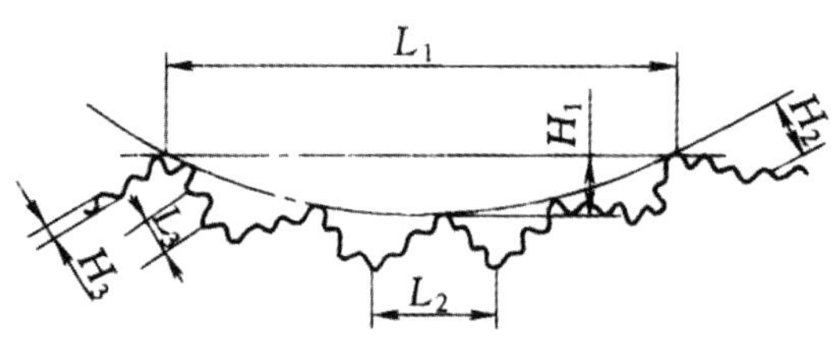

图1-29　形状误差、表面粗糙度及波度的示意关系

表面波度是介于形状误差与表面粗糙度之间的周期性形状误差。它主要是由机械加工过程中工艺系统的低频振动所引起，如图 1-29 所示，其波长 L_2 与波高 H_2 的比值一般为 50～1000。

● 表面层物理机械性能

由于机械加工中力因素和热因素的综合作用，加工表面层金属的物理力学和化学性能发生一定的变化。主要表现在以下几个方面：一是表面层机械加工硬化；二是表面层金相组织变化；三是表面层残余应力。

2. 影响机械加工精度的因素

1) 工艺系统几何误差对加工精度的影响

(1) 加工原理误差：加工原理误差是指采用了近似的成形运动或近似的刀具刃口轮廓进行加工而产生的误差。例如，用成形法加工直齿渐开线齿轮时，用一把铣刀加工同模数的不同齿数的齿轮。

在生产实际中，采用近似的加工运动或近似的刀具廓形进行加工，可以简化机床的结构和刀具的形状，降低生产成本，提高生产率，因此，将原理误差控制在允许的范围内是允许的。

(2) 机床的几何误差。机床的几何误差包括机床的制造误差、安装误差和磨损等几个方面。其中主轴回转误差、机床导轨误差和机床传动链误差对加工精度影响较大。

主轴回转误差是指主轴的瞬时回转轴线相对于其平均回转轴线(瞬时回转轴线的对称中心)，在规定测量平面内的变动量。变动量越小，主轴回转精度越高。其误差形式可分为：轴向窜动、径向跳动和角度摆动三种，见表 1-13。

表1-13　主轴回转误差的基本形式

序号	误差形式	图例	特点
1	轴向窜动	z, O, x, y, Δx	指瞬时回转轴线沿平均回转轴线方向的轴线运动。主要影响工件的端面形状和轴向尺寸精度
2	径向跳动	z, Δr, x, y	指瞬时回转轴线平行于平均回转轴线的径向运动量。主要影响加工工件的圆度和圆柱度

(续表)

序号	误差形式	图例	特点
3	角度摆动		指瞬时回转轴线与平均回转轴线成一倾斜角度作公转。对工件的形状精度影响较大，如车外圆时，会产生锥度

机床导轨副是实现直线运动的主要部件，机床导轨的制造和装配精度是影响直线运动精度的主要因素，直接影响工件的加工质量。

在某些加工过程中，成形运动要求严格的相对运动关系，如齿轮加工时的展成运动，螺纹车削时的进给运动等，这时，机床传动系统的误差对工件的加工精度会有直接的影响。

(3) 刀具误差。刀具误差包括刀具的制造、磨损及安装误差等。刀具对加工精度的影响，因刀具种类而定。一般刀具，如普通车刀、单刃镗刀等的制造误差对加工精度没有直接影响。定尺寸刀具(如铰刀、拉刀、钻头等)的制造误差和磨损直接影响工件的尺寸精度。成形刀具(如成形车刀、成形铣刀等)的制造误差和磨损，主要影响被加工表面的形状精度。

(4) 夹具误差。夹具误差包括定位误差、夹紧误差、夹具安装误差等，这些误差主要与夹具的制造和安装的精度有关。夹具在使用过程中的磨损也会影响加工精度。在夹具设计时应考虑到使用时磨损的影响，在使用中应及时更换磨损的元件。

(5) 加工尺寸调整误差。在机械加工的每一工序中，总要对工艺系统进行这样或那样的调整工作，由于调整不可能绝对准确，因而会产生调整误差。

2) 工艺系统力效应对加工精度的影响

由机床、夹具、刀具和工件组成的工艺系统，在切削力、传动力、惯性力、重力等外力的作用下会产生变形，从而破坏刀具与工件间早已调整好的位置关系，使工件产生加工误差。例如，车削细长轴时(图 1-30(a))，在切削力作用下的弯曲变形，加工后会产生鼓形的圆柱度误差。再如，在内圆磨床上用横向切入磨内孔时，由于内圆磨头的弯曲变形，工件会出现锥形圆柱度误差(图 1-30(b))。所以，工艺系统的受力变形是一项重要的原始误差，它会严重影响工件的加工精度和表面质量。

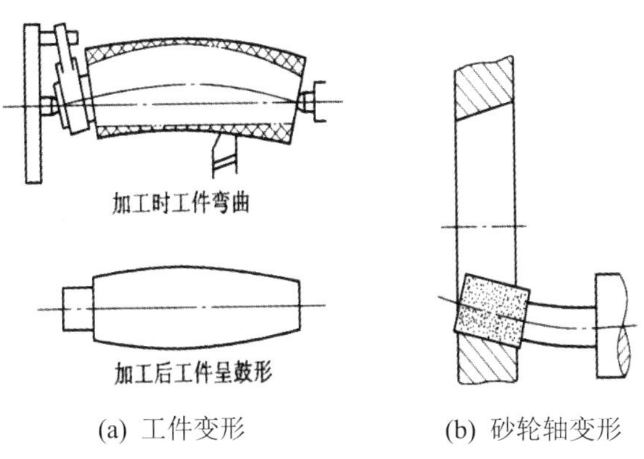

(a) 工件变形　　(b) 砂轮轴变形

图1-30　工艺系统受力变形引起的加工误差

3) 工艺系统热变形对加工精度的影响

工艺系统在各种热源的影响下，会产生复杂的变形，破坏工件与刀具的相对位置和相对运动的准确性，造成加工误差。据统计，在精密加工中，由于热变形引起的加工误差，约占总加工误差的40%～70%。为了消除或减少热变形的影响，往往需要进行额外的调整或预热，因而也会影响生产效率。特别是高效、高精度、自动化加工技术的发展，使工艺系统热变形问题变得更为突出，已成为机械加工技术进一步发展的一个重要课题。

3. 保证和提高加工精度的主要途径

提高加工精度的措施大致归纳为以下几个方面。

1) 直接减少原始误差法

直接减少原始误差法是在查明影响加工精度的主要原始因素之后，设法对其直接进行消除或减少的方法。

直接减少原始误差法在生产中应用很广。例如，细长轴的车削，由于受切削力和热的影响使工件产生弯曲变形，现采用“大进给反向切削法”，再辅之以弹簧后顶尖，可消除轴向切削力和工件热伸长引起的弯曲变形。又如，磨削薄板工件时，在工件和磁力吸盘之间垫橡胶垫(厚 0.5mm)，工件夹紧时，橡胶垫被压缩，减少了工件的变形，再以磨好的表面为定位基准，磨另一面。这样，经多次正反面交替磨削即可获得平面度较高的平面。

2) 转移原始误差法

误差转移法实质上是将工艺系统的几何误差、受力变形和热变形等转移出去或转移到不影响加工精度的方向。例如，在箱体的孔系加工中，在镗床上用镗模镗削孔系时，孔系的位置精度和孔间距的尺寸精度都依靠镗模和镗杆的精度来保证，镗杆与主轴之间为浮动连接，故镗床主轴的精度与加工精度无关(将主轴的回转误差转移出去了)，这样就可以利用普通镗床和生产率较高的组合机床来精镗孔系。由此可见，在机床精度达不到零件的加工要求时，通过误差转移法可加工出较高精度的零件。

3) 均分原始误差法

在生产中会遇到这种情况，本工序的加工精度是稳定的，工序能力也足够，但毛坯或上道工序加工的半成品精度太低，引起定位误差或复映误差过大，因而不能保证加工精度。如果要求提高毛坯精度或上道工序的加工精度，往往是不经济的。这时可采用均分原始误差法，把毛坯(或上道工序的工件)按尺寸大小分为 n 组，每组毛坯的误差就缩小为原来的 $1/n$，然后按各组的平均尺寸分别调整刀具与工件的相对位置或调整定位元件，就可大大缩小整批工件的尺寸分散范围。

4) 均化原始误差法

均化原始误差法的实质是利用有密切联系的表面相互比较，相互检查，从对比中找出差距后，或相互修正或互为基准进行加工，以达到很高的加工精度。例如，配合精度要求很高的轴和孔，常采用对研的方法来达到。所谓对研，就是相互配合的孔和轴互为研具相对研磨。在研磨前留有一定的研磨量，其本身并不要求具有高精度，研磨时的相对运动使工件上各点均有机会相互接触并受到均匀地微量切削，相互修正，最终达到很高的精度。这种表面间相对研擦和磨损的过程，也就是误差相互比较和相互修正的过程。

精密的标准平板就是利用三块平板相互对研，刮去显著的最高点，逐步提高这三块平板的平面度。

5) 就地加工法

在加工和装配中，有些精度问题牵涉到很多零件的相互关系，相当复杂。如果单纯地提高零件精度来满足设计要求，有时不仅困难，甚至达不到要求。若采用“就地加工”的方法，就可能很快地解决看起来非常困难的精度问题。

例如，在转塔车床制造中，转塔上六个安装刀具的孔，其轴线必须保证与机床主轴旋转中心线重合，而六个平面又必须与旋转中心垂直。如果把转塔作为单独零件，加工出这些表面后再装配，要达到上述两项装配精度要求是相当困难的，因为其中包含了很多复杂的尺寸链关系。因而在实际生产中就采用了“就地加工法”，即在装配前，这些重要表面不进行精加工，等转塔装配到机床上以后，再在自身机床上对这些孔和平面进行精加工。具体方法就是在机床主轴上装上镗刀杆和能作径向进给的刀架，对这些表面进行精加工，便能得到所需要的精度要求。

6) 误差补偿法

误差补偿法，就是人为地制造出一种新的原始误差，去抵消原来工艺系统中固有的原始误差，从而减少加工误差，提高加工精度。例如，龙门铣床的横梁在立铣头自重的影响下产生的变形若超过了标准的要求，则可在刮研横梁导轨时使导轨面产生向上凸起的几何形状误差，如图 1-31(a)所示，在装配后就可抵消因立铣头重力而产生的挠度，从而达到了机床精度的要求，如图 1-31(b)所示。

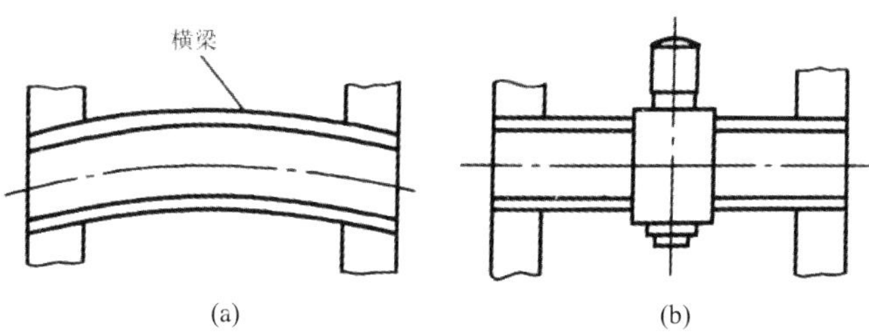

图1-31　通过导轨凸起补偿横梁变形

4. 影响表面质量的主要因素

1) 影响已加工表面粗糙度的因素

机械加工中，形成表面粗糙度的主要原因可归纳为三方面：几何因素、物理因素和工艺系统的振动。

(1) 几何因素。切削加工表面粗糙度主要取决于切削残留面积的高度，并与切削表面塑性变形及积屑瘤的产生有关。图 1-32 所示为车削、刨削加工残留面积高度示意图。图 1-32(a)所示为使用直线刀刃切削的情况，其切削残留面积高度(理论最大表面粗糙度)为

$$H = \frac{f}{\cot \kappa_{\tau} + \cot \kappa_{\tau}'} \tag{1-1}$$

图 1-32(b)所示为使用圆弧刀刃切削的情况，其切削残留面积高度为

$$H \approx \frac{f^2}{8r_z} \tag{1-2}$$

由式(1-1)和式(1-2)可知，在理想切削条件下，由于切削刃的形状和进给量的影响，在加工表面上遗留下来的切削层残留面积高度就形成了理论表面粗糙度。进给量、刀具主偏角、副偏角越大，刀尖圆弧半径越小，则加工残留面积高度越大，表面越粗糙。

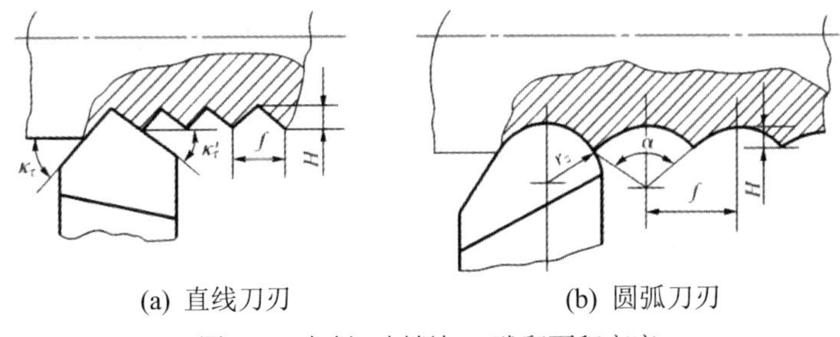

(a) 直线刀刃　　　　(b) 圆弧刀刃

图1-32　车削、刨削加工残留面积高度

(2) 物理因素。切削过程中刀具的刃口圆角及后刀面的挤压与摩擦会使金属材料发生塑性变形，从而使理论残留面积挤歪或沟纹加深，促使表面粗糙度恶化。在加工塑性材料而形成带状切屑时，在前刀面上容易形成硬度很高的积屑瘤，它可以代替前刀面和切削刃进行切削，使刀具的几何角度、背吃刀量发生变化，其轮廓很不规则，因而使工件表面出现深浅和宽窄不断变化的刀痕，有些积屑瘤嵌入工件表面，增大了表面粗糙度。

(3) 工艺系统的振动。金属切削加工中产生的振动是一种十分有害的现象。若加工中产生了振动，刀具与工件间将产生相对位移，会使加工表面产生振痕，严重影响零件的表面质量和性能；工艺系统将持续承受动态交变载荷的作用，刀具极易磨损(甚至崩刃)，机床连接特性受到破坏，严重时甚至使切削加工无法继续进行；振动中产生的噪声还将危害操作者的身体健康。为减轻振动，有时不得不降低切削用量，使机床加工的生产率降低。

2) 影响已加工表面硬化和机械性能的因素

(1) 影响表面层冷作硬化程度的因素。表面层冷作硬化程度取决于产生塑性变形的力、变形速度及变形时的温度。刀具的刃口圆角和后刀面的磨损对表面层冷作硬化有很大的影响，刃口圆角和后刀面的磨损量越大，冷作硬化层的硬度和深度也越大。在切削用量中，影响较大的是切削速度和进给量。当切削速度增大时，表面层冷作硬化程度和深度都有所减小。进给量增大，塑性变形程度也增大，因此表面层冷作硬化现象严重。但当进给量过小时，由于刀具的刃口圆角在加工表面上的挤压次数增多，因此表面层冷作硬化也会加剧。被加工材料的硬度越低、塑性越大，则切削加工后其表面层冷作硬化现象越严重。

(2) 影响表面层的金相组织变化的因素。磨削时大部分的热量传给工件，最容易产生加工表面层的金相组织的变化。其最典型的现象就是磨削烧伤，并以不同烧伤色来表明表面层的烧伤深度。工件表面的烧伤层将成为使用中的隐患。

(3) 影响表面层的残余应力的因素。引起残余应力的原因有以下三个方面：

一是冷塑性变形的影响。在切削力作用下，已加工表面受到强烈的冷塑性变形，其中以

刀具后刀面对已加工表面的挤压和摩擦产生的塑性变形最为突出，此时基体金属受到影响处于弹性变形状态。切削力除去后，基体金属趋向恢复，但受到已产生塑性变形的表面层的限制，恢复不到原状，因而在表面层产生残余拉应力。

二是热塑性变形的影响。工件加工表面在切削热作用下产生热膨胀，此时基体金属温度较低，因此表层金属产生热压应力。当切削过程结束时，表面温度下降较快，故收缩变形大于里层，由于表层变形受到基体金属的限制，故而产生残余拉应力。

三是金相组织的影响。切削时产生的高温会引起表面层的金相组织变化。不同的金相组织有不同的密度，表面层金相组织变化的结果造成了体积的变化。当表面层体积膨胀时，因为受到基体的限制，所以产生了压应力；反之，则产生拉应力。

5. 提高表面质量的途径

1) 减小表面粗糙度的工艺措施

(1) 选择合理的切削用量。切削速度对表面粗糙度的影响比较复杂，一般情况下在低速或高速切削时，不会产生积屑瘤，故加工后表面粗糙度值较小。在切削速度为 20～50m/min 加工塑性材料时，常出现积屑瘤和磷刺，再加上切屑分离时的挤压变形和撕裂作用使表面粗糙度更加恶化。切削速度越高，切削过程中切屑和加工表面层的塑性变形程度越小，加工后表面粗糙度值也就越小。在粗加工和半精加工中，当进给量＞0.15mm/r 时，进给量的大小决定了加工表面残留面积高度的大小，因而适当地减少进给量将使表面粗糙度值减小。一般来说，背吃刀量对加工表面粗糙度的影响是不明显的。当背吃刀量＜0.03mm 时，由于刀刃不可能刃磨得绝对尖锐而具有一定的刃口半径，正常切削就不能维持，常出现挤压、打滑和周期性地切入加工表面，从而使表面粗糙度值增大。

(2) 选择合理的刀具几何参数。增大刃倾角对降低表面粗糙度有利。因为刃倾角增大，实际工作前角也随之增大，切削过程中的金属塑性变形程度随之下降，于是切削力 F 也明显下降，这会显著减轻工艺系统的振动，从而使加工表面粗糙度值减小。减少刀具的主偏角和副偏角及增大刀尖圆弧半径，可减小切削残留面积，使其表面粗糙度值减小。增大刀具前角使刀具易于切入工件，塑性变形小，有利于减小表面粗糙度。但若前角太大，刀刃有嵌入工件的倾向，反而使表面变粗糙。当前角一定时，后角越大，切削刃钝圆半径越小，刀刃越锋利；同时，还能减轻后刀面与加工表面间的摩擦和挤压，有利于减小表面粗糙度值。但后角太大削弱了刀具的强度，容易产生切削振动，使表面粗糙度值增大。

(3) 改善工件材料的性能。采用热处理工艺以改善工件材料的性能是减小其表面粗糙度值的有效措施。例如，工件材料金属组织的晶粒越均匀，粒度越细，加工时越能获得较小的表面粗糙度值。

(4) 选择合适的切削液。切削液的冷却和润滑作用均对减小其表面粗糙度值有利，其中更直接的是润滑作用，当切削液中含有表面活性物质(如硫、氯等化合物)时，润滑性能增强，能使切削区金属材料的塑性变形程度下降，从而减小了加工表面的粗糙度值。

(5) 选择合适的刀具材料。不同的刀具材料，由于化学成分不同，在加工时刀面硬度及刀面表面粗糙度的保持性，刀具材料与被加工材料金属分子的亲和程度，以及刀具前、后刀面与切屑和加工表面间的摩擦系数等均有所不同。

(6) 防止或减轻工艺系统振动。工艺系统的低频振动，一般在工件的加工表面上产生表面波度，而工艺系统的高频振动将对加工的表面粗糙度产生影响。为降低加工的表面粗糙度，必须采取相应措施以防止加工过程中高频振动的产生。

2) 减小表面层冷作硬化的工艺措施

(1) 合理选择刀具的几何参数。采用较大的前角和后角，并在刃磨时尽量减小其切削刃口圆角半径。

(2) 合理控制刀具磨损。使用刀具时，应合理限制其后刀面的磨损程度。

(3) 合理选择切削用量。采用较高的切削速度和较小的进给量。

(4) 合理选择切削液。加工时采用有效的切削液。

3) 减小残余拉应力、防止表面烧伤和裂纹的工艺措施

对零件使用性能危害甚大的残余拉应力、表面烧伤和裂纹的主要成因是磨削区的温度过高。为降低磨削热，可以从减小磨削热的产生和加速磨削热的传出两条途径入手。

(1) 选择合理的磨削用量。根据磨削机理，磨削深度的增大会使表面温度升高，砂轮速度和工件转速的增大也会使表面温度升高，但影响程度不如磨削深度大。为了直接减少磨削热的产生，降低磨削区的温度，应合理选择磨削参数：减小背吃刀量，适当提高进给量和工件转速。但这会使表面粗糙度值增大，为弥补这一缺陷，可以相应提高砂轮转速。实践证明，同时提高砂轮转速和工件转速，可以避免烧伤。

(2) 选择有效的冷却方法。磨削时由于砂轮高速旋转而产生强大的气流，使切削液很难进入磨削区，故不能有效降低磨削区的温度。因此应选择适宜的磨削液和有效的冷却方法，如采用高压大流量冷却、内冷却砂轮等。

二、提高机械加工生产率的工艺途径

提高机械加工生产率的工艺途径视频

劳动生产率是衡量生产效率的一项综合性技术经济指标，常用一个工人在单位劳动时间制造出合格的产品的数量来表示。提高劳动生产率必须正确处理好质量、生产率和经济性三者之间的关系，应在保证质量的前提下，提高生产率，降低成本。

1. 提高切削用量

增大切削速度、进给量和被吃刀量均可缩短基本时间，是提高生产率的有效途径之一。目前，生产中制约切削用量提高的主要问题是新型刀具材料的研究与开发。近年来，随着各种超硬刀具材料以及刀具表面涂层技术的发展，切削速度得到了迅速提高。但是，随着切削用量的提高，对机床的刚度和功率的要求也相应提高。因此，采用此法提高生产率时，除应选择合适的刀具材料外，还应注意机床的刚度和功率是否能够满足要求。

2. 采用先进工艺方法

采用先进的工艺方法是提高劳动生产率的另一个有效途径，一般从以下几个方面采取措施。

1) 采用先进的毛坯制造方法

在毛坯制造中采用粉末冶金、压力铸造、精密铸造、冷挤压等新工艺，可有效提高毛坯的精度，减少机械加工量并节约原材料。

2) 采用特种加工

对于特硬、特脆、特韧材料及一些复杂型面，采用特种加工能极大地提高生产率。如电火花、线切割加工模具等，都可以节约大量的钳工劳动。

3) 采用高效加工方法

(1) 采用多件加工。在一次装夹下，同时加工多个工件，能使生产率大大提高。多件加工方式有三种，如图 1-33 所示。图 1-33(a)所示为顺序多件加工，即工件顺着走刀方向一个接一个地安装，这种加工方法使刀具的切入长度减少，从而减少了基本时间；图 1-33(b)所示为平行多件加工，即同时加工 n 个工件，加工所需基本时间与加工一个工件相同，使分摊到每个工件的基本时间减少到 $1/n$，提高了生产率，这种方式常用于铣削加工和平面磨削加工；图 1-33(c)所示为平行顺序多件加工，它是上述两种方法的综合运用，适用于工件较小、批量较大的情况。

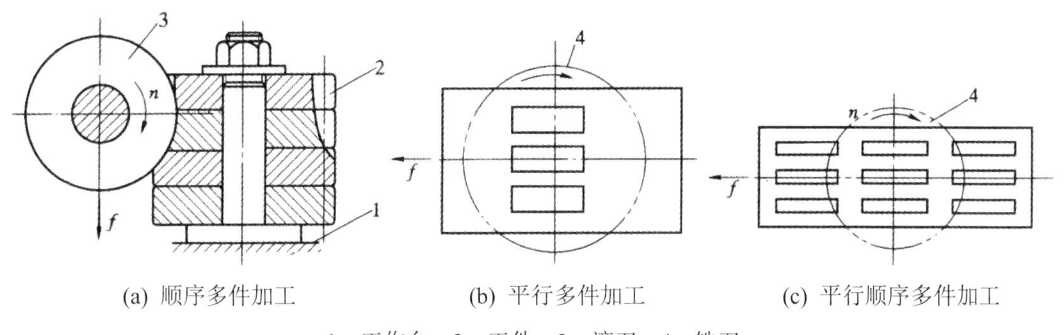

(a) 顺序多件加工　　(b) 平行多件加工　　(c) 平行顺序多件加工

1—工作台；2—工件；3—滚刀；4—铣刀

图1-33　多件加工示意图

(2) 减少或重合切削行程长度。减少或重合切削行程长度可以缩短基本时间。例如，用几把刀同时加工同一表面或几个表面，如图 1-34 所示。

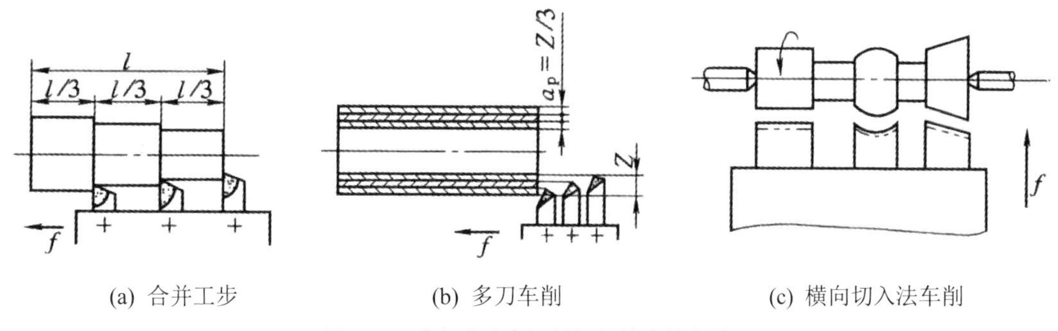

(a) 合并工步　　(b) 多刀车削　　(c) 横向切入法车削

图1-34　减少或重合切削行程长度的方法

(3) 在大批大量生产中用拉削、滚压加工代替铣削和磨削；成批生产中用精刨、精磨或金刚镗代替刮研等均可提高生产率。

(4) 采用少无切削工艺代替常规切削加工方法。

目前常用的少无切削工艺有冷轧、碾压、冷挤等，这些方法在提高生产率的同时还能使工件的加工精度和表面质量也得到提高。

4) 采用高效机床设备

(1) 采用高效专用机床、数控机床等先进设备，实现集中控制、自动调速与自动换刀，以缩短开、停机和改变切削用量、换刀等的时间。

(2) 采用多刀多轴加工的高效设备，如多刀半自动车床、多面多轴组合机床，实现多刀多轴加工，使切削行程缩短，基本时间重叠。

(3) 采用连续回转工作台机床和多工位回转工作台组合机床，使装卸时间的辅助时间与基本时间相重叠。图 1-35(a)为双轴立式连续回转工作台粗铣、精铣工件的示意图，图 1-35(b)为多工位组合机床对一个工件进行多工位加工的情况。

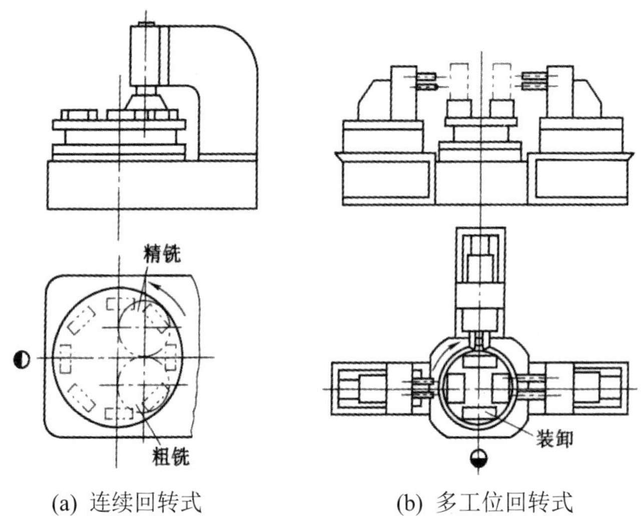

(a) 连续回转式　　(b) 多工位回转式

图1-35　回转工作台机床

5) 采用高效工装

(1) 在大批量生产中采用机械联动、气动、液压、电磁、多件夹紧等高效夹具，中、小批生产时采用组合夹具，以减少夹紧工件的时间，提高生产率。

采用回转式或移动式多工位夹具，使装卸工件的辅助时间与基本时间相重合。图 1-36 是在立式铣床上采用双工位夹具工作的实例，当工件 1 正在加工时，工人可在工作台的另一端取下已加工好的工件并装上新的工件，待工件 1 加工完毕后，工作台迅速退回原处，夹具回转 180°，进行下一个工件的加工。

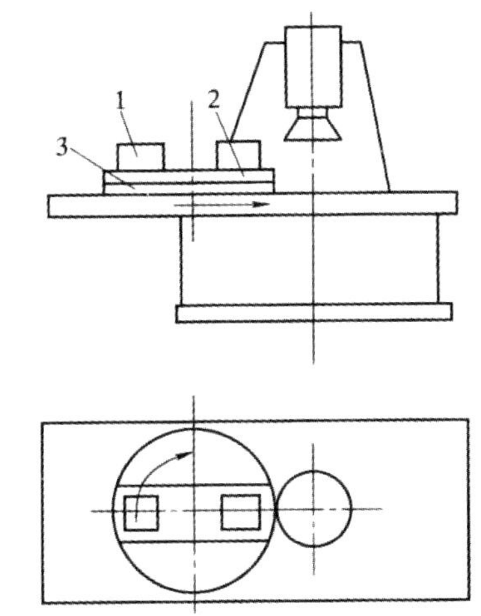

1—工件；2—夹具回转部分；3—夹具固定部分

图1-36　双工位夹具

(2) 采用先进、高效的刀具和快速调刀换刀装置。

① 采用各种复合刀具，使基本时间相互重叠。图 1-37 所示为应用十分广泛的钻—扩复合刀具。

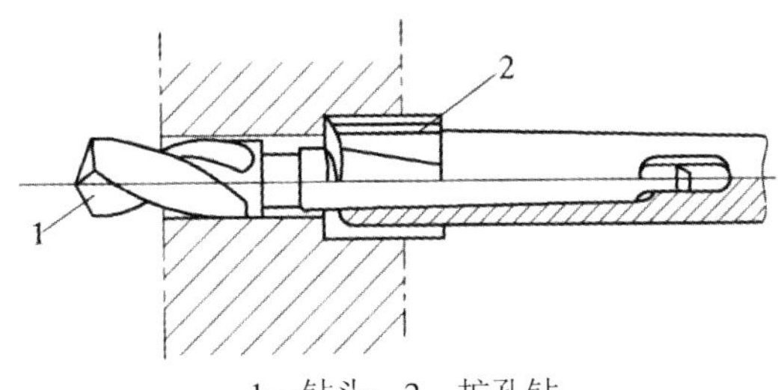

1—钻头；2—扩孔钻

图1-37　钻—扩复合刀具

② 采用机械夹固可转位硬质合金刀片以及各种新型材料刀具，减少磨刀和换刀的时间。

③ 采用机外对刀的快换刀夹、专用对刀样板或自动换刀装置，减少换刀和调刀的时间。图 1-38 所示为预先调整好的快换刀夹，只需快速装上即可使用。

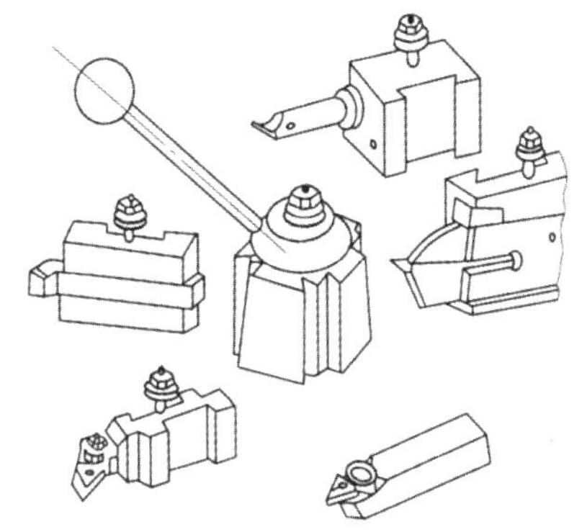

图1-38　快换刀夹

(3) 采用主动测量装置。在设备上配置以光栅、感应同步器为检测元件的工件尺寸数字显示装置，将加工过程中尺寸的变化情况连续地显示出来，操作人员根据其显示的数据控制机床，从而节省了停机测量的辅助时间，使生产率得到提高。

§ 家国情怀——传统机械加工 §

我国春秋时代的青铜锯、锉的结构和形状已经类似于现代的切削工具；到了明朝时期就有以畜力作为动力加工天文仪零部件的记载。相传春秋时期鲁班发明的曲尺，构造简单、功能多样，国际上至今仍在使用。虽然目前欧、美、日等发达国家和地区在机械加工技术领域处于领先位置，尤其是高端制造装备，但是自从改革开放以来，通过几代人的不懈努力，我国机械制造领域已取得了惊人的突破，尤其是航空航天领域，比如神舟系列飞船、长征系列火箭、嫦娥系列月球探测器、民用大飞机等。

任务实施

小组协作与分工。每组 4～5 人，讨论以下问题。

1. 简述机械加工精度的概念。

____

____

____

2. 试述影响机械加工精度的因素。

____

____

____

3. 如何保证和提高加工精度？

____

____

____

4. 如何提高劳动生产率？

____

____

____

项目二

机械加工概述

任务三　认识机械加工

知识目标

1. 了解零件的成形方法；
2. 了解机械加工工艺系统的组成以及各部分的作用；
3. 掌握刀具材料的基本知识。

能力目标

1. 形成对机械加工的初步认识；
2. 能根据具体条件选择刀具材料。

素质目标

1. 具有爱岗敬业的职业素养和严谨认真的工作态度；
2. 具有做事有始有终、吃苦耐劳的精神和团队协作的荣誉感和成就感，能对废料和可用材料分类回收，具有环保意识。

任务描述

如图 2-1 所示，机械加工的主要任务是将毛坯加工成成品，加工过程由机械加工工艺系统完成。工艺系统包括工件、机床、刀具等部分。本任务主要学习机械加工的一些基本概念与基本知识，重点学习机械加工工艺系统中工件、机床、刀具的基本知识，形成对机械加工的初步认识。

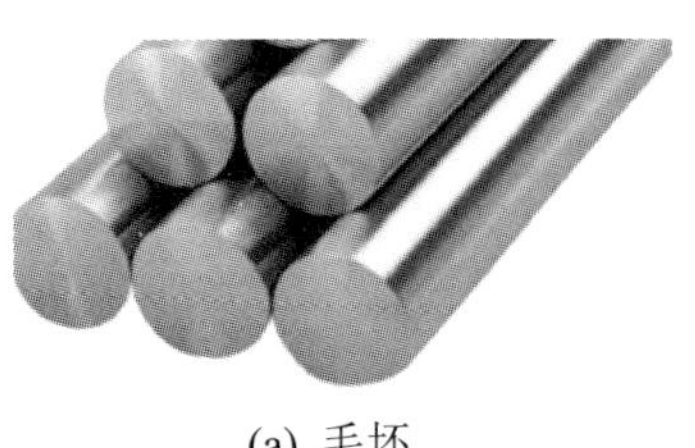

(a) 毛坯

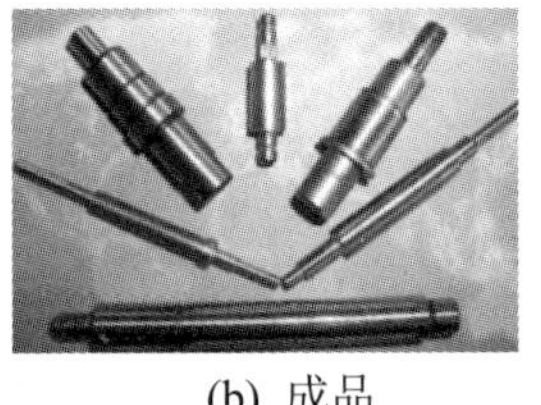

(b) 成品

图2-1　机械加工

知识链接

一、零件的成形方法

在机械零件的制造过程中，零件的成形要采用各种不同的制造工艺方法。按照加工过程中被加工对象质量 m 的变化特征，可以将零件的制造方法分为材料成形工艺、材料去除工艺和材料累积工艺三种类型。

1. 材料成形工艺($\Delta m=0$)

材料成形工艺是指加工过程中材料的形状、尺寸、性能等发生变化，而其质量未发生变化。材料成形工艺常用来制造毛坯，也可以用来制造形状复杂但精度要求不太高的零件。材料成形工艺的生产率较高。常用的成形工艺有铸造、锻造、模具成形(注塑、冲压)、粉末冶金等。

(1) 如图 2-2 所示，铸造指将液态金属浇注到与零件的形状尺寸相适应的铸造型腔中，冷却凝固后获得毛坯或零件的工艺方法。铸造工艺适应性强、生产成本低，因而应用十分广泛。

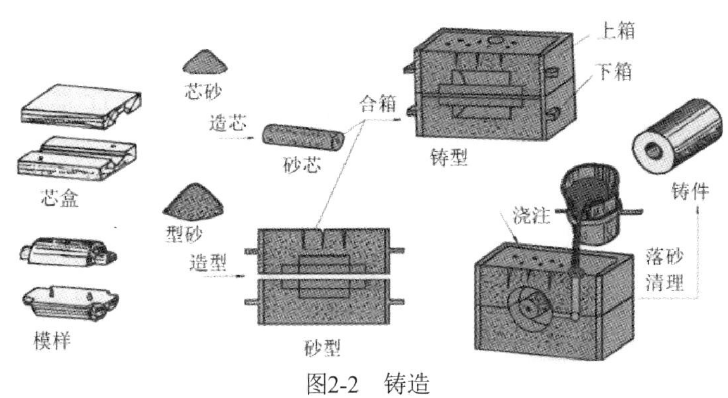

图2-2　铸造

(2) 如图 2-3 所示，锻造指利用锻造设备对加热后的金属施加外力，使之发生塑性变形，形成具备一定形状、尺寸和组织性能的零件毛坯。经过锻造的毛坯，内部组织致密均匀，金属流线分布合理，零件强度高。常用于制造综合力学性能要求高的零件。

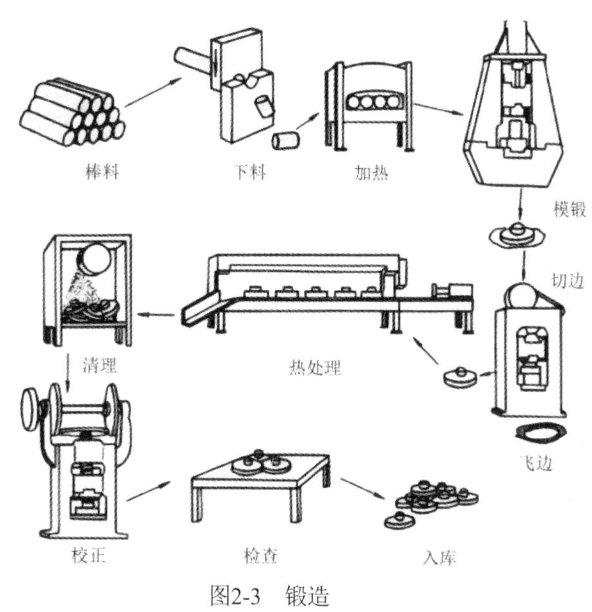

图2-3　锻造

(3) 如图 2-4 所示，板料冲压指在冲压机上利用冲压模具将板料冲压成各种形状和尺寸的制件。由于板料冲压一般在常温下进行，故又称为冷冲压。冷冲压加工有很高的生产率和较高的加工精度。注塑加工是在注塑机上通过一定的压力将熔融状态的塑料注入模具，再经过保压、冷却后得到一定形状的塑料制品。这两种方法在电气产品、轻工产品、汽车制造中有十分广泛的应用。

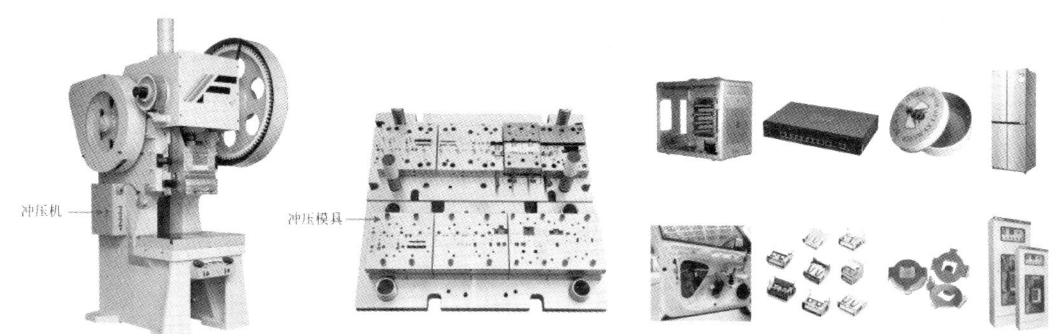

图2-4　板料冲压

(4) 如图 2-5 所示，粉末冶金指以金属粉末或金属与非金属粉末的混合物为原料，经模具压制、烧结等工序，制成金属制品的工艺方法。粉末冶金制品的材料利用率能达到 95%，在机械制造中获得日益广泛的应用。与金属铸造/压铸相比，粉末冶金更适合于难熔金属和小尺寸精密结构件。但是成形过程中粉末流动性不如液态金属，因此结构形状有一定的限制，制品强度也低于铸件。粉末冶金压模成本高，一般只适用于大批生产。

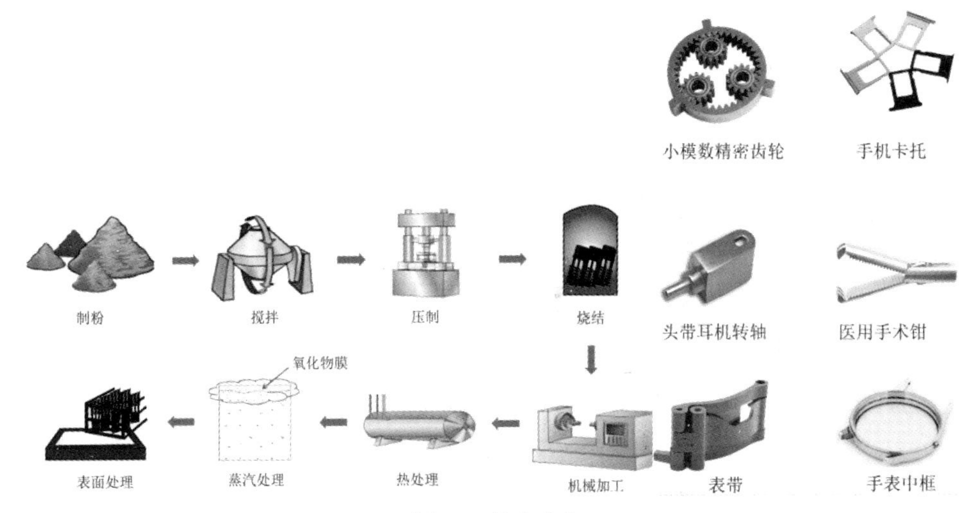

图2-5 粉末冶金

2. 材料去除工艺($\Delta m<0$)

材料去除工艺是指以一定的方式从工件上去除多余的材料，得到所需形状、尺寸的零件。在材料去除过程中，工件逐渐逼近理想零件的形状与尺寸。材料去除工艺是机械制造中应用最广泛的加工方式，包括各种传统的切削加工、磨削加工和特种加工方法。

(1) 切削加工指在机床上用金属切削刀具切除工件毛坯上多余的金属，从而使工件的形状、尺寸和表面质量达到设计要求的工艺方法。常见的切削加工方法有车削、铣削、刨削、钻削、拉削、镗削等。

(2) 磨削加工指在磨床上利用高速旋转的砂轮磨去工件上多余的金属层，从而达到较高的加工精度和表面质量的工艺方法。磨削既可加工非淬硬表面，也可加工淬硬表面。常见的磨削加工方式有内外圆磨削、平面磨削、成形磨削等。

(3) 特种加工指利用电能、热能、化学能、光能、声能等对工件进行材料去除的加工方法。特种加工不依靠机械能，而是主要用其他能量去除金属材料；工具硬度可以低于被加工工件材料的硬度；加工过程中工具和工件不存在显著的机械切削力。常用的特种加工方法有电火花加工、电解加工、激光加工、超声波加工、水喷射加工、电子束加工、离子束加工等。

3. 材料累积工艺($\Delta m>0$)

材料累积工艺是指利用一定的方式使零件的质量不断增加的工艺方法，包括传统的连接方法、电铸电镀加工和先进的快速成形技术。

(1) 连接与装配。传统的累积方式有连接与装配。可以通过不可拆卸的连接方法如焊接、粘接、铆接和过盈配合等，使物料结合成一个整体，形成零件或部件；也可以通过各种装配方法(如螺纹连接等)使若干零件装配连接成组件、部件或产品。

(2) 电镀电铸加工。利用电镀液中的金属正离子在电场的作用下，逐渐镀覆沉积到阴极上去，形成一定厚度的金属层，达到复制成形、修复磨损零件和表面装饰防锈的目的。

(3) 快速成形。近十几年发展起来的快速成形技术(RP)是材料累积工艺的新发展。快速成形技术是将零件以微元叠加方式逐渐累积生成。将零件的三维实体模型数据经计算机分层切片处理，得到各层截面轮廓，按照这些轮廓，激光束选择性地切割并粘合一层层的纸(LOM叠层法，如图 2-6 所示)，或固化一层层的液态树脂(SLA 光固化法，如图 2-7 所示)，或烧结一层层的粉末冶金材料(SLS 烧结法，如图 2-8 所示)，或喷射源选择性地喷射一层层的粘接剂或热熔材料(FDM 熔融沉积法，如图 2-9 所示)，形成一个个薄层，并逐步叠加成三维实体。

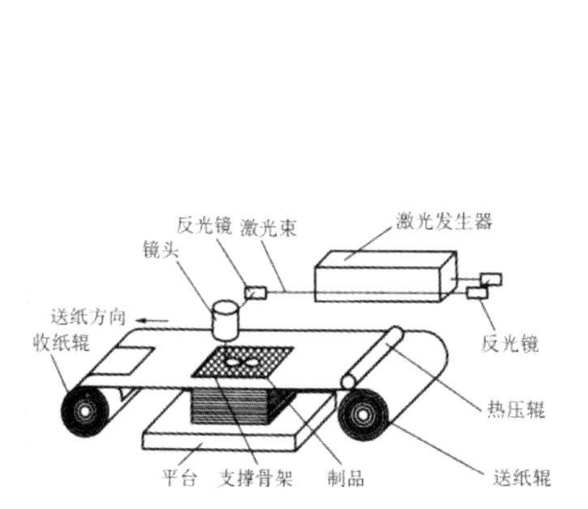

图2-6　LOM快速成形制造原理图

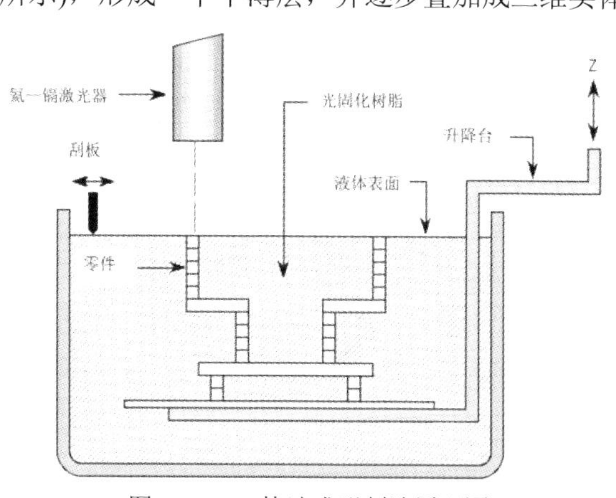

图2-7　SLA快速成形制造原理图

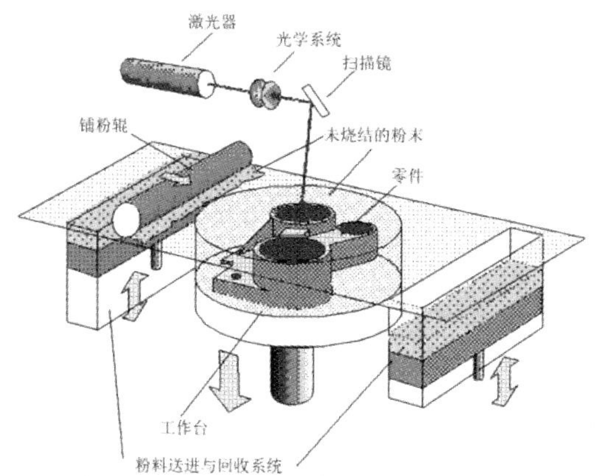

图2-8　SLS快速成形制造原理图

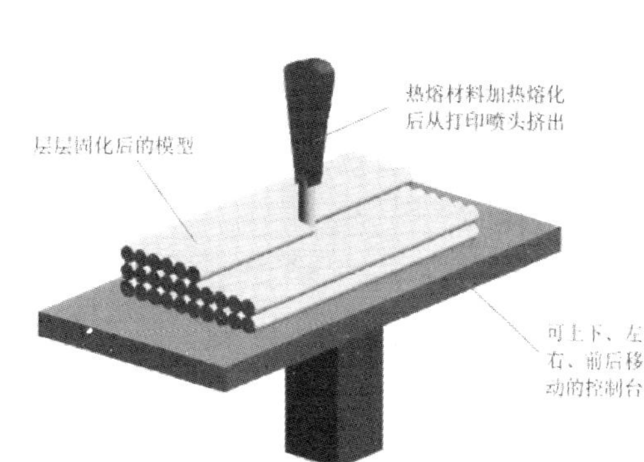

图2-9　FDM快速成形制造原理图

二、机械加工工艺系统

如图 2-10 所示，在机械加工中，由机床、刀具、夹具与被加工工件一起构成了一个实现某种加工方法的整体系统，这一系统称为机械加工工艺系统。在这一系统中，机床是加工机械零件的工作机械；刀具直接对零件进行切削；夹具用来定位和夹紧被加工工件，使之占有正确位置。机械加工工艺系统是实现零件机械加工的基础。

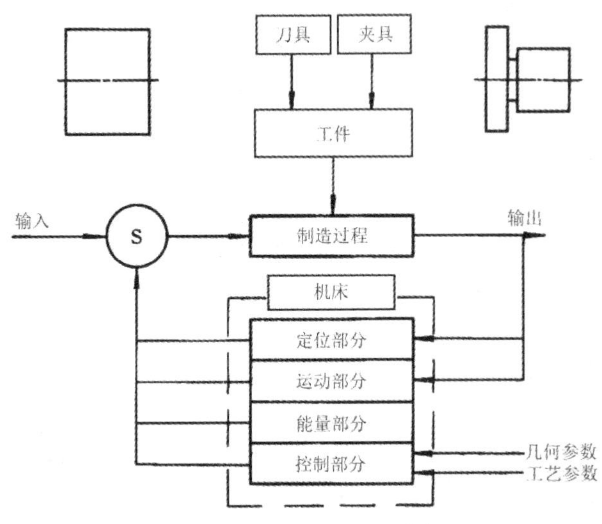

图2-10　机械加工工艺系统

1. 工件

工件是机械加工过程中被加工对象的总称，任何一个工件都要经过由毛坯到成品的过程。工件的加工表面类型、结构特征、材料以及技术要求都直接影响加工的方法、刀具的选择以及夹具的设计等。工件的材料类型及性能不仅影响零件的使用性能，而且影响加工的难易程度、加工方法、加工过程的动力消耗以及刀具的寿命。在加工时，只有考虑到各方面的因素，才能正确确定加工工艺和加工方法。

1) 工件的毛坯

毛坯是工件的基础，毛坯的种类、质量和材料性能对机械加工的质量有很大的影响。确定毛坯时，在满足零件使用性能的前提下，应充分注意利用新工艺、新技术、新材料的可能性，使毛坯质量提高，节约机械加工劳动量，提高加工质量。

2) 工件表面的构成

工件的表面一般由多种几何形状构成。如图 2-11 所示，此轴由几个回转表面构成，其中 D_3 是配合轴颈表面，D_1、D_4 是支承轴颈表面，它们是工作表面，其余各面起连接工作表面的作用。又如箱体零件的安装基面和支承孔是主要加工表面，其他属于支持、连接表面。因此，从使用要求来看，每个工件都有一个或几个表面直接影响其使用性能，这些表面是主要表面，其他表面属于辅助表面。机械加工工艺系统是为了保证主要表面的加工要求。

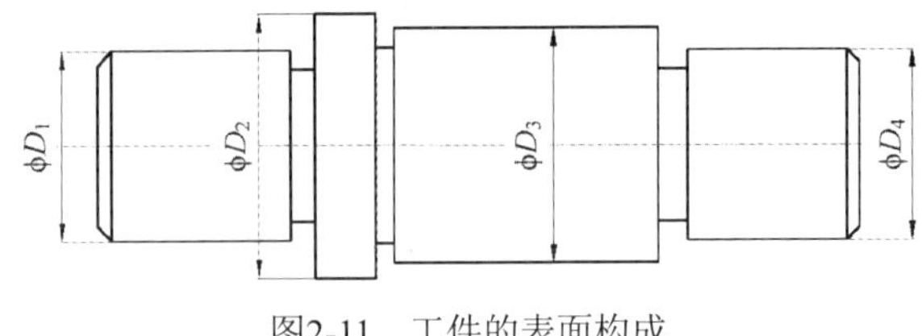

图2-11　工件的表面构成

3) 工件的加工质量要求

工件质量包括加工精度和表面质量两方面。加工精度指工件加工后的几何参数(尺寸、形状和位置)与图纸规定的理想零件的几何参数符合的程度。符合程度越高，加工精度越高。具有绝对准确参数的零件叫理想零件。从实际出发，没有必要把零件做得绝对精确，只要保证其功用，精度保持在一定范围即可。工件表面质量指加工后表面的围观几何性能和表层的物理、力学性能，包括表面粗糙度、波度、表层硬化、残余应力等，它们直接影响零件的使用性能。

工件是机械加工工艺系统的核心。获得毛坯的方法不同，工件结构不同，切削加工方法也有很大的差别。例如，用精密铸造和锻造、冷挤压等制造的毛坯只需要少量的机械加工，甚至不需要加工。

工件的形状和尺寸对工艺系统有影响，工件形状越复杂，被加工表面数量越多，则制造越困难，成本越高。在可能的范围内，应采用最简单的表面及其组合来构成。加工精度和表面粗糙度的等级应根据实际要求确定，等级越高越需要复杂工具和设备，费用就越大。在能满足工作要求的前提下，具有最低加工精度和粗糙度等级的工件其工艺性最好。

2. 金属切削机床

金属切削机床的基本概念视频

1) 机床的作用

金属切削机床是用切削加工的方法将金属毛坯加工成机器零件的工艺装备，它提供刀具与工件之间的相对运动，提供加工过程中所需的动力，经济地完成一定的机械加工工艺。

机床的质量和性能直接影响机械产品的加工质量和经济加工的适用范围，而且它总是随着机械工业水平的提高和科学技术的进步而发展。如新型刀具的出现，电气、液压等技术的发展以及计算机控制技术的应用，使机床生产率、加工精度、自动化程度不断提高。

2) 机床的构成

现代金属切削机床大量采用机械、电气、电子、液压、气动装置来实现运动和循环。机床由传动装置、工作循环机构、辅助机构和控制系统联合在一起，形成统一的工艺综合体。它的构成包括以下几部分：

(1) 支承及定位部分连接机床上各部分，并使刀具与工件保持正确的相对位置。如床身、底座、立柱、横梁等都属支承部件，导轨、工作台、用于刀具和夹具定位的定位元件属定位部件。

(2) 运动部分为加工过程提供所需的切削运动和进给运动，包括主运动传动系统和进给运动传动系统以及液压进给系统等。把动力源输出的运动进行变换、传递，使刀具和工件获得所需的切削速度、进给量。

(3) 动力部分加工过程和辅助过程的动力源，提供完成加工所需的动力。如带动机械部分运动的电动机和为液压、润滑系统工作提供能源的液压泵等。

(4) 控制部分用来启动和停止机床的工作，改变机床各种运动的大小、方向、相互关系，改变机床各部分的工作状态，包括机床的各种操纵机构、电气电路、调整机构、检测装置等。

3) 机床的分类

金属切削机床的功用、结构、规格和精度各式各样，根据 GB/T 15375—2008，按加工性质和所用刀具的不同可分为 12 大类：车床、钻床、镗床、磨床、齿轮加工机床、螺纹加工机床、铣床、刨床、插床、拉床、锯床和其他机床，如图 2-12 所示。

(a) 卧式车床

(b) 摇臂钻床

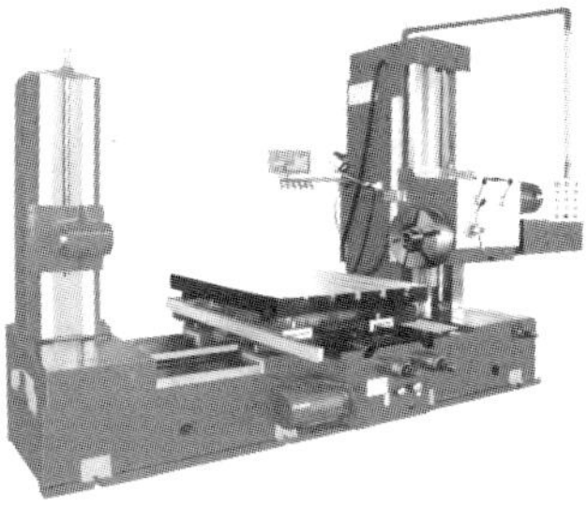

(c) 卧式镗床

(d) 平面磨床

(e) 齿轮加工机床

(f) 立式铣床

(g) 牛头刨床

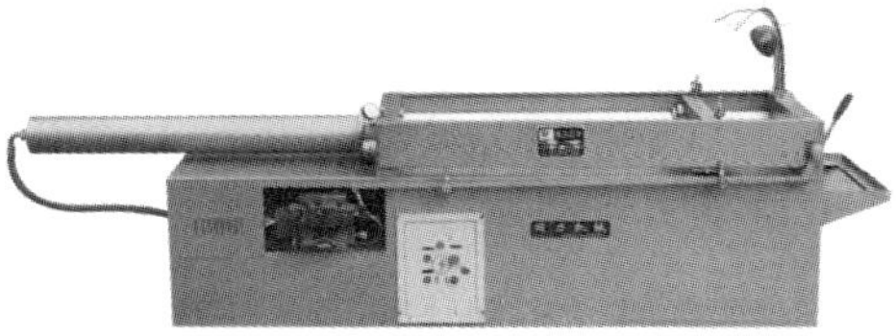

(h) 卧式拉床

图2-12　常见机床

按通用程度分为以下三类：

(1) 通用机床(即万能机床)用于单件小批量生产或修配生产，可对多种零件为完成各种不同的工序加工。

(2) 专门化机床用于大批量生产，加工不同尺寸的同类零件，如曲轴轴颈车床。

(3) 专用机床用来加工某一种零件的特定工序，仅用于大量生产，是根据特定的工艺要求专门设计制造的。

按机床重量(取决于轮廓尺寸)分为轻型机床(10kN 以下)、中型机床(10～100kN 以下)、重型机床(大于 100kN)。

按加工精度分为普通精度级、精密和超精密机床。

按自动化程度分为手动、机动、半自动和自动化机床。

4) 机床传动系统的基本概念

传动系统是一台机床运动的核心，它决定机床的运动和功能。机床的每一个运动都是由运动源、执行件和联系两者的一系列传动装置所构成的。

执行件为执行运动的部件，如主轴、刀架、工作台等，其任务是带动工件或刀具完成旋转或直线运动，并保持准确的运动轨迹。

运动源为执行机构提供运动和动力的装置，如交流异步电动机、直流电动机、步进电动机等。

传动装置为传递运动和动力的装置。通过它把运动源的运动和动力传递给执行件或把一个执行件的运动传递给另一个执行件，使执行件获得运动，并使有关执行件之间保持某种确定的运动关系。

为了分析和研究机床的传动系统，了解其内在联系，并运用给定的数据进行有关的计算，首先必须掌握以下基本概念：

(1) 传动链。在机床传动装置中，常用的传动件有带轮、齿轮、蜗轮蜗杆、齿轮齿条、丝杠螺母等。通过这些传动件把运动源与执行件，或者把两个执行件之间联系起来，称为传动联系。构成一个传动联系的一系列顺序排列的传动件称为传动链。根据传动链的性质，传动链又可分为内联系传动链和外联系传动链两类。

内联系传动链所联系的执行件自身的运动(旋转或直线)，同属于一个独立的成形运动，因而在执行件之间的相对运动关系有严格的要求。具有这类传动联系性质的传动链称为内联系传动链。因此内联系传动链中不能有传动不确定或瞬时传动比变化的传动机构，如带传动、链传动、摩擦传动等。例如卧式车床上加工螺纹，联系主轴与刀架之间的螺纹传动链就是一条传动比有严格要求的内联系传动链，它能保证并得到螺纹所需的螺距。

外联系传动链是联系运动源和机床执行件之间的传动链。它使执行件得到预定速度的运动，并传递一定的动力，但并不要求运动源与执行件之间有严格的传动比关系，外联系传动链传动比的变化只影响生产率或表面粗糙度，不影响工件表面形状的形成。

机床的一个运动由一条传动链来完成。机床有多少个运动，就相应地有多少条传动链。机床所有相互联系的传动链就组成了机床的传动系统。

(2) 机床传动原理图。为了便于研究机床的传动联系，常用一些简单的符号表示动力源与执行件及执行件与执行件之间的传动联系，这就是机床传动原理图。

如图 2-13 所示为普通外圆车床(图 2-13(a))和卧式铣床(图 2-13(b))的传动原理图，图中的数字表示各种传动装置的运动输入输出点，u_x、u_v 等表示换置机构的传动比。图 2-13(a)中，车床的主电机通过定比传动机构和换置机构带动主轴，从而使工件获得一定的转速，其传动路线是 1-2-u_v-3-4。电动机、主轴和这些传动装置构成了主运动传动链。这种传动链是外联系传动链，其首端件往往是电动机，执行件的运动是简单运动。为完成螺纹加工，必须使刀具与工件之间的相对运动形成螺旋线复合运动。这时传动路线为 4-5-u_x-6-7，运动源是工件，执行件是刀具，要得到所需要的螺旋线，必须在工件与刀具这两个执行件之间建立严格的传动比联系，即工件转一转，刀具走被加工工件螺旋线的一个导程，该传动链即为内联系传动链。图 2-13(b)中电动机通过 1-2-u_v-3-4 带动铣刀回转，进给电机通过 5-6-u_f-7-8 带动工件直线进给运动，是两个简单运动。

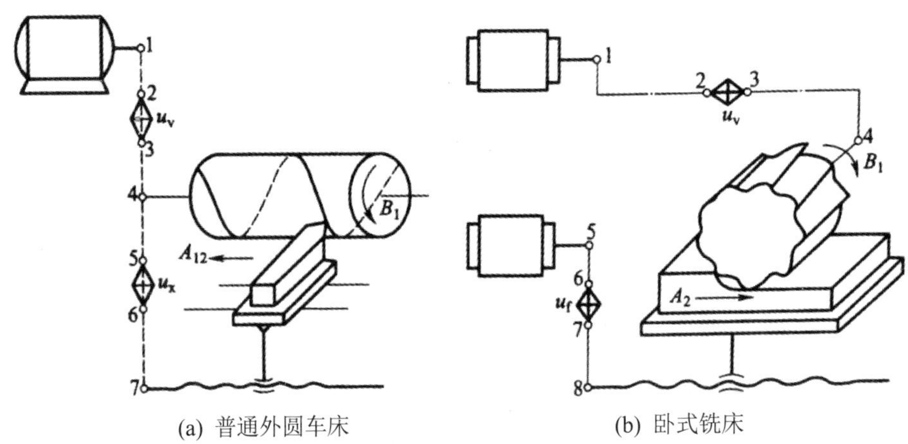

(a) 普通外圆车床　　(b) 卧式铣床

图2-13　传动原理图

利用传动原理图，可分析机床有哪些传动链及其传动联系情况，一方面由工件的运动参数要求，正确地计算换置机构的传动比，对机床进行运动调整；另一方面，可根据已知的机床传动路线的传动比，计算加工过程的运动参数。

3. 金属切削刀具

1) 刀具的类型

金属切削刀具是完成切削加工的重要工具，它直接参与切削过程，从工件上切除多余的金属层。因为刀具变化灵活、收效显著，所以它是切削加工中影响生产率、加工质量与成本的最活跃的因素。在机床的自身技术性能不断提高的情况下，刀具的性能直接决定机床性能的发挥，对提高生产率、保证加工精度与表面质量、降低成本有直接影响。根据用途和加工方法不同，刀具有如图 2-14 所示的几大类。

(a) 车刀　(b) 铣刀　(c) 麻花钻
(d) 铰刀　(e) 丝锥　(f) 板牙
(g) 滚刀　(h) 拉刀　(i) 镗刀

图2-14　常见的刀具类型

(1) 切刀类包括车刀、刨刀、插刀、镗刀、自动机床和半自动机床用的切刀以及一些专用切刀。多为只有一条主切削刃的单刃刀具。

(2) 孔加工刀具是在实体材料上加工出孔或对原有孔扩大孔径(包括提高原有孔的精度和减小表面粗糙度值)的一种刀具。如麻花钻、扩孔钻、锪钻、深孔钻、铰刀、镗刀等。

(3) 拉刀类是在工件上拉削出各种内、外几何表面的刀具，生产率高，用于大批量生产，刀具成本高。

(4) 铣刀类是一种应用非常广泛的在圆柱或端面具有多齿、多刃的刀具。它可以用来加工平面、各种沟槽、螺旋表面、齿轮表面和成形表面等。

(5) 螺纹刀具指加工内、外螺纹表面用的刀具。常用的有丝锥、板牙、螺纹切头、螺纹滚压工具以及车刀、梳刀等。

(6) 齿轮刀具是用于加工齿轮、链轮、花键等齿形的一类刀具，如齿轮滚刀、插齿刀、剃齿刀、花键滚刀等。

(7) 复合刀具、自动线刀具是根据组合机床和自动线特殊加工要求设计的专用刀具，可以同时或依次加工若干个表面。

(8) 数控机床刀具。刀具配置根据零件工艺要求而定，有预调装置、快速换刀装置和尺寸补偿系统。

(9) 特种加工刀具如水刀、激光刀等。

2) 刀具材料的类型

当前使用的刀具材料分为四大类：工具钢(包括碳素工具钢、合金工具钢、高速钢)、硬质合金、陶瓷、超硬刀具材料。机械加工中使用最多的是高速钢与硬质合金。

工具钢耐热性差，但抗弯强度高，价格便宜，焊接与刃磨性能好，故广泛用于中、低速切削的成形刀具制造。硬质合金耐热性好，切削效率高，但刀片强度、韧性不及工具钢，焊接、刃磨工艺性也比工具钢差，故多用于制作车刀、铣刀及各种高效切削刀具。

一般刀体均采用普通碳钢或合金钢制作，如焊接车、镗刀的刀杆，钻头、铰刀的刀体等常用 45 钢或 40Cr 制造。尺寸较小的刀具或切削负荷较大的刀具一般宜选用合金工具钢或整体高速钢制作，如螺纹刀具、成形铣刀、拉刀等。

机夹可转位硬质合金刀具、镶硬质合金钻头、可转位铣刀等可用合金工具钢制作，如 9CrSi 或 GCr15 等。对于一些尺寸较小的精密孔加工刀具，如小直径镗、铰刀，为保证刀体有足够的刚度，应选用整体硬质合金制作，以提高刀具的切削用量。

3) 刀具材料应具备的基本性能

刀具材料一般指刀具切削部分的材料，其性能的优劣是影响加工表面质量、切削效率、刀具寿命的重要因素。因此，金属切削刀具的材料应具备一些独特的性能。

(1) 耐磨性和硬度耐磨性表示材料抗机械摩擦和抗磨料磨损的能力。材料的硬度越高，耐磨性就越好，刀具切削部分抗磨损的能力也就越强。耐磨性取决于材料的化学成分、显微组织。材料组织中硬质点的硬度越高，数量越多，晶粒越细，分布越均匀，耐磨性就越好。刀具材料对工件材料的抗粘附能力越强，耐磨性也越好。一般刀具材料的硬度应大于工件材料的硬度，其室温下硬度应在 60HRC 以上。

(2) 强度和韧度。由于刀具在切削过程中承受较大的切削力、冲击和振动等的作用，因此刀具材料必须具有足够的抗弯强度和冲击韧度，以避免刀具材料在切削过程中产生断裂和崩刃。

(3) 耐热性与化学稳定性。耐热性是指刀具材料在高温下保持其硬度、耐磨性、强度和韧性的能力，通常用高温硬度值来衡量，也可用刀具切削时允许的耐热温度值来衡量。耐热性越好的材料允许的切削温度越高。

此外，刀具材料还应具有良好的工艺性和经济性。工具钢应有较好的热处理工艺性，淬火变形小，脱碳层浅及淬透性好；热轧成形刀具应具有较好的高温塑性；需焊接的材料应有较好的导热性和焊接工艺性；高硬度刀具材料应有较好的磨削加工性能。从经济角度考虑，刀具材料还应具备资源丰富、价格低廉的特点。

4. 夹具

在机械加工中，特别是批量加工工件时，要求能将工件迅速、准确地装夹在机床上，并保证加工时工件表面对于刀具之间有一个准确而可靠的加工位置，这就需要一种工艺装置来配合。这种用来使工件定位和夹紧的装置称为夹具。

1) 夹具的功用

(1) 保证工件加工精度。机床夹具的首要任务是保证加工精度，使工件相对于刀具及机床的位置精度得到稳定保证，不依赖于工人的技术水平。

夹具的分类及组成视频

(2) 减少辅助工时，提高生产率。使用夹具后可缩短划线、找正等辅助时间；易实现多工件、多工位加工；可采用高效机动夹紧机构，提高劳动效率。

(3) 扩大机床工艺范围。根据加工机床的成形运动，辅以不同类型的夹具，可扩大机床的工艺范围。如在车床或钻床上使用镗模，可以代替镗床镗孔。

2) 夹具的分类

机床夹具可以有多种分类方法，通常按机床夹具的使用范围分为五种类型。

(1) 通用夹具。通用夹具一般已标准化，作为机床附件由专业工厂制造供应，只需选购即可。该类夹具具有较大的通用性，如车床的自定心卡盘、单动卡盘、顶尖，铣床上常用的机用平口钳、分度头、回转工作台等均属此类夹具，如图 2-15 所示。

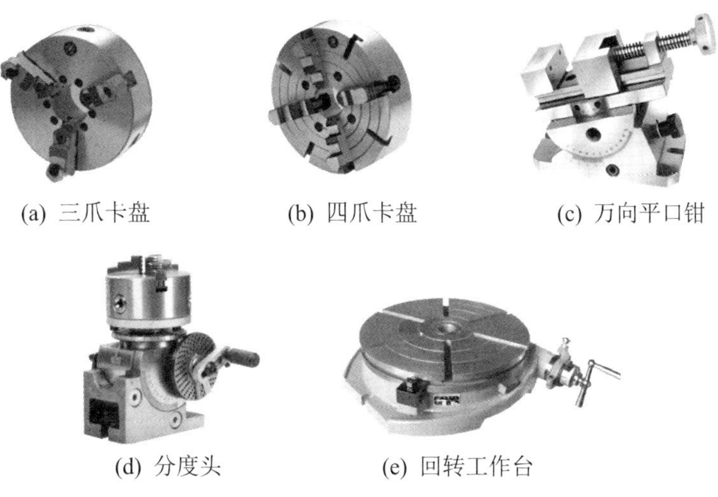
(a) 三爪卡盘　(b) 四爪卡盘　(c) 万向平口钳　(d) 分度头　(e) 回转工作台

图2-15　通用夹具

(2) 专用夹具。专为某一工件的某一工序设计制造的夹具，称为专用夹具。专用夹具广泛应用在批量生产中。如图 2-16 所示为铣削键槽用的简易专用夹具。

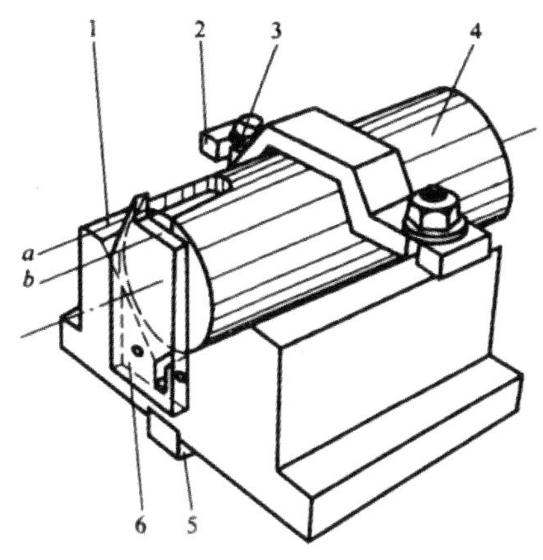

1—V形块；2—压板；3—螺栓；4—工件；5—定位键；6—对刀块

图2-16　铣削键槽用的简易专用夹具

(3) 可调夹具及成组夹具。可调夹具的特点是夹具的部分元件可以更换，部分装置可以调整，以适应不同加工需要。用于相似零件成组加工的夹具，通常称为成组夹具。与成组夹具相比，可调夹具的加工范围更广一些。

(4) 组合夹具(图 2-17)。组合夹具采用一套标准化的夹具元件，根据零件的加工要求拼装而成，就像搭积木一样，不同元件的不同组合和连接可构成不同结构和用途的夹具，夹具元件可拆卸、可重复使用。这类夹具适用于新产品试制及小批量生产。

图2-17　组合夹具实例

(5) 随行夹具。随行夹具是自动生产线或柔性制造系统使用的夹具。工件安装在随行夹具上，与夹具成为一体，从一个工位移到下一个工位，完成不同工序的加工。机床夹具也可按照在什么机床上使用而分类，如车床夹具、铣床夹具、钻床夹具、镗床夹具、齿轮机床夹具、磨床夹具和数控机床夹具等。机床夹具还可按其夹紧装置的动力源分类，如手动夹具、气动夹具、液动夹具、电磁夹具和真空夹具等。

3) 夹具的组成

如图 2-18 所示，工件以 ϕ25H7 孔及端面为定位基准，通过夹具上定位销及端面即可确定工件在夹具中的正确位置。拧紧螺母，通过开口垫圈将工件夹紧，钻头由快换钻套引导对工件加工，以保证加工孔到端面的距离。

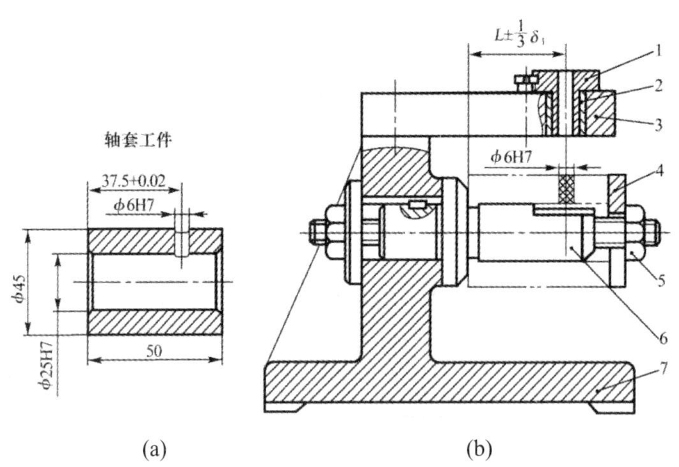

1—快换钻套；2—导向套；3—钻模板；4—开口垫圈；5—螺母；6—定位销；7—夹具体

图2-18　钻床夹具

通过对该夹具的介绍，可知一般把夹具归纳为以下部分：

(1) 定位装置。定位装置用以确定工件在夹具中的正确位置，如图 2-18 中的定位销 6。

(2) 夹紧装置。夹紧装置用于将工件压紧夹牢，保证工件加工过程中在外力(切削力等)作用下保持正确位置不变，如图 2-18 中的螺母 5 和开口垫圈 4。

(3) 夹具体。夹具体是夹具的基础件，如图 2-18 中的夹具体 7，通过它将夹具的所有部分连接成一个整体并将夹具安装在机床上。

(4) 其他装置或元件夹具。除上述三部分外，还有一些根据需要设置的其他装置或元件，如分度装置、导向元件和夹具与机床之间的连接元件等。图 2-18 中的快换钻套 1 与钻模板 3 就是为了引导钻头而设置的导向装置。

4) 工件定位和定位元件

根据工件的尺寸、形状和工序的加工要求，准确地选择定位方式和定位元件，在保证工件的工艺要求下，得到准确的定位，这是在考虑和选择夹具时首要应解决的问题。

根据支承点对工件限制自由度的情况不同，工件的定位有以下几种情况，如表 2-1 所示。

表2-1　定位情况

序号	定位情况	限制的自由度	举例	说明
1	完全定位	工件的六个自由度均被限制	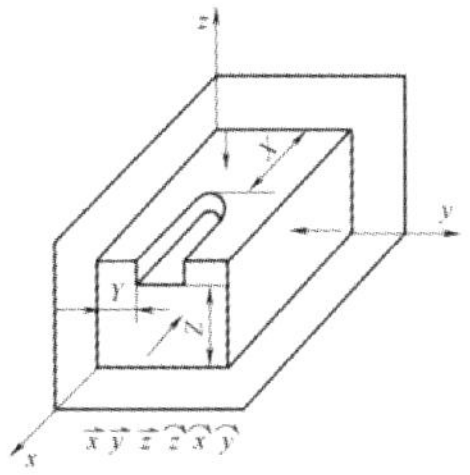	图中三个平面限制工件的 x、y 和 z 方向移动自由度；同时也限制工件的 x、y、z 向转动自由度
2	不完全定位	工件的六个自由度中有一个或几个自由度未被限制	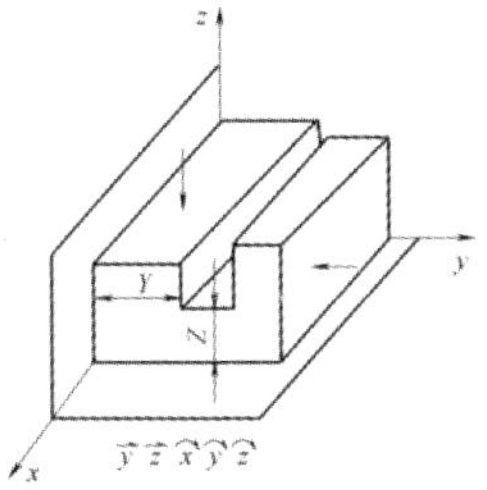	图中在长方形工件上铣槽，根据加工要求，不需要限制 x 方向移动自由度，故用两个平面限制工件的 y 和 z 方向移动两个自由度；同时也限制工件的 x、y、z 向转动自由度
3	欠定位	根据工件的加工要求，工件加工时必须限制的自由度未被完全限制称为欠定位。欠定位无法保证加工要求，所以是绝不允许的	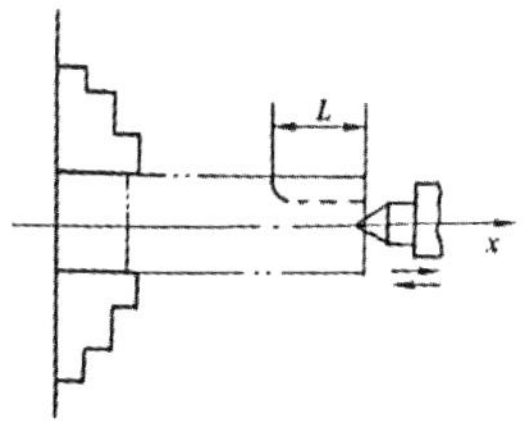	图中在圆柱形工件上铣槽，沿 x 方向的键槽尺寸 L 需保证。但应沿 x 方向没有定位元件(后顶尖是活动的，位置不确定)，工件在 x 方向上的位置不确定，无法保证尺寸 L 的精度，属欠定位

(续表)

序号	定位情况	限制的自由度	举例	说明
4	过定位	工件某一个自由度(或某几个自由度)被两个(或两个以上)约束点约束，称为过定位	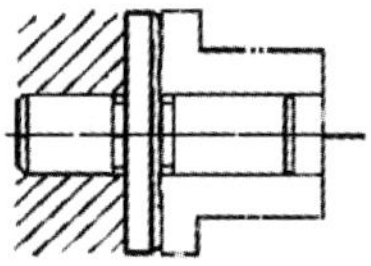	图中孔与端面联合定位情况，由于大端面限制 y 方向移动和 x、z 方向转动三个自由度，长销限制 x、z 方向移动和 x、z 方向转动四个自由度，可见 x、z 方向转动被两个定位元件重复限制，出现过定位

根据工件形状和加工要求的不同，定位元件的结构、形状、尺寸及布置形式等也有很多种，现按工件不同的定位基准面分别介绍其所用定位元件的结构形式，如表 2-2 所示。

表2-2　常见定位元件

定位基准面	定位元件		示意图	作用
工件以平面定位	固定支承	支承钉	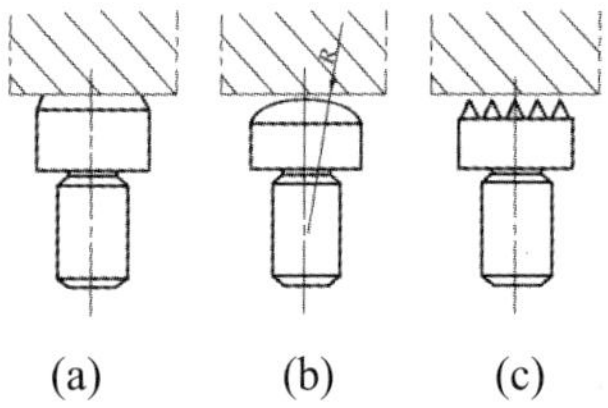 (a) (b) (c)	当工件以加工过的平面定位时，可采用(a)平头支承钉；当工件以粗糙不平的毛坯面定位时，可采用(b)球头支承钉；图(c)网纹支承钉用在工件的侧面，能起到增大摩擦因数、防止工件滑动的作用
		支承板	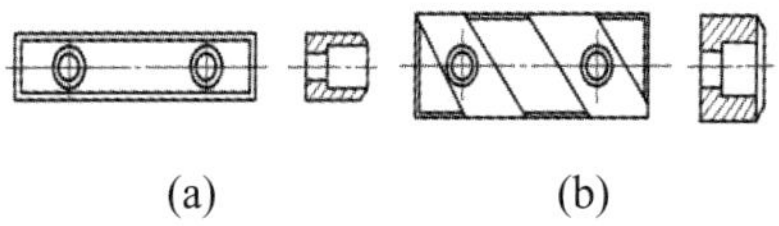 (a) (b)	图(a)支承板结构简单，制造方便，但沉孔处的切屑不易清除干净，故适用于侧面和顶面定位；图(b)支承板上斜槽的作用是便于清除切屑，适用于底面定位
	可调支承		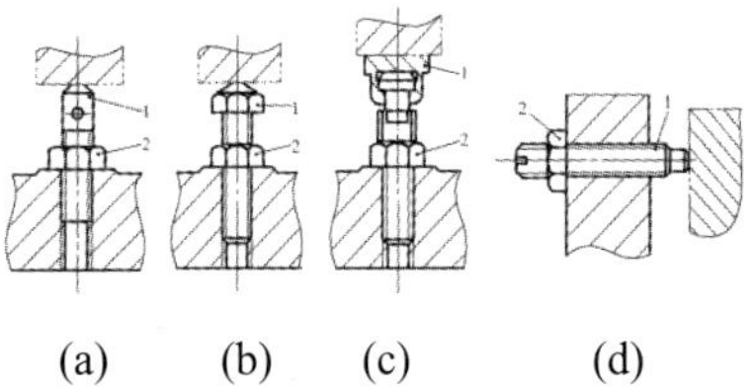 (a) (b) (c) (d)	尺寸可按照需要进行调节的支承
	自位支承		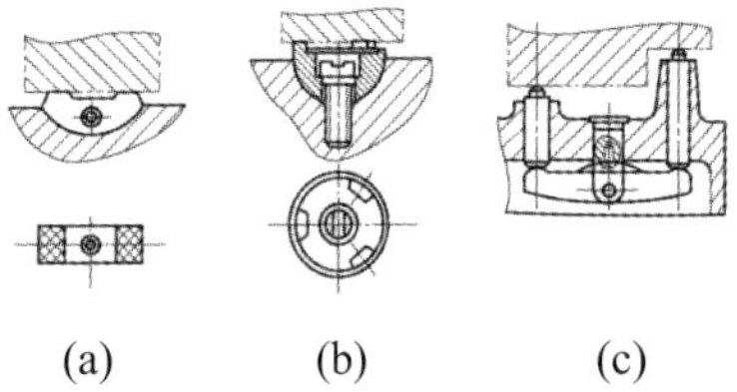 (a) (b) (c)	自位支承又称为浮动支承，它是指在某些自由度方向上支承点的位置能随着工件定位基准位置的变化而自动调节，与工件可能有 2 个或 3 个点接触，但由于自位支承在某些方向是活动的，故其作用仍相当于一个固定支承，只限制一个自由度。可提高工件的安装刚性和稳定性，夹具结构较复杂，多于面定位
	辅助支承		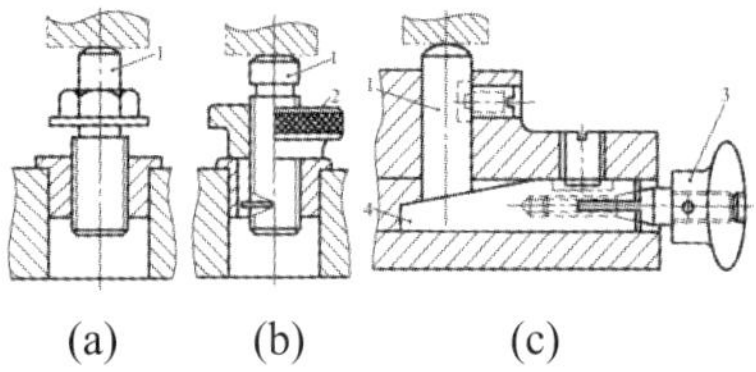 (a) (b) (c)	辅助支承用来提高工件的装夹刚度和稳定性，不起定位作用

(续表)

定位基准面	定位元件	示意图	作用
工件以外圆柱面定位	固定V形块	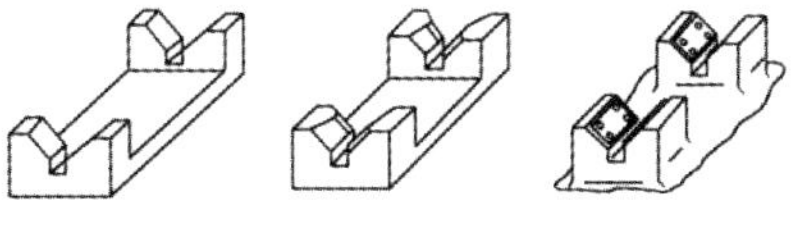 (a)　(b)　(c)	图(a)适用于较长已加工圆柱面定位；图(b)长V形块适用于较长粗糙圆柱面定位；图(c)V形块适用于尺寸较大圆柱面定位，这种V形块底座采用铸件，V形面采用淬火钢件，V形块由两者镶合而成
	活动V形块	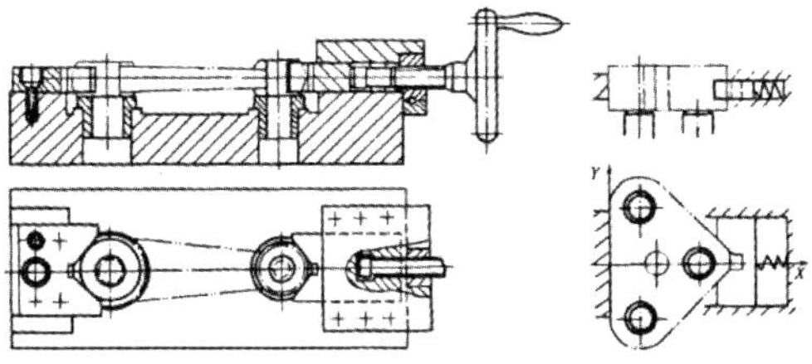 (a)　(b)	图(a)是加工连杆孔的定位方式，活动V形块限制一个转动自由度，同时还有夹紧作用。(b)中活动V形块，限制工件的一个移动自由度
	定位套	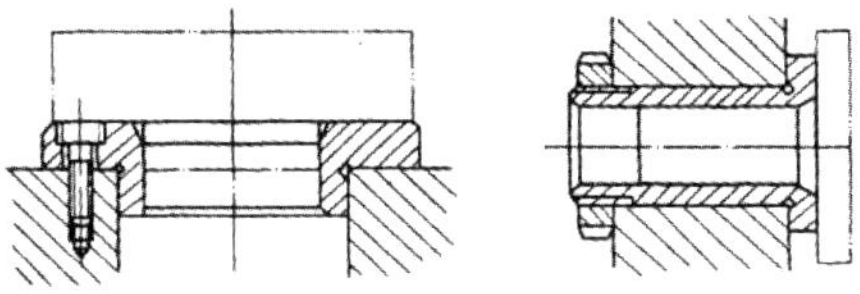 (a)　(b)	图(a)是定心定位。图(b)为防止工件偏斜，常采用套筒内孔与端面联合定位。定位套结构简单、容易制造，但定心精度不高，故只适用于精定位基面
	半圆套	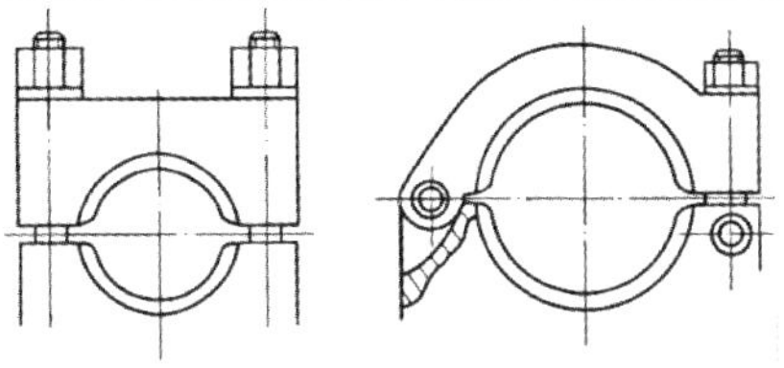 (a)　(b)	图中下面的半圆套是定位元件，上面的半圆套起夹紧作用。这种定位方式主要用于大型轴类零件及不便于轴向装夹的零件。定位基准面的精度不低于 IT8 ～IT9，半圆套的最小内径应取工件定位基面的最大直径
	圆锥套	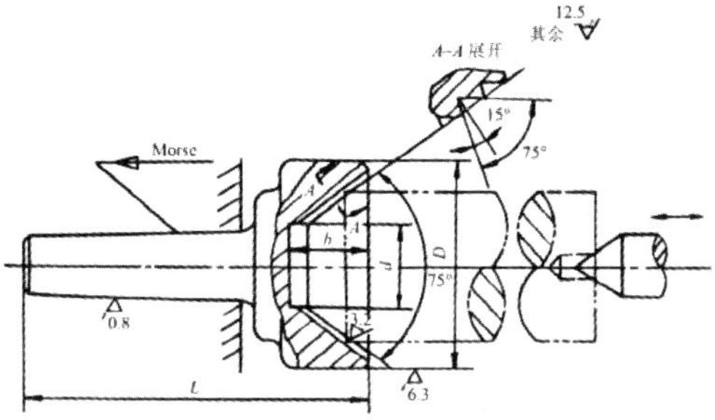	图中为通用的外拨顶尖，工件以圆柱面的端部在外拨顶尖的锥孔中定位，锥孔中有齿纹，以便带动工件旋转。顶尖体的锥柄部分插入机床主轴孔中

(续表)

定位基准面	定位元件		示意图	作用
工件以外孔定位	定位销	圆柱定位销	(a) d<10 (b) d>10～18 (c) d>18 (d) d>10	图(a) ～ (c)为固定式圆柱定位销，常用于中批量以下生产中。图(d)为可换式圆柱定位销，用于大批大量生产，便于定位销的更换
		菱形销与圆锥销	修圆 (a) (b) (c)	当要求孔、销配合，只在一个方向上限制工件自由度时，可采用菱形销，如图(a)所示。当加工套筒、空心轴等类工件时常采用圆锥销，如图(b)、图(c)所示。图(b)常用于粗基准，图(c)用于精基准
	定位心轴		(a) (b) (c)	图(a)为圆锥心轴，可限制除绕其轴线转动的自由度之外的其他五个自由度。图(b)所示为无轴肩过盈配合的心轴，上述心轴定位精度高，但装卸工件麻烦。图(c)所示为带轴肩并与圆孔间隙配合的心轴，用螺母夹紧，也可设计成带莫氏锥柄，使用时直接插入车床主轴的前锥孔内

5) 工件夹紧装置

(1) 夹紧装置的组成。在机械加工过程中，为保持工件所确定的正确加工位置，防止工件在切削力、惯性力、离心力及重力作用下发生位移和振动，一般机床夹具都应有一个夹紧装置将工件夹紧。图 2-19 所示的夹紧装置由动力源和夹紧元件组成。动力源分为手动和机动夹紧装置。通常机动夹紧装置有气压装置、液压装置、电动装置、磁力装置、真空装置等。图 2-19 中活塞杆 4、活塞 5 和汽缸 6 组成了一种气压夹紧装置，夹紧元件接受和传递夹紧力，并执行夹紧任务的元件，包括中间传力元件和夹紧元件。图 2-19 中压板 2 与工件接触完成夹紧工作，是夹紧元件；中间传力机构在传递夹紧力过程中改变力的方向和大小，并根据需要也具有自锁功能，图 2-19 中铰链杆 3 为中间传力机构。

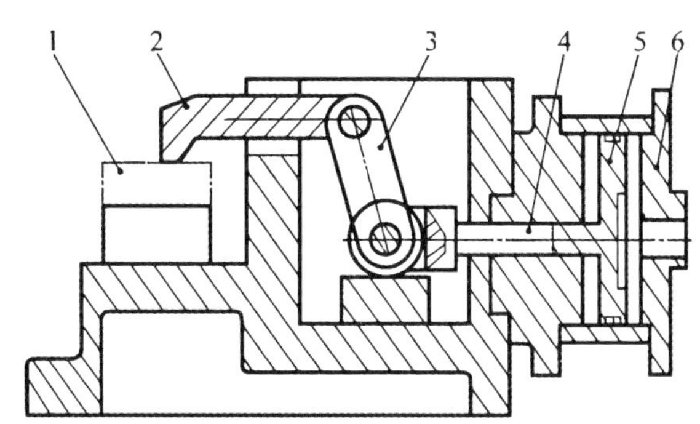

1—工件；2—压板；3—铰链杆；4—活塞杆；5—活塞；6—汽缸

图2-19　夹紧装置的组成

(2) 夹紧装置的设计要求。具体要求有以下 4 点。

① 工件在夹紧过程中不能破坏定位时所获得的正确位置。

② 夹紧力的大小应可靠、适当。既要保证工件在加工中不产生移动，又要防止不恰当的夹紧力使工件变形或表面损伤。

③ 夹紧动作要准确迅速，提高生产率。

④ 夹紧机构应紧凑、省力、安全，以减轻劳动强度。

6) 常用的夹紧机构

(1) 斜楔夹紧机构。图 2-20 所示为手动斜楔夹紧机构，工件 4 装入夹具体内，向右推进斜楔 1，使滑柱 2 下降，滑柱上的摆动压板 3 同时压紧工件，工件夹紧完毕。向左推进斜楔，斜楔退出并松开工件。

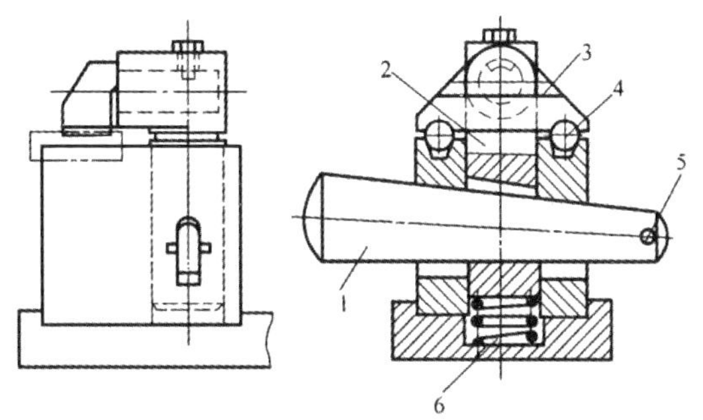

1—斜楔；2—滑柱；3—摆动压板；4—工件；5—挡销；6—弹簧

图2-20　手动斜楔夹紧机构

斜楔机构是最原始、最简单的夹紧机构，它利用斜面原理，通过斜楔对工件实施夹紧。这种夹紧机构结构简单、维修方便，是螺旋夹紧、偏心夹紧等夹紧机构的雏形。斜楔夹紧机构常用在工件尺寸公差较小的机动夹紧机构。

(2) 螺旋夹紧机构。螺旋夹紧机构是从斜楔夹紧机构转化而来的，相当于将斜楔斜面绕在圆柱体上，转动螺旋时夹紧工件。图 2-21 所示为手动螺旋夹紧机构，其主要元件是螺钉与螺母，转动手柄向下移动，通过压块将工件夹紧。浮动压块既可增大夹紧接触面，又能防止压紧螺钉旋转时带动工件偏转，破坏定位及损伤工件表面。螺旋夹紧机构结构简单，制造容易，自锁性能好，尤其适用于手动夹紧机构。

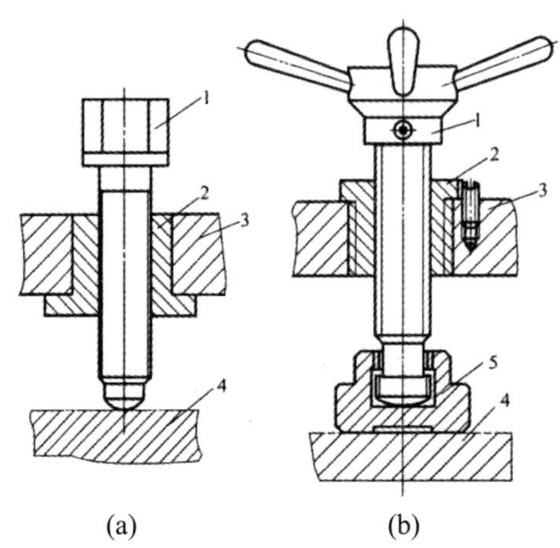

1—螺钉；2—螺母；3—夹具体；4—工件；5—压块

图2-21　手动螺旋夹紧机构

(3) 偏心夹紧机构。偏心夹紧机构是靠偏心件回转时半径逐渐增大而产生夹紧力来夹紧工件。图 2-22(a)、图 2-22(b)所示结构采用的是偏心轮，图 2-22(c)所示结构采用的是偏心轴，图 2-22(d) 所示结构采用的是偏心叉。偏心夹紧机构的原理与斜楔夹紧机构相似，只是斜楔夹紧的楔角不变，而偏心夹紧的楔角是变化的。图 2-22(a)所示偏心轮展开后如图 2-22(b)所示。偏心夹紧机构的优点是操作方便，夹紧迅速，结构紧凑；缺点是夹紧行程小，夹紧力小，自锁性差，因此常应用于切削力不大、夹紧行程较小、振动较小的场合。

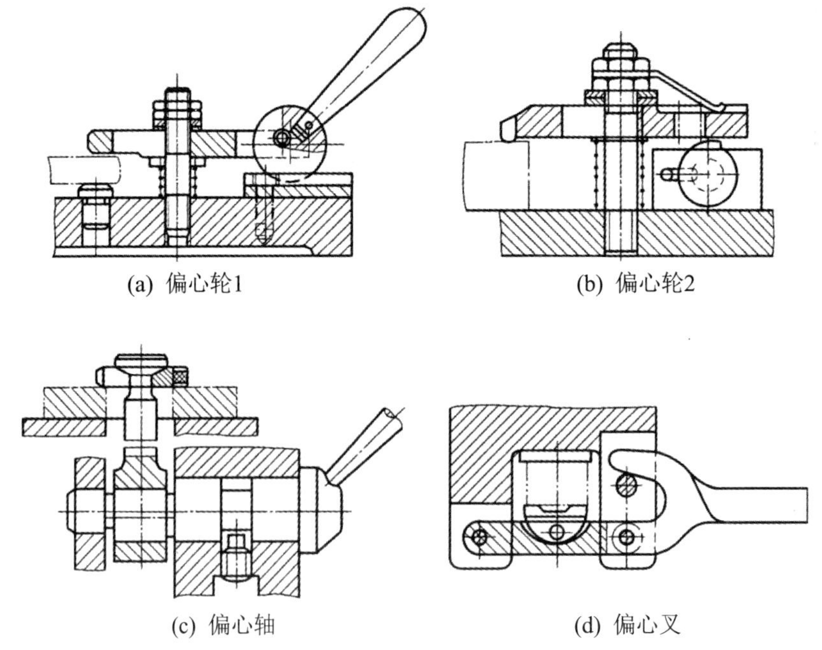

(a) 偏心轮1　　(b) 偏心轮2

(c) 偏心轴　　(d) 偏心叉

图2-22　偏心夹紧机构

(4) 铰链夹紧机构。如图 2-23 所示，铰链夹紧机构是一种增力装置，它具有增力倍数较大、摩擦损失较小、动作迅速等优点，缺点是自锁能力差，它广泛应用于气动、液动夹具中。

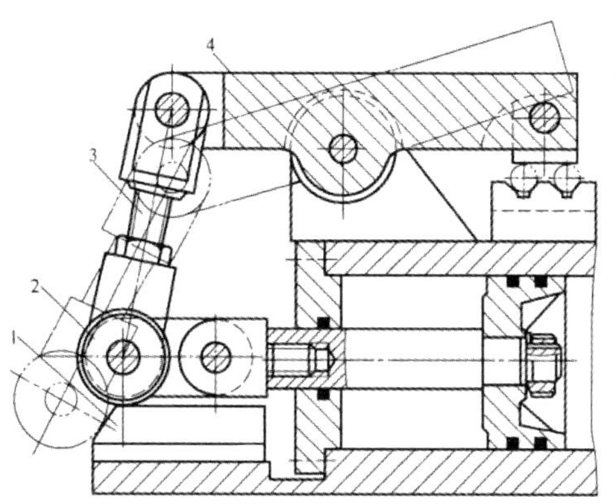

1—垫块；2—滚子；3—杠杆；4—压板

图2-23　单作用铰链杠杆夹紧机构

培养创新意识　铸就大国工匠

优化夹具设计，助推效率提升，是企业发展的需要。随着科学技术的进步和人们对产品性能要求的不断提高，对创新意识的培养尤为重要。辽河油田赵奇峰作为一名采油工人，拥有 35 项国家专利，出版过 6 本教材，还荣获全国劳动模范、中华技能大奖、首届中国十大杰出青年技师、首批辽宁工匠等十几项荣誉。赵奇峰劳模创新工作室发挥劳模引导、激励和带动效应，源源不断产出“金点子”，播下人才的“金种子”，为辽河油田挖出降本增效的“真金白银”。

任务实施

1. 参观数控实训场地，了解常规的安全文明生产规范，树立“安全牢记在心”的安全意识。

2. 小组协作与分工。每组 4～5 人，通过参观实训场地或企业及查阅资料，在表 2-3 中填写常见的机械加工工种和加工内容，分析其对应的设备及常用刀具。

表2-3　常见的机械加工工种及其相应内容

机械加工工种	加工内容	常用加工设备	常用刀具

3. 参观实训场地或企业，观察机床加工零件，请同学们思考并讨论以下问题。

(1) 简述零件的成形方法。

(2) 机械加工工艺系统由哪些部分组成？各部分有哪些作用？

(3) 试述内联系传动链与外联系传动链的定义，并简述两者之间的区别。

4. 将设备与设备名称及所用刀具对应连线，完成表 2-4。

表2-4　设备与设备名称及所用刀具对应连线

加工设备		设备名称		刀具
		立式铣床		
		卧式车床		
		平面磨床		

(续表)

加工设备		设备名称		刀具
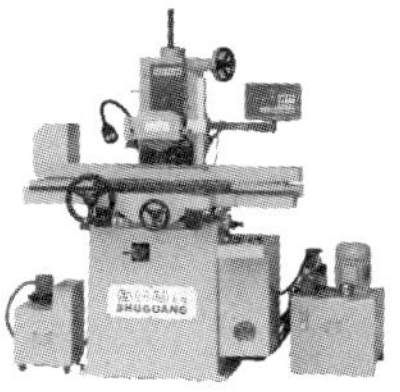		摇臂钻床		
		卧式镗床		

任务四　识读工艺规程

知识目标

1. 了解工艺规程的内容与作用；
2. 掌握机械加工工艺规程的分类，各自的应用场合；
3. 了解工艺规程设计的原则与步骤。

能力目标

能够识读机械加工工艺过程卡片、机械加工工艺卡片与机械加工工序卡片。

素质目标

1. 具有严谨细致的工作作风；
2. 具有精益求精的工作精神。

任务描述

工艺规程是在具体的生产条件下说明并规定工艺过程的工艺文件。根据生产过程工艺性质的不同，有毛坯制造、零件的机械加工、热处理、表面处理以及装配等不同的工艺规程。

其中规定零件制造工艺过程和操作方法等的工艺文件称为机械加工工艺规程；规定产品或部件的装配工艺过程和装配方法的工艺文件是机械装配工艺规程。它们是在具体的生产条件下，确定的最合理或较合理的制造过程、方法，并按规定的形式书写成工艺文件，指导制造过程。本任务主要学习工艺规程的内容与作用、机械加工工艺规程的分类及各自的应用场合、工艺规程设计的原则与步骤。

知识链接

一、工艺规程的内容与作用

工艺规程是制造过程的纪律性文件。其中机械加工工艺规程包括工件加工工艺路线及所经过的车间和工段、各工序的内容及所采用的机床和工艺装备、工件的检验项目及检验方法、切削用量、工时定额及工人技术等级等内容。机械装配工艺规程包括装配工艺路线、装配方法、各工序的具体装配内容和所用的工艺装备、技术要求及检验方法等内容。

机械制造工艺规程的作用主要有：

(1) 工艺规程是指导生产的主要技术文件

合理的工艺规程是在总结生产实践经验的基础之上，依据工艺理论和必要的工艺试验而制定的，是保证产品质量与经济效益的指导性文件。在生产中应严格执行既定的工艺规程。但是，工艺规程也不是固定不变的，工艺人员应不断总结工人的革新创造，及时吸取国内外先进工艺技术，对现行工艺不断地予以改进和完善，以便更好地指导生产。

(2) 工艺规程是生产组织和管理工作的基本依据

在生产管理中，产品投产前原材料及毛坯的供应、通用工艺装备的准备、机械负荷的调整、专用工艺装备的设计和制造、作业计划的编排、劳动力的组织，以及生产成本的核算等，都是以工艺规程作为基本依据的。

(3) 工艺规程是新建或扩建工厂或车间的基本资料

在新建或扩建工厂或车间时，只有依据工艺规程和生产纲领才能正确确定生产所需要的机床和其他设备的种类、规格和数量；确定车间的面积，机床的布置，生产工人的工种、等级及数量以及辅助部门的安排等。

二、机械制造工艺规程的类型及格式

将工艺规程的内容，填入一定格式的卡片，即成为生产准备和施工所依据的工艺文件。

1. 机械加工工艺规程

机械加工工艺规程的类型很多，其中常用的有：

1) 机械加工工艺过程卡片

机械加工工艺过程卡片是以工序为单位，简要说明整个零件加工所经过的工艺路线(包括毛坯制造、机械加工和热处理等)的工艺文件。它是制定其他工艺文件的基础，也是生产技术准备、编排作业计划和组织生产的依据。这种卡片由于各工序的内容说明不够具体，故多用于生产管理方面。在单件小批生产中，这种卡片也用于指导工人操作。其格式见表 2-5。

表2-5　机械加工工艺过程卡片

<table>
<tr><td rowspan="2">工厂</td><td rowspan="2" colspan="5">机械加工工艺过程卡片</td><td colspan="2">产品型号</td><td></td><td colspan="2">零(部)件图号</td><td></td><td colspan="2">共　页</td></tr>
<tr><td colspan="2">产品名称</td><td></td><td colspan="2">零(部)件名称</td><td></td><td colspan="2">第　页</td></tr>
<tr><td>材料牌号</td><td></td><td>毛坯种类</td><td></td><td>毛坯外形尺寸</td><td colspan="2"></td><td colspan="2">每毛坯件数</td><td></td><td>每台件数</td><td></td><td>备注</td><td></td></tr>
<tr><td rowspan="2">工序号</td><td rowspan="2">工序名称</td><td rowspan="2" colspan="4">工序内容</td><td rowspan="2">车间</td><td rowspan="2">工段</td><td rowspan="2">设备</td><td rowspan="2" colspan="3">工艺装备</td><td colspan="2">工时</td></tr>
<tr><td>准终</td><td>单件</td></tr>
<tr><td></td><td></td><td colspan="4"></td><td></td><td></td><td></td><td colspan="3"></td><td></td><td></td></tr>
<tr><td></td><td></td><td></td><td></td><td></td><td></td><td></td><td colspan="2">编制(日期)</td><td colspan="2">审核(日期)</td><td colspan="2">会签(日期)</td><td></td></tr>
<tr><td>标记</td><td>处记</td><td>更改文件号</td><td>签字</td><td>日期</td><td>标记</td><td>处记</td><td>更改文件号</td><td>签字</td><td>日期</td><td colspan="4"></td></tr>
</table>

2) 机械加工工艺卡片

机械加工工艺卡片是以工序为单位，详细说明产品(或零、部件)在某一工艺阶段中的工序号、工序名称、工序内容、工艺参数、操作要求以及采用设备的工艺文件，是成批生产的零件和小批生产中的重要工艺文件。它与机械加工工艺过程卡片的显著区别在于对每一个切削加工工序都规定了工艺参数、操作要求等。其格式见表 2-6。

表2-6　机械加工工艺卡片

<table>
<tr><td rowspan="2">工厂</td><td rowspan="2" colspan="5">机械加工工艺卡片</td><td colspan="2">产品型号</td><td></td><td>零(部)件图号</td><td></td><td colspan="5">共　页</td></tr>
<tr><td colspan="2">产品名称</td><td></td><td>零(部)件名称</td><td></td><td colspan="5">第　页</td></tr>
<tr><td>材料牌号</td><td></td><td>毛坯种类</td><td></td><td>毛坯外形尺寸</td><td colspan="2"></td><td colspan="2">每毛坯件数</td><td></td><td>每台件数</td><td></td><td colspan="2">备注</td><td></td></tr>
<tr><td rowspan="3">工序</td><td rowspan="3">装夹</td><td rowspan="3">工步</td><td rowspan="3">工序内容</td><td rowspan="3">同时加工零件数</td><td colspan="4">切削用量</td><td rowspan="3">设备名称及编号</td><td colspan="3">工艺装备名称及编号</td><td rowspan="3">技术等级</td><td colspan="2">工时定额</td></tr>
<tr><td rowspan="2">背吃刀量/mm</td><td rowspan="2">切削速度(m/min)</td><td rowspan="2">每分钟转数或往复次数</td><td rowspan="2">进给量/mm 或/(mm/双行柱)</td><td colspan="3"></td><td rowspan="2">单件</td><td rowspan="2">准终</td></tr>
<tr><td>夹具</td><td>刀具</td><td>量具</td></tr>
<tr><td></td><td></td><td></td><td></td><td></td><td></td><td></td><td></td><td></td><td></td><td colspan="3"></td><td></td><td></td><td></td></tr>
<tr><td></td><td></td><td></td><td></td><td></td><td></td><td></td><td></td><td></td><td></td><td colspan="2">编制(日期)</td><td colspan="2">审核(日期)</td><td colspan="2">会签(日期)</td></tr>
<tr><td>标记</td><td>处记</td><td>更改文件号</td><td>签字</td><td>日期</td><td>标记</td><td>处记</td><td>更改文件号</td><td>签字</td><td>日期</td><td colspan="6"></td></tr>
</table>

3) 机械加工工序卡片

机械加工工序卡片是在工艺过程卡片和工艺卡片的基础上，按每道工序编制的一种技术文件。较之前两种卡片，它更详细地说明了整个零件各个工序的加工要求，卡片上画出了工序图，注明了工序中每一工步的内容、工艺参数、操作要求等，是大批大量生产零件加工的工艺文件。其格式见表 2-7。

表2-7　机械加工工序卡片

<table>
<tr><td rowspan="2">工厂</td><td colspan="4" rowspan="2">机械加工工序卡片</td><td colspan="2">产品型号</td><td></td><td colspan="2">零(部)件图号</td><td></td><td colspan="3">共页</td></tr>
<tr><td colspan="2">产品名称</td><td></td><td colspan="2">零(部)件名称</td><td></td><td colspan="3">第页</td></tr>
<tr><td>材料牌号</td><td></td><td>毛坯种类</td><td></td><td>毛坯外形尺寸</td><td></td><td colspan="2">每毛坯件数</td><td></td><td>每台件数</td><td></td><td>备注</td><td colspan="2"></td></tr>
<tr><td colspan="5" rowspan="11">(工序图)</td><td>车间</td><td colspan="2">工序号</td><td colspan="2">工序名称</td><td colspan="4">材料牌号</td></tr>
<tr><td></td><td colspan="2"></td><td colspan="2"></td><td colspan="4"></td></tr>
<tr><td>毛坯种类</td><td colspan="2">毛坯外形尺寸</td><td colspan="2">每坯件数</td><td colspan="4">每台件数</td></tr>
<tr><td></td><td colspan="2"></td><td colspan="2"></td><td colspan="4"></td></tr>
<tr><td>设备名称</td><td colspan="2">设备型号</td><td colspan="2">设备编号</td><td colspan="4">同时加工件数</td></tr>
<tr><td></td><td colspan="2"></td><td colspan="2"></td><td colspan="4"></td></tr>
<tr><td colspan="2">夹具编号</td><td colspan="3">夹具名称</td><td colspan="4">切削液</td></tr>
<tr><td colspan="2" rowspan="4"></td><td colspan="3" rowspan="4"></td><td colspan="4"></td></tr>
<tr><td colspan="4">工序工时</td></tr>
<tr><td colspan="2">准终</td><td colspan="2">单件</td></tr>
<tr><td colspan="2"></td><td colspan="2"></td></tr>
<tr><td rowspan="2">工步号</td><td rowspan="2">工步内容</td><td rowspan="2">工艺装备</td><td rowspan="2">主轴转速/(r/min)</td><td rowspan="2">切削速度/(m/min)</td><td rowspan="2">进给量/(mm/r)</td><td rowspan="2" colspan="2">背吃刀量/mm</td><td rowspan="2" colspan="2">进给次数</td><td colspan="4">工时定额</td></tr>
<tr><td colspan="2">机动</td><td colspan="2">辅助</td></tr>
<tr><td></td><td></td><td></td><td></td><td></td><td></td><td colspan="2"></td><td colspan="2"></td><td colspan="2"></td><td colspan="2"></td></tr>
<tr><td></td><td></td><td></td><td></td><td></td><td></td><td></td><td></td><td>编制(日期)</td><td>审核(日期)</td><td colspan="2">会签(日期)</td><td></td><td></td></tr>
<tr><td>标记</td><td>处记</td><td>更改文件号</td><td>签字</td><td>日期</td><td>标记</td><td>处记</td><td>更改文件号</td><td>签字</td><td>日期</td><td colspan="2"></td><td></td><td></td></tr>
</table>

2. 机械装配工艺规程

常用的机械装配工艺规程有装配工艺过程卡片和装配工序卡片。装配工艺过程卡片上的每一工序应简要说明该工序的工作内容、所需设备及工艺装备、时间定额等；装配工序卡片上应配以装配工序简图，并详细说明该工序的工艺内容、装配方法、所用工艺装备及时间定额等。单件小批生产通常不要求填写这两种卡片，而是用装配工艺流程图来代替，工人按照装配图和装配工艺流程图进行装配。中批生产时，一般只需填写装配工艺过程卡片，对复杂产品还需要填写装配工序卡片。大批大量生产时，不仅要求填写装配工艺过程卡片，而且要填写装配工序卡片，以便指导工人进行装配。装配工艺过程卡片和装配工序卡片的格式可参阅 JB/Z 187.3—1988 的规定。

三、工艺规程设计的原则与步骤

工艺规程设计的原则是在保证产品质量的前提下，应尽量提高生产率和降低成本，应在充分利用本企业现有生产条件的基础上，尽可能采用国内外先进工艺技术和经验，并保证有良好的劳动条件。工艺规程应做到正确、完整、统一和清晰，所用术语、符号、计量单位、编号等都要符合相应标准。

1. 工艺规程设计必须具备的原始资料

工艺规程设计必须具备的原始资料主要有：

(1) 产品的装配图和零件的工作图。

(2) 产品验收的质量标准。

(3) 产品的生产纲领。

(4) 毛坯的生产条件或协作关系。

(5) 现有生产条件和资料。它包括工艺装备及专用设备的制造能力、有关机械加工车间的设备和工艺装备的条件、技术工人的水平以及各种工艺资料和技术标准等。

(6) 国内外同类产品的有关工艺资料。

2. 机械加工工艺规程设计的主要步骤

机械加工工艺规程设计的主要步骤为：

(1) 分析零件图和产品的装配图。

(2) 确定毛坯。

(3) 选择定位基准。

(4) 拟定工艺路线。

(5) 确定各工序的设备、刀具、量具和辅助工具。

(6) 确定各工序的加工余量，计算工序尺寸及公差。

(7) 确定各工序的切削用量和时间定额。

(8) 确定各主要工序的技术要求及检验方法。

(9) 进行技术经济分析，选择最佳方案。

(10) 填写工艺文件。

3. 机械装配工艺规程设计的主要步骤

机械装配工艺规程设计的主要步骤为：

(1) 分析零件图和产品的装配图。

(2) 确定装配组织形式。

(3) 选择装配方法。

(4) 划分装配单元，规定合理的装配顺序。

(5) 划分装配工序。

(6) 编制装配工艺文件。

严谨细致的作风弥足珍贵

制定机械加工工艺规程内容，是一项重要而又严肃的工作，严谨细致的作风弥足珍贵。国家科技奖的获奖者们，在这方面做出了表率。我国计算机事业创始人金怡濂院士是后辈眼中的“老工人”，在印制电路板这项“极限”工艺中，他和工作人员一起用砂纸磨模具，用卡尺量尺寸，加班到深夜两三点，为的是追求“零缺陷”。严谨细致，是科学家基本的专业素养。追求真理是伟大的事业，也是异常艰巨的求索，来不得半点马虎，容不得半点“差不多”思想。只有通过反复核对、综合分析，不忽略、不放过任何细微的变化，才可能在蛛丝马迹中捕捉到成功的曙光。

任务实施

1. 小组协作与分工。每组 4～5 人，讨论以下问题。

(1) 简述工艺规程的内容与作用。

____

____

____

____

(2) 常用的机械加工工艺规程有哪些类型？各用于哪些场合？

____

____

____

____

(3) 简述工艺规程设计的原则与步骤。

____

____

____

____

2. 小组协作与分工。每组 4～5 人，识读简单的工艺规程(表 2-8)，分析该零件的工艺过程。

表2-8　机械加工工艺过程卡片

×××公司	机械加工工艺过程卡片	产品型号		零件图号				
		产品名称		零件名称	轴套	共 1 页	第 1 页	
材料牌号	45 钢	毛坯种类	锻件	毛坯外形尺寸		每毛坯件数 1	每台件数 1	备注
工序号	工序名称	工序内容	车间	工段	设备	工艺装备	工时	
							准终	单件
10		粗铣、半精铣轴套左右端面			立式铣床 X51	高速钢套式铣刀、游标卡尺		236.51
20		粗铣、半精铣 C 平面			立式铣床 X51	高速钢套式铣刀、游标卡尺		227.95
30		粗镗、半精镗、精镗 $\phi74$、$\phi82$ 内孔			立式钻床 525	高速钢镗刀、卡尺、塞规		678.98
40		钻、铰 $\phi10$ 定位孔，在 $\phi10$ 定位孔上粗镗 $\phi13.5$ 定位孔，深度 8mm			立式钻床 525	高速钢麻花钻头、高速钢镗刀、铰刀、卡尺、塞规		124.32
50		车螺纹			卧式车床 C630	螺纹刀、游标卡尺		60.95.
60		粗车、半精车、精车定位孔左右端面			卧式车床 C630	45°外圆车刀、游标卡尺		320.70
70		粗车、半精车、精车各外圆表面			卧式车床 C630	45°外圆车刀、游标卡尺		500.38
80		去毛刺			钳工台	平锉		
90		中检				塞规、百分表、卡尺等		
100		对各外圆表面进行淬火			淬火机			
110		清洗			清洗机			
120		终检				塞规、百分表、卡尺等		

										设计(日期)	审核(日期)	标准化(日期)	会签(日期)
标记	处数	更改文件号	签	日期	标记	处数	更改文件号	签字	日期				

项目三

车削加工技术

任务五　认识车床

知识目标

1. 了解车床的种类；
2. 掌握车床加工工艺范围；
3. 掌握车床结构及工作原理；
4. 掌握车床主要部件结构及其作用。

能力目标

1. 能够严格按照车床操作规范，操作卧式车床；
2. 能够根据需要调整车床各手柄的位置。

素质目标

1. 具有独立学习，灵活运用所学知识独立分析问题并解决问题的能力；
2. 具有严谨认真的工作态度和精益求精的工作精神。

任务描述

车床主要用于车削加工，可以加工各种回转表面和回转体的端面。在机械制造中，普遍用车床加工各种轴、盘、套筒和螺纹类零件。车床在机床总数中所占的比重最大。如图 3-1

所示是古代的车床，靠手拉或脚踏，通过绳索使工件旋转，并手持刀具进行切削。1797 年，英国机械发明家莫兹利创制了用丝杠传动刀架的现代车床，20 世纪初出现了由单独电机驱动的带有齿轮变速箱的车床。如图 3-2 所示是现代工业生产中常用的卧式车床。本任务重点学习卧式车床的结构性能、加工范围和操作方法。

图3-1　脚踏车床

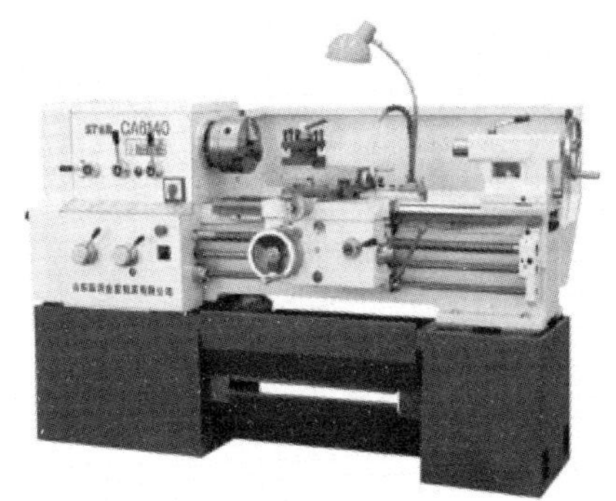

图3-2　卧式车床(1)

知识链接

一、车床种类

1. 按主轴位置分类

(1) 卧式车床如图 3-3 所示，主轴平行于水平面，用于各种中小型工件的切削加工和较长轴向加工工件的加工，是应用最为广泛的车床。

(2) 立式车床如图 3-4 所示，主轴垂直于水平面，工件装夹在水平的回转工作台上，刀架在横梁或立柱上移动。适用于加工较大、较重、难于在普通车床上安装的工件，分单柱和双柱两大类。

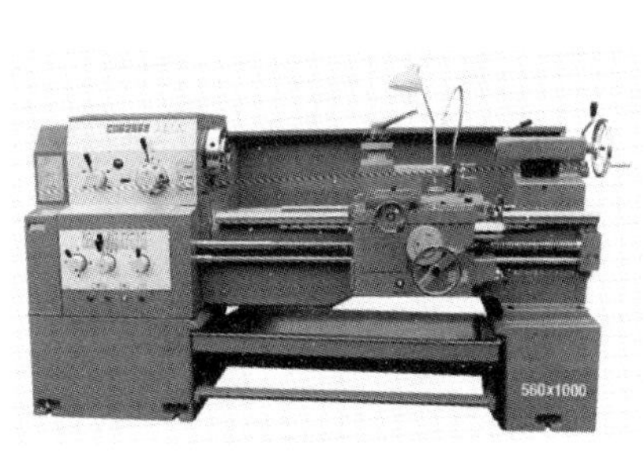

图3-3　卧式车床(2)

图3-4　立式车床

2. 按刀架情况分类

(1) 转塔车床如图 3-5 所示，具有能装多把刀具的转塔刀架或回轮刀架，能在工件的一次装夹中由工人依次使用不同刀具完成多种工序，适用于成批生产。

(2) 多刀车床如图 3-6 所示，有单轴、多轴、卧式和立式之分。单轴卧式的布局形式与普通车床相似，但两组刀架分别装在主轴的前后或上下，用于加工盘、环和轴类工件，其生产率比普通车床提高 3～5 倍。

图3-5　转塔车床

图3-6　多刀车床

3. 按加工适用性分类

(1) 通用车床加工对象广泛，主轴转速和进给量的调整范围大，能加工工件的内外表面、端面和内外螺纹。

(2) 专用车床如图 3-7 所示，指加工某类工件的特定表面的车床，如曲轴车床、凸轮轴车床、车轮车床、车轴车床、轧辊车床和钢锭车床等。

(3) 仿形车床如图 3-8 所示，能仿照样板或样件的形状尺寸，自动完成工件的加工循环，适用于形状较复杂的工件的小批和成批生产，生产率比普通车床高 10～15 倍。有多刀架、多轴、卡盘式、立式等类型。

图3-7　曲轴车床

图3-8　仿形车床

4. 按自动化程度分类

(1) 普通车床如图 3-9 所示，这种车床主要由工人手工操作，生产效率低，适用于单件、小批生产和修配车间。

(2) 半自动车床采用液压和电气实现半自动循环，用于加工盘类零件的专用车床，如：汽车刹车盘、齿轮、法兰盘、电机端盖等。机床操作简单，调整方便，是盘类零件加工行业的理想加工设备。

(3) 自动车床又称微电脑自动车床，按一定程序自动完成中小型工件的多工序加工，能自动上下料，重复加工一批同样的工件，适用于大批、大量生产。

(4) 数控车床如图 3-10 所示，数控机床是一种通过数字信息，控制机床按给定的运动轨迹，进行自动加工的机电一体化的加工装备。经过半个世纪的发展，数控机床已是现代制造业的重要标志之一，在中国制造业中，数控机床的应用也越来越广泛，是一个企业综合实力的体现。

图3-9　普通车床

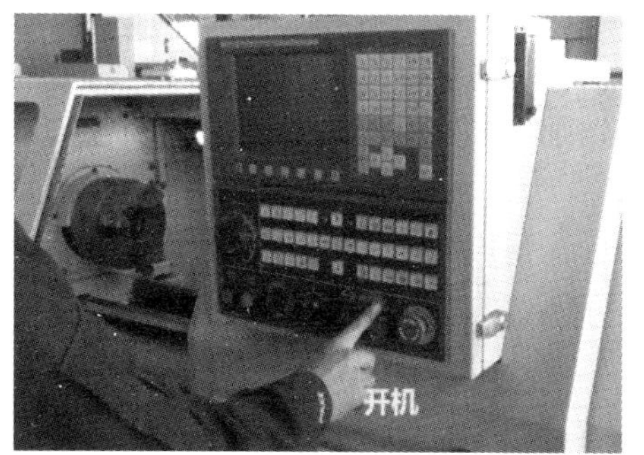

图3-10　数控车床

二、卧式车床加工工艺范围

车削加工微课

卧式车床是最常用的一种车床，其加工工艺范围广泛，能进行多种表面的加工，如内外圆柱面、圆锥面、环槽及成形面、端面、螺纹、钻孔、扩孔、车孔、铰孔、滚花等，如图 3-11 所示。

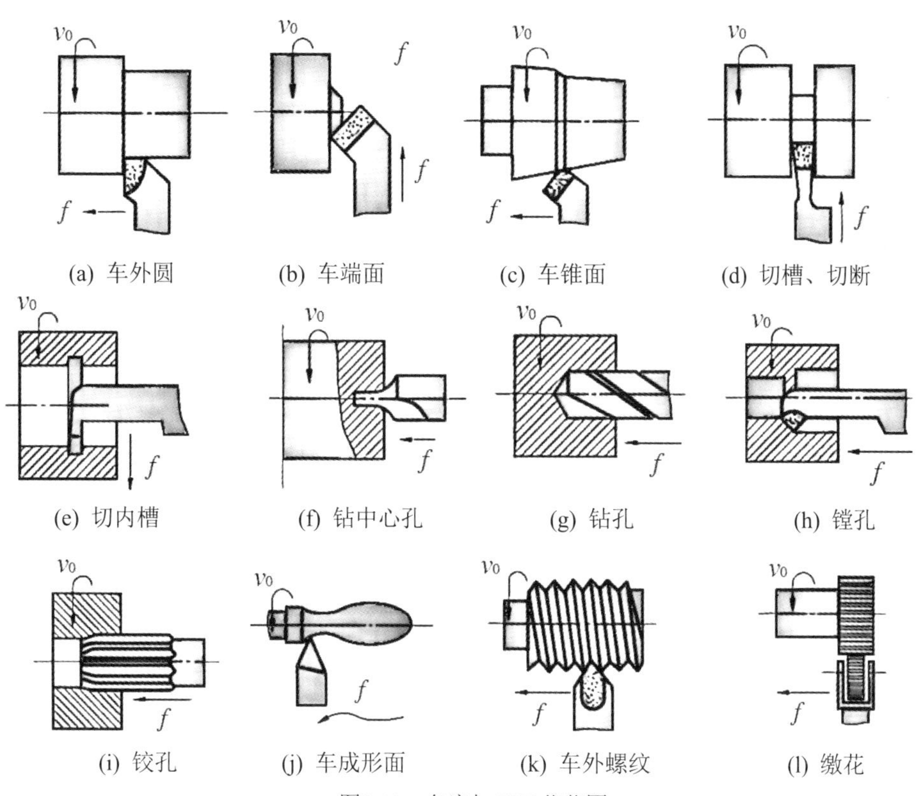

图3-11　车床加工工艺范围

三、卧式车床的型号及结构组成

1. 卧式车床的型号

机床型号的编制是采用大写汉语拼音字母和阿拉伯数字按一定规则组合排列的，用以表示机床的类别、类型、主参数、性能和结构特点等。例如 CA6140 型卧式车床，按照我国金属切削机床型号编制方法(GB/T 15375—1994)的规定，其型号中的代号及数字的含义如下：

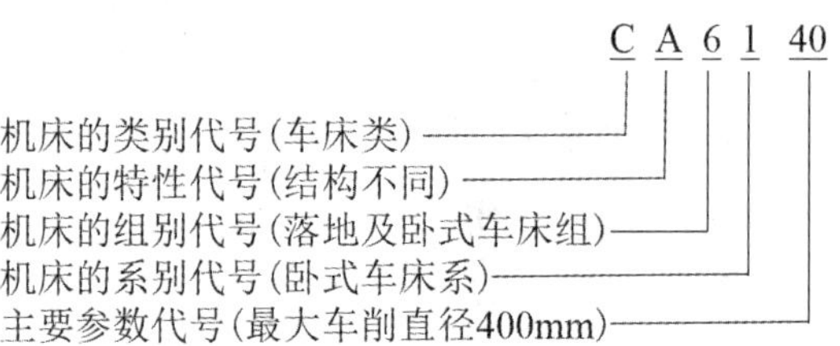

1) 机床的分类及类代号

机床按其工作原理划分为十一类。机床的类代号用大写汉语拼音字母表示，按其相对的汉语字义读音。机床的类和分类代号见表 3-1。

表3-1　机床的类和分类代号

类别	车床	钻床	镗床	磨床			齿轮加工机床	螺纹加工机床	铣床	刨床	拉床	锯床	其他机床
代号	C	Z	T	M	2M	3M	Y	S	X	B	L	G	Q
参考读音	车	钻	镗	磨	二磨	三磨	牙	丝	铣	刨	拉	割	其

2) 机床通用特性代号

通用特性代号用大写汉语拼音字母表示，位于类代号之后。它有固定的含义，在各种机床型号中表示的意义相同。机床通用特性代号见表 3-2。

表3-2　机床通用特性代号

通用特性	高精度	精密	自动	半自动	数控	加工中心(自动换刀)	仿形	轻型	加重型	简式或经济式	柔性加工单元	数显	高速
代号	G	M	Z	B	K	H	F	Q	C	J	R	X	S

为了区别主参数相同而结构、性能不同的机床，在型号中加结构特性代号予以区分。结构特性代号用大写汉语拼音字母表示，例如 CY6140 型卧式车床型号中的“Y”，可理解为这种型号的车床在结构上区别于 CA6140 型车床。结构特性代号在型号中没有统一的含义，当型号中有通用特性代号时，结构特性代号应排在通用特性代号之后。

3) 机床的组、系代号

将每类机床划分为十个组，每个组又划分为十个系。机床的组代号用一位阿拉伯数字表示，位于类代号和通用特征、结构特征代号之后。机床的系代号用一位阿拉伯数字表示，位于组代号之后。部分车床的组、系划分见表 3-3。

表3-3　部分车床组、系划分表

组		系		组		系	
代号	名称	代号	名称	代号	名称	代号	名称
0	仪表车床	0		1	单轴自动车床	0	主轴箱固定型自动车床
		1				1	单轴纵切自动车床
		2				2	单轴横切自动车床
		3	仪表转塔车床			3	单轴转塔自动车床
		4	仪表卡盘车床			4	
		5	仪表精整车床			5	
		6	仪表卧式车床			6	
		7				7	
		8	仪表轴车床			8	
		9				9	
5	立式车床	0		6	落地及卧式车床	0	落地车床
		1	单柱立式车床			1	卧式车床
		2	双柱立式车床			2	马鞍车床
		3	单柱移动立式车床			3	轴车床
		4	双柱移动立式车床			4	卡盘车床
		5	工作台移动单柱立式车床			5	球面车床
		6				6	
		7	定梁单柱立式车床			7	
		8	定梁双柱立式车床			8	
		9				9	

4) 机床主参数表示方法

机床型号中，主参数用折算值表示，位于系代号之后。部分车床主参数及折算系数见表 3-4。

表3-4　车床主参数及折算系数

车床	主参数	主参数折算系数	第二主参数
单轴自动车床	最大棒料直径	1	
多轴自动车床	最大棒料直径	1	轴数
多轴半自动车床	最大车削直径	1/10	轴数
回轮式六角车床	最大棒料直径	1	
转塔式六角车床	最大车削直径	1/10	
单柱及双柱立式车床	最大车削直径	1/100	最大工件长度

(续表)

车床	主参数	主参数折算系数	第二主参数
落地车床	最大工件回转直径	1/100	最大工件长度
卧式车床	车床身上最大工件回转直径	1/10	最大模数
铲齿车床	最大工件直径	1/10	

5) 机床的重大改进顺序号

当机床结构、性能有重大改进，需按新产品重新设计、试制和鉴定时，才按其设计改进的次序分别用字母“A、B、C、D、…”表示，附在机床型号的末尾，以区别原机床型号。

2. 卧式车床的结构组成

图 3-12 是 CA6140 型卧式车床的外形图，主要部件如下：

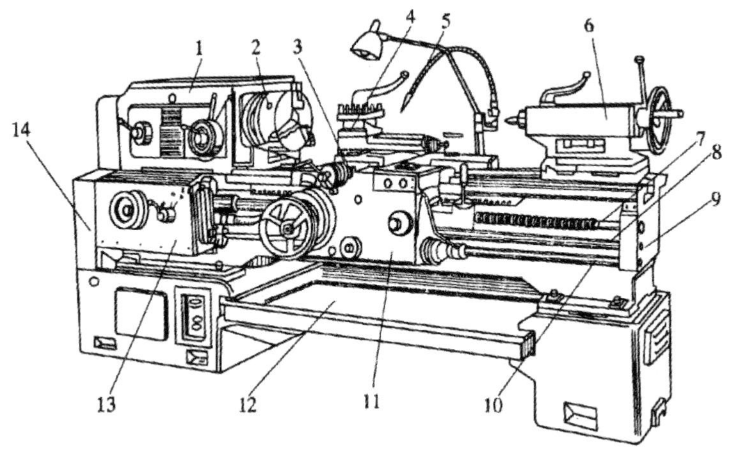

1—主轴箱；2—卡盘；3—床鞍；4—刀架；5—冷却管；6—尾座；7—丝杠；8—光杠；
9—床身；10—操纵杆；11—溜板箱；12—盛液盘；13—进给箱；14—挂轮箱

图3-12　CA6140型卧式车床外形图

1) 主轴箱

主轴箱又称床头箱，如图 3-13 所示，主轴箱中主要装有主轴部件、双向多片式摩擦离合器及操纵机构、主轴变速操纵机构等。它的主要任务是将主电机传来的旋转运动经过一系列的变速机构使主轴得到所需的正反两种转向的不同转速，主轴通过卡盘带动工件旋转，实现主运动。同时主轴箱分出部分动力将运动传给进给箱。

图3-13　主轴箱

2) 进给箱

如图 3-14 所示，进给箱又称走刀箱，进给箱中装有进给运动的变速机构，调整其变速机构，可得到所需的进给量或螺距，通过光杠或丝杠将运动传至刀架以进行切削。

3) 溜板箱

如图 3-15 所示，溜板箱是车床进给运动的操纵箱，内装有将光杠和丝杠的旋转运动变成刀架直线运动的机构，通过光杠传动实现刀架的纵向进给运动、横向进给运动和快速移动，通过丝杠带动刀架作纵向直线运动，以便车削螺纹。

图3-14　进给箱

图3-15　溜板箱

4) 丝杠与光杠

如图 3-16 所示，用以联接进给箱与溜板箱，并把进给箱的运动和动力传给溜板箱，使溜板箱获得纵向直线运动。丝杠是专门用来车削各种螺纹而设置的，在进行工件的其他表面车削时，只用光杠，不用丝杠。

5) 刀架

如图 3-17 所示，由两层滑板(中、小滑板)、床鞍与刀架体共同组成。用于安装车刀并带动车刀作纵向、横向或斜向运动。

图3-16　丝杠与光杠

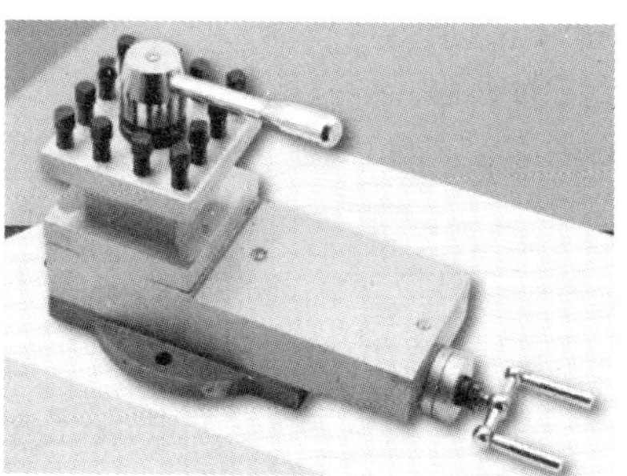

图3-17　刀架

6) 尾座

尾座安装在床身导轨上，并沿此导轨纵向移动，以调整其工作位置。如图 3-18 所示，尾座主要用来安装后顶尖，以支撑较长工件，也可安装钻头、铰刀等进行孔加工。

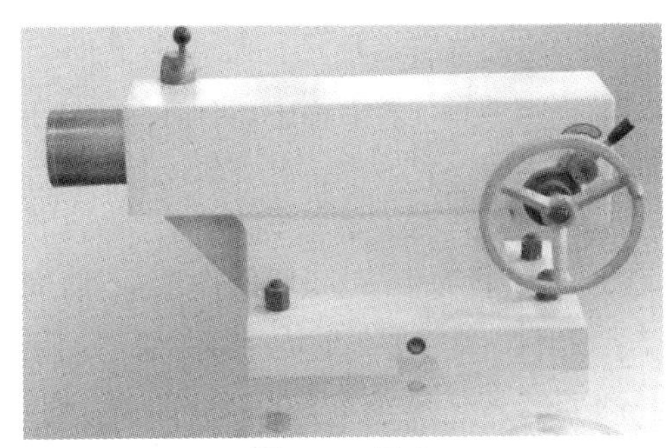
图3-18　尾座

7) 操纵杆

操纵杆是车床控制机构的主要零件之一。在操纵杆的左端和溜板箱的右侧各装有一个操纵手柄。操作者可以方便自如地操纵手柄以控制车床主轴的正转、反转或停车。

8) 床身

床身是车床带有精度要求很高的导轨的一个大型基础部件，用于支撑和连接车床的各个部件，并保证各部件在工作时有准确的相对位置。

四、车床主要部件结构及作用

1. 主轴箱

CA6140 型车床主轴箱中主要装有主轴部件、双向多片式摩擦离合器及操纵机构、主轴变速操纵机构等。

卧式车床的结构组成视频

1) 主轴部件

主轴部件是车床的关键部件。工作时，主轴通过卡盘直接带动工件作旋转运动。因此，其旋转精度、刚度和抗振性等对工件的加工精度和表面粗糙度都有直接的影响。

图 3-19 是 CA6140 型车床的主轴结构。主轴是一空心阶梯轴，中心有一直径为 ϕ48mm 的通孔，可以使长棒料通过，也可用于通过钢棒卸下顶尖，或用于通过气、液动夹具的传动杆。主轴前端有精密的莫氏 6 号锥孔，用于安装顶尖、心轴或车床夹具。主轴前端为短式法兰结构，它以短锥体和轴肩端面定位，用四个螺栓将卡盘的法兰或拨盘固定在主轴上，由主轴轴肩端面上的圆柱形端面键传递转矩。

为了提高主轴的刚性和抗振性，主轴的前、后支承处各装有一个双列短圆柱滚子轴承 7(D3182121)和 3(E3182115)，中间支承处装有一个单列圆柱滚子轴承(E32216，图中没有画出)，以承受径向力。由于圆柱滚子轴承的刚度和承载能力大，旋转精度高，而且内圈较薄，内孔是 1∶12 的锥孔，可通过相对主轴轴颈的轴向移动来调整轴承间隙，因而可保证主轴有较高的旋转精度和刚度。在主轴的前支承处还装有 60°角接触的调心球轴承 6，用于承受左、右两个方向的轴向力。

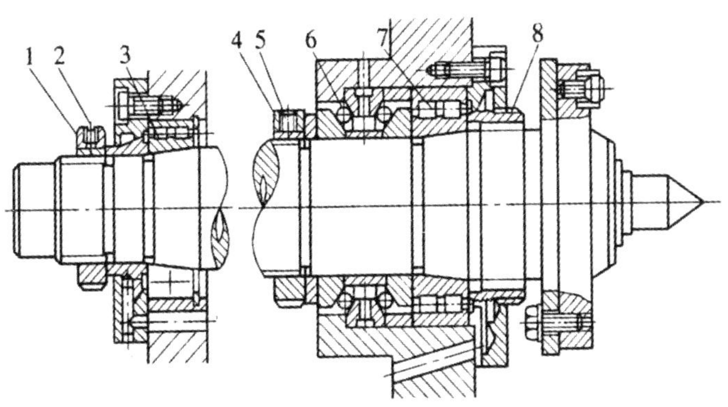

1、4、8—螺母；2、5—紧定螺钉；3、7—双列短圆柱滚子轴承；6—双列推力调心球轴承

图3-19　CA6140型车床的主轴部件

轴承因磨损而导致间隙过大需要调整时，前轴承 7 的间隙调整可通过螺母 8 和 4 进行。调整时，先松螺母 8 和紧定螺钉 5，然后旋转螺母 4，使轴承 7 的内圈相对主轴锥面轴颈向右移动。由于锥面的作用，轴承内圈产生径向弹性膨胀，从而使滚子与内、外圈之间的间隙减小。间隙调整完成后，应将紧定螺钉 5 和螺母 8 旋紧。后轴承 3 的间隙可用螺母 1 调整。一般情况下，只需调整前轴承，当调整前轴承后仍达不到要求时，才对后轴承进行调整。

2) 双向多片式摩擦离合器

双向多片式摩擦离合器装在主轴箱内轴I上，其结构如图 3-20 所示，它分为左、右两个部分，结构相同。左离合器使主轴正转，主要用于切削，需要传递较大的扭矩，摩擦片的片数较多。右离合器使主轴反转，主要用于退刀，片数较少。

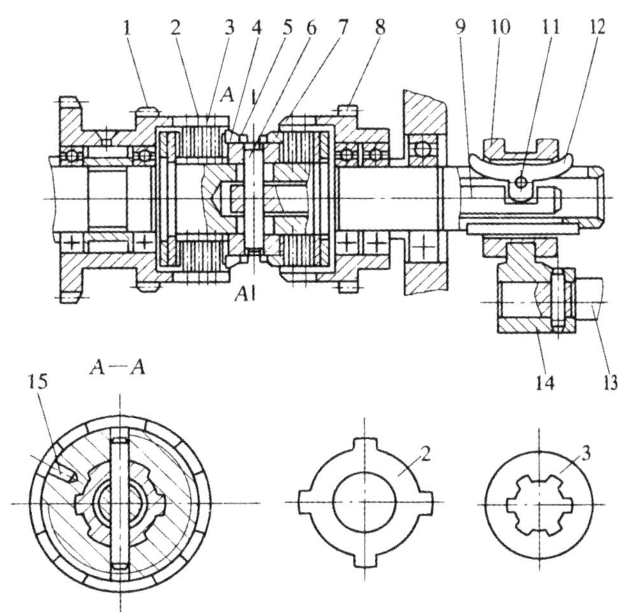

1、8—空套齿轮；2—外摩擦片；3—内摩擦片；4、7—加压套；5—螺圈；6—固定销；

9—杆；10—滑环；11—销轴；12—摆杆；13—轴；14—拨叉；15—弹簧销

图3-20　双向多片式摩擦离合器

3) 主轴变速操纵机构

主轴箱内共有 7 组滑移齿轮，其中 5 组用于改变主轴转速。这 5 组滑移齿轮分别由两套机构操纵。其中，轴II和轴III上滑移齿轮的操纵机构如图 3-21 所示。

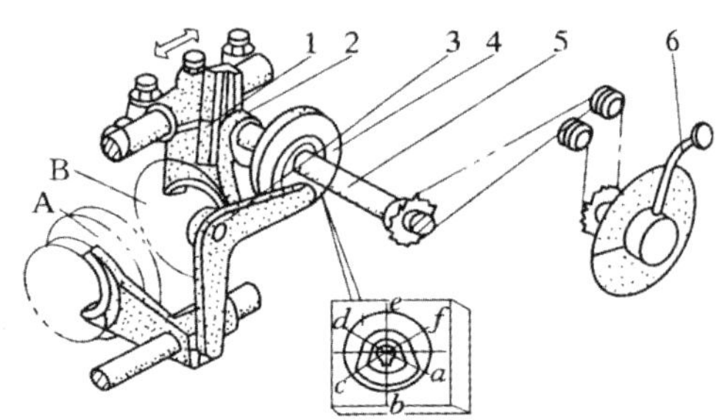

图3-21　轴II和轴III上滑移齿轮的操纵机构

图 3-22 为 CA6140 型卧式车床主轴箱展开图。

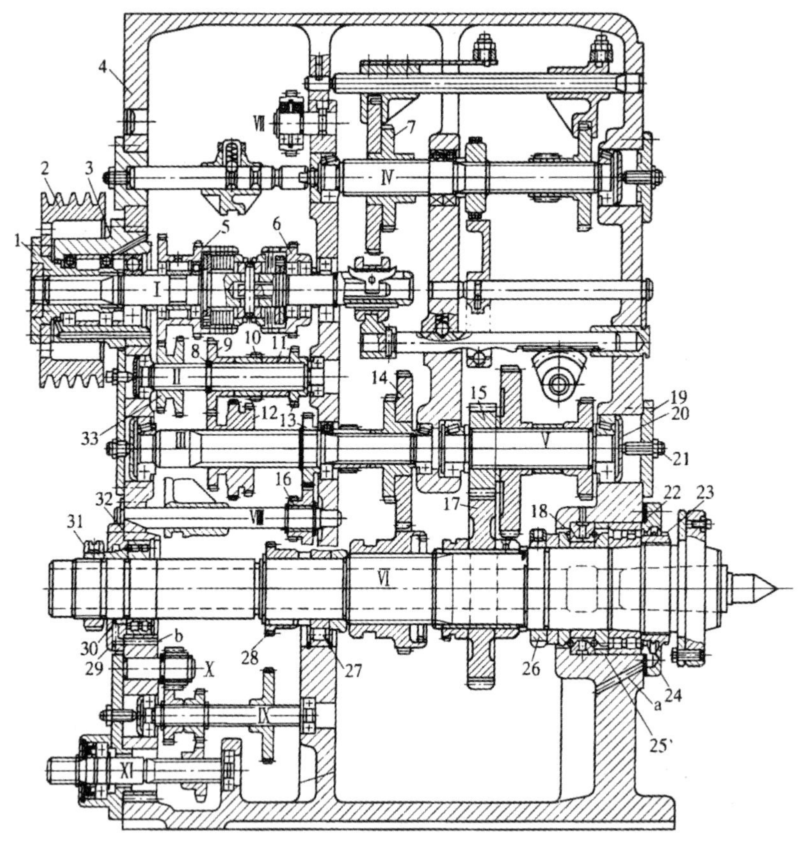

1—花键套；2—带轮；3—法兰；4—主轴箱体；5—双联空套齿轮；6—空套齿轮；7、12、33—双联滑移齿轮；8—半圆环；9、10、13、28—固定齿轮；11、25—隔套；14、16—双联固定齿轮；15、17—斜齿轮；18—双列推力向心轴承；19—盖板；20—轴承压盖；21—调整螺钉；22、32—双列短圆柱滚子轴承；23、26、31—螺母；24—轴承盖；27—向心短圆柱滚子轴承；29—轴承端盖；30—套筒

图3-22　CA6140型卧式车床主轴箱展开图

2. 进给箱

进给箱中主要有变换螺纹导程和进给量的变速机构、变换螺纹种类的移换机构、丝杠和光杠的转换机构以及操纵机构等。

3. 溜板箱

溜板箱由单向超越离合器、安全离合器、开合螺母机构、机动进给操纵机构和互锁机构等组成。

1) 单向超越离合器

CA6140 型卧式车床的溜板箱内具有快速移动装置。单向超越离合器能实现快速移动和慢速移动的自动转换。其工作原理如图 3-23 所示。它由星形体 4、三个滚柱 3、三个弹簧销 7 以及与齿轮 2 联成一体的套筒 m 等组成。齿轮 2 空套在轴II上，星形体 4 用键与轴II连接。当慢速运动由轴I经齿轮副 1 和 2 传来，套筒 m 逆时针传动时，依靠摩擦力带动滚柱 3，楔紧在星形体和套筒 m 之间，带动星形体和轴II一起旋转。当齿轮 2 以慢速转动的同时，启动快速电动机 M，其运动经齿轮副 6 和 5 传给轴II，带着星形体 4 逆时针快速转动。由于星形体的运动超前于套筒 m，于是滚筒 3 压缩弹簧销 7 并离开楔缝，套筒 m 与星形体之间的运动联系便自动断开。当快速电动机停止转动时，慢速运动又重新接通。这种单向超越离合器，传入的快速和慢速运动是单方向的，轴II传出的快、慢速运动方向是固定不变的。

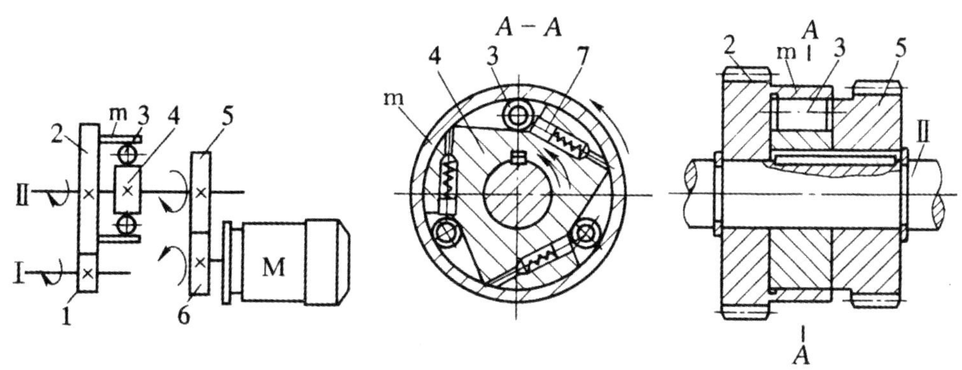

1、2、5、6—齿轮；3—滚柱；4—星形体；7—弹簧销

图3-23 单向超越离合器

2) 安全离合器

安全离合器是进给过载保护装置，其工作原理如图 3-24 所示。它由端面带螺旋形齿爪的左右两半部 3、2 和弹簧 1 组成。左半部由光杠带动旋转，空套在轴 XXII上，右半部用键与轴 XXII连接。在正常机动进给时，在弹簧 1 的压力作用下，两半部相互啮合，把光杠的运动传至轴 XXII(图 3-24(a))。当进给运动出现过载时，轴 XXII扭矩增大，这时通过安全离合器端面螺旋齿传递的扭矩也随之增大，致使端面螺旋齿处的轴向推力超过了弹簧 1 的压力，离合器右半部 2 被推开(图 3-24(b))，这时离合器左半部 3 继续旋转，而右半部 2 却不能被带动，两者之间出现打滑现象(图 3-24(c))，将传动链断开，使传动机构不致因过载而破坏。过载现象消失后，在弹簧 1 的作用下，安全离合器自动地恢复到原来的正常状态，运动重新接通。

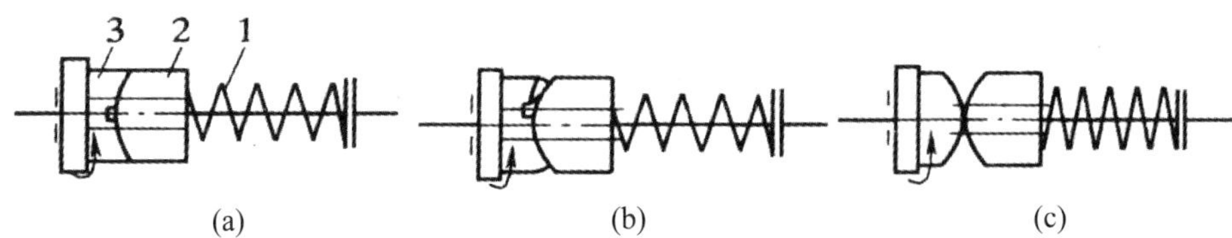

1—弹簧；2—离合器右半部；3—离合器左半部

图3-24　安全离合器工作原理

3) 开合螺母机构

开合螺母机构(图 3-25)主要用于车削螺纹，它可以接通或断开从丝杠传来的运动。合上开合螺母，丝杠通过开合螺母带动溜板箱与刀架运动；脱开时，传动停止。

开合螺母由上、下两个半螺母 1 和 2 组成。上半螺母与下半螺母装在燕尾槽中，且能上下同时移动。上、下半螺母背面各装一个圆柱销 3，其伸出部分分别嵌在槽盘的两个曲线槽中。顺时针方向扳动手柄 6 经轴 7 使槽盘转动(图 3-25(b))，曲线槽使两圆柱销靠近，上下半螺母相互合拢与丝杠抱合。逆时针方向扳动手柄，可使开合螺母与丝杠脱开。适当调整调节螺钉，改变镶条 5 的位置，能够调整燕尾导轨间隙。

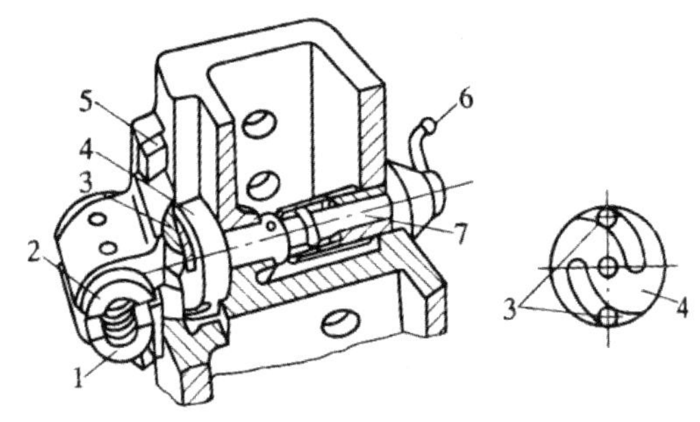

(a) 开合螺母机构　　(b) 槽盘正视图

1、2—半螺母；3—圆柱销；4—槽盘；5—镶条；6—手柄；7—轴

图3-25　开合螺母机构

4) 机动进给操纵机构

如图 3-26 所示，向左或向右扳动手柄 1，使手柄座 3 绕销钉 2 摆动时(销钉 2 装在轴向固定的轴 23 上)，手柄座下端的开口通过球头销 4 拨动轴 5 轴向移动，再经杠杆 10 和连杆 11 使凸轮 12 转动，凸轮上的曲线槽又通过销钉 13 带动轴 14 以及固定在它上面的拨叉 15 向前或向后移动，拨叉拨动离合器 M7，使之与轴 XXIV上的相应空套齿轮啮合，于是纵向机动进给运动接通，刀架向左或向右移动。

5) 互锁机构

互锁机构是防止操作错误的安全装置。主要作用是使机床在接通机动进给时，开合螺母不能合上；反之，在合上开合螺母时，机动进给就不能接通。图 3-27 为互锁机构的工作原理图。

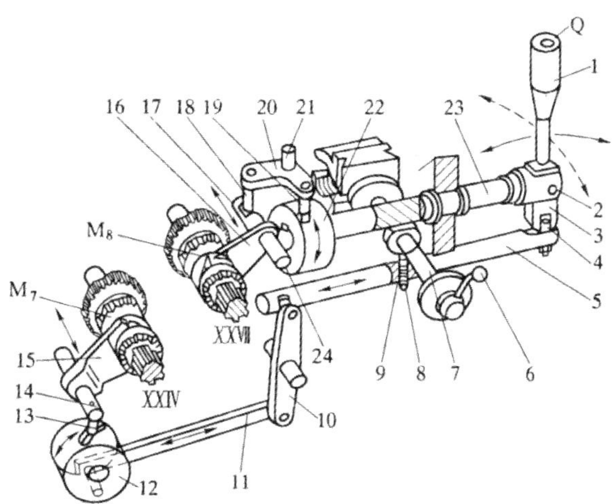

1、6—手柄；2、13、18、19—销钉；3—手柄座；4、8、9—球头销；5、7、14、17、23、24—轴；10、20—杠杆；11—连杆；12、22—凸轮；15、16—拨叉；21—轴销

图3-26　机动进给操纵机构

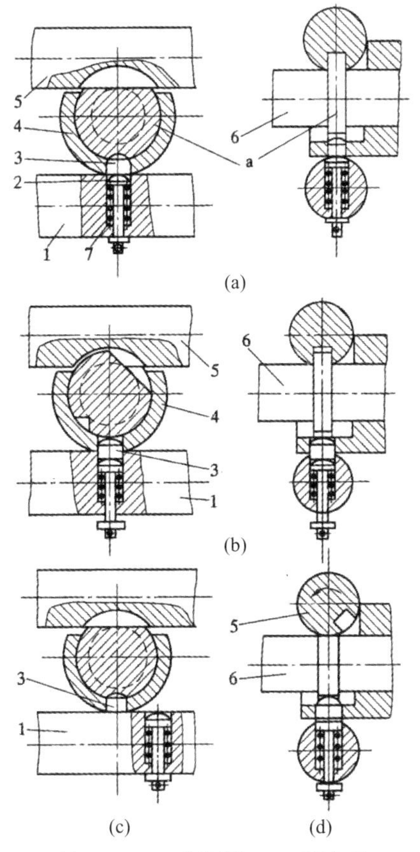

1、5、6—轴；2、3—球头销；4—固定套；7—弹簧

图3-27　互锁机构的工作原理图

大国工匠——管延安

管延安是港珠澳大桥岛隧工程首席钳工。在工作时，管延安要进入完全封闭的海底沉管隧道中安装操作仪器，按照规定，接缝处间隙误差要小于 1mm。只有初中文凭的他，全凭自学成为这项工作的第一人。他所安装的沉管设备，已成功完成 16 次海底隧道对接。他说，参与国家工程，是自己抛家舍业的初衷，也是甘受寂寞的精神支撑，更是他铭记终生的荣誉。

18 岁起，管延安就开始跟着师傅学习钳工，“干一行，爱一行，钻一行”是他对自己的要求，以主人翁精神去解决每一个问题。通过二十多年的勤学苦练和对工作的专注，一个个细小突破的集成，一件件普通工作的累积，使他精通了錾、削、钻、铰、攻、套、铆、磨、矫正、弯形等各门钳工工艺，因其精湛的操作技艺被誉为中国“深海钳工”第一人，成就了“大国工匠”的传奇，先后荣获全国五一劳动奖章、全国技术能手、全国职业道德建设标兵、全国最美职工、中国质量工匠、齐鲁大工匠等称号。成就这一切，是管延安对技工这个职业的尊重。管延安以匠人之心追求技艺的极致，让海底隧道成为他实现梦想的平台。每个大工程背后，离不开这些技工人才，他们是闪光的螺丝钉，是中国制造不可或缺的人才。

任务实施

1. 小组协作与分工。每组 4～5 人，配备一台卧式车床进行实习，熟悉机床结构组成，并讨论以下问题。

(1) 车床有哪些分类？

____

____

____

(2) 车床的加工工艺范围是什么？

____

____

____

(3) 卧式车床的结构有哪几部分？

____

____

____

2. 遵守操作规程，熟悉机床操作手柄，分组进行操作练习。如图 3-28 所示是 CA6140 卧式车床操作手柄位置，其具体名称见表 3-5。

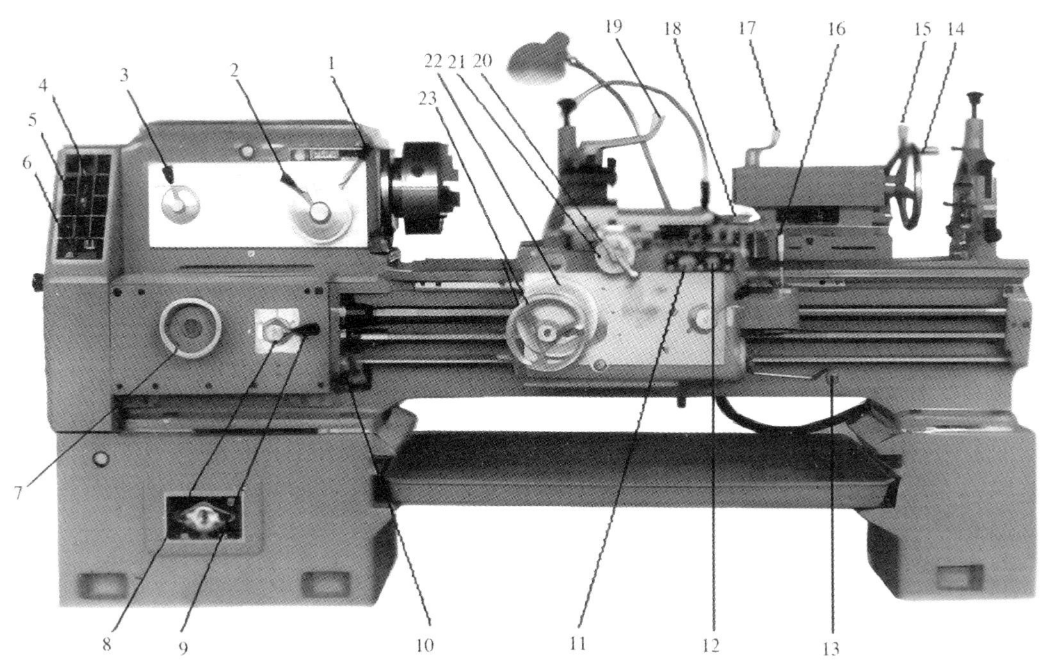

图3-28　CA6140 卧式车床操作手柄位置

表3-5　CA6140 卧式车床操作手柄名称

图中编号	名称	图中编号	名称
1、2	主轴变速(长，短)手柄	14	尾座套筒移动手轮
3	加大螺距及左右螺纹变换手柄	15	尾座快速紧固手柄
4	电源总开关(有开和关两个位置)	16	机动进给手柄及快速移动按钮
5	电源开关锁(有 1 和 0 两个位置)	17	尾座套筒固定手柄
6	冷却泵总开关	18	小滑板移动手柄
7、8	进给量和螺距变换手轮、手柄	19	刀架转位及固定手柄
9	螺纹种类及丝杠、光杠变换手柄	20	中滑板手柄
10、13	主轴正反转操纵手柄	21	中滑板刻度盘
11	停止或急停按钮(红色)	22	床鞍刻度盘
12	启动按钮(绿色)	23	床鞍手轮

任务六　刃磨车刀

知识目标

1. 了解常用车刀的种类；

2. 掌握车刀的几何角度；
3. 掌握车刀的刃磨的基本步骤。

能力目标

1. 能正确认识并选择车刀；
2. 能说出车刀的主要几何角度；
3. 能按要求刃磨车刀并安装。

素质目标

1. 培养学生注意细节，做事一丝不苟，能做到精益求精；
2. 培养学生树立诚实守信、严谨负责的职业态度；
3. 具备分析问题和解决问题的能力。

任务描述

“工欲善其事，必先利其器”，为了在车床上做良好的切削，正确地准备和使用刀具是很重要的工作。任何工件在加工之前，先要根据其形状和精度要求，选用合适的车刀，选择合理的车刀角度。如图 3-29 所示，要想知道图中零件加工用到哪种刀具，首先必须认识车刀，了解常用车刀的种类和用途，掌握车刀切削部分的几何角度及其主要作用，才能根据工件的加工要求来进行合理选择。车刀是金属切削刀具中应用最广的刀具。本任务重点认识车刀的种类、几何角度并学会刃磨车刀。

(a) 车削外圆

(b) 车槽

图3-29　车削加工

知识链接

一、常用车刀的种类

1. 按结构不同分类

普通车刀按结构可分为整体式、焊接式、机夹式和可转位式四种形式，如图 3-30 所示。

(1) 整体式车刀用整体高速工具钢制造，刃口可磨得较锋利。适用于小型车床或加工有色金属。

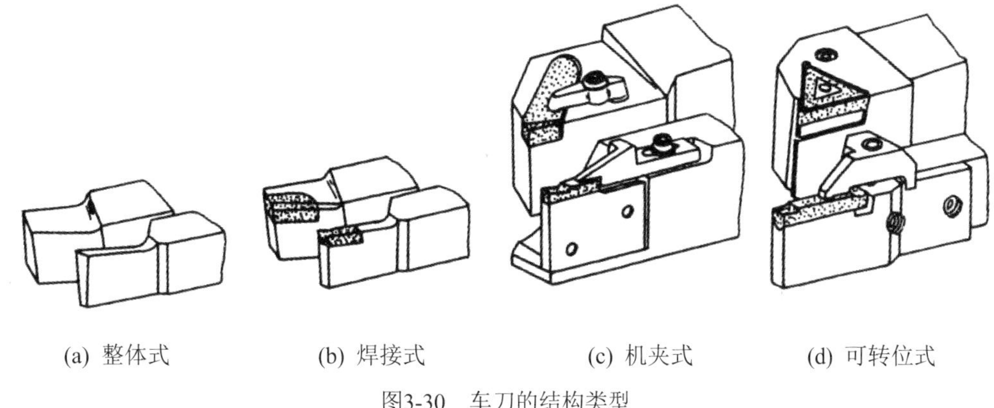

图3-30　车刀的结构类型

(2) 焊接式车刀就是在碳钢刀杆上按刀具几何角度的要求开出刀槽，用焊料将硬质合金刀片焊接在刀槽内，并按所选择的几何参数刃磨后使用的车刀。其结构紧凑，使用灵活，适合各类车刀，特别是小刀具。

(3) 机夹式车刀是将刀片用机械夹固方法夹紧在刀槽中。由于刀片未经高温焊接，排除了产生裂纹的可能，刀片和刀杆都可重复使用。适用于外圆车刀、端面车刀、镗孔刀、车断刀、螺纹车刀等。

(4) 可转位车刀如图 3-31 所示，可转位车刀是使用可转位刀片的机夹车刀。一条切削刃用钝后可迅速转位换成相邻的新切削刃，即可继续工作，直到刀片上所有切削刃均已用钝，刀片才报废回收。更换新刀片后，车刀又可继续工作。可转位车刀生产率高，断屑稳定，可使用涂层刀片。适用于大中型车床上加工外圆、端面、镗孔，特别适用于自动线和数控机床。

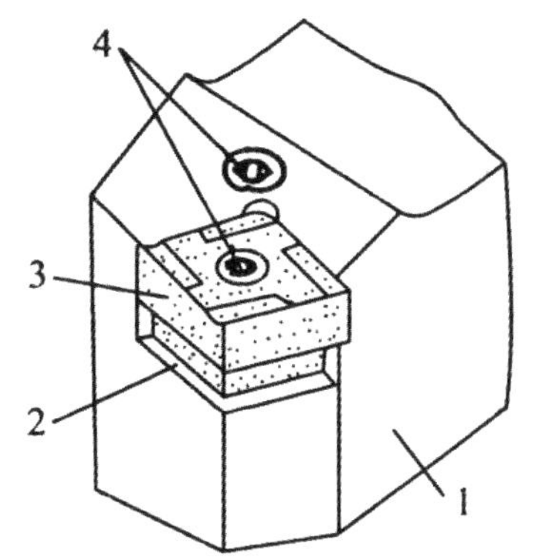

1—刀杆；2—刀垫；　3—刀片；　4—夹固元件

图3-31　可转位车刀的组成

2. 按用途不同分类

车刀按用途可为分外圆车刀、锁孔车刀、端面车刀、螺纹车刀、切断刀和成形车刀等。常用车刀的种类及用途见表 3-6。

表3-6　常用车刀的种类及用途

车刀种类	车刀外形	车削图示	用途
45°车刀(弯刀)	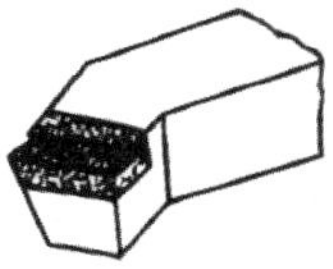	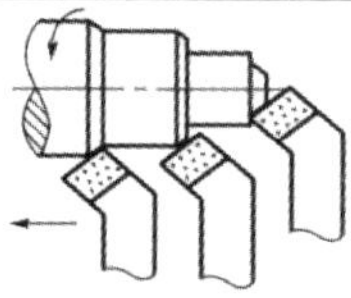	车削工件的外圆、端面和倒角
75°车刀	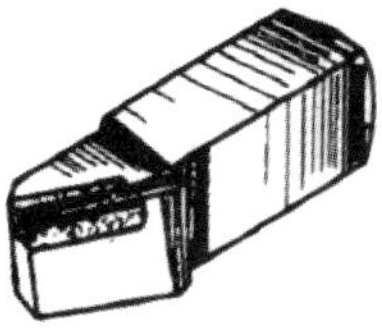	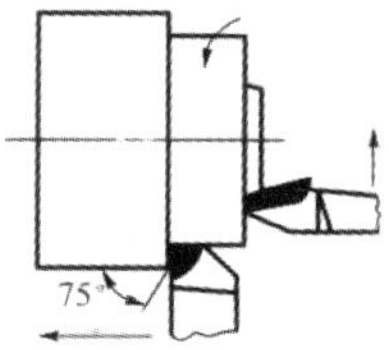	车削工件的外圆和端面
90°车刀	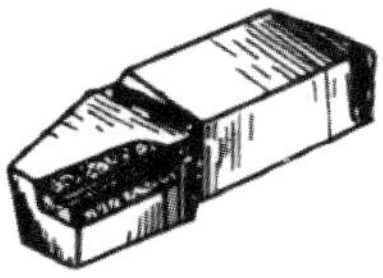	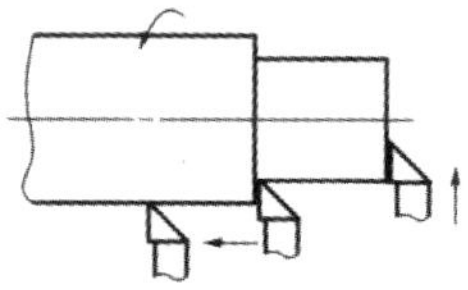	车削工件的外圆、台阶和端面
切断刀	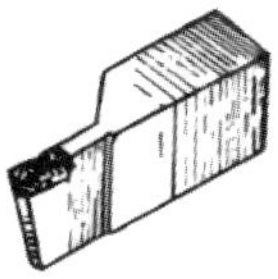	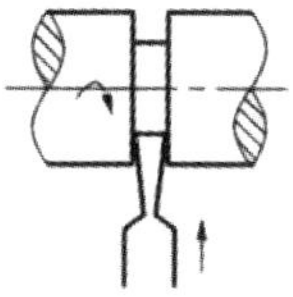	切断工件或在工件上车槽
内孔车刀		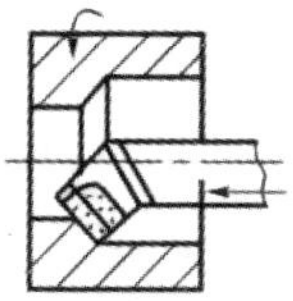	车削工件上的内孔
螺纹车刀	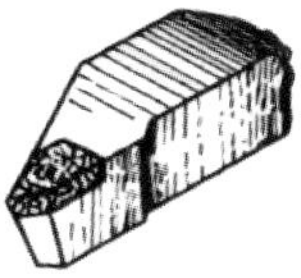	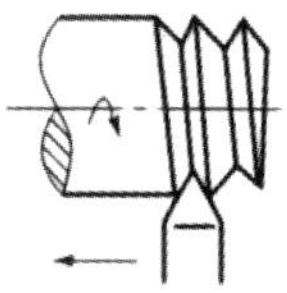	车削螺纹
圆头车刀		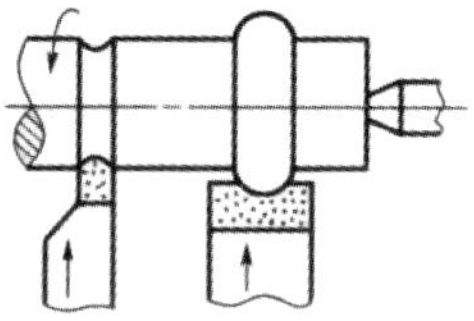	车削工件的圆弧面或成形面

3. 按材料不同分类

1) 高碳钢车刀

高碳钢车刀是由含碳量 0.8%～1.5%的一种碳钢，经过淬火硬化后使用，因切削中的摩擦很容易回火软化，被高速钢等其他刀具所取代。一般仅适合于软金属材料之切削，常用者有SK1、SK2、SK7 等。

2) 高速钢车刀

高速钢为一种钢基合金，俗名白车刀，含碳量 0.7%～0.85%的碳钢中加入 W、Cr、V 及 Co 等合金元素而成。例如 18-4-4 高速钢的材料中含有 18%钨、4%铬以及 4%钒。

3) 非铸铁合金刀具

非铸铁合金刀具为钴、铬及钨的合金，因切削加工很难，以铸造成形制造，故又叫超硬铸合金，最具代表者为 stellite，其刀具韧性及耐磨性极佳，在 8200℃ 温度下其硬度仍不受影响，抗热程度远超出高速钢，适合高速及较深的切削工作。

4) 烧结碳化刀具

碳化刀具为粉末冶金的产品，碳化钨刀具主要成分为 50%～90%钨，并加入钛、钼、钽等以钴粉作为结合剂，再经加热烧结完成。

5) 陶瓷车刀

陶瓷车刀是由氧化铝粉末，添加少量元素，再经由高温烧结而成，其硬度、抗热性、切削速度比碳化钨高，但是因为质脆，故不适用于非连续或重车削，只适合高速精削。

6) 钻石刀具

高级表面加工时，可使用圆形或表面有刃缘的工业用钻石来进行光制。可得到更为光滑的表面，主要用来做铜合金或轻合金的精密车削，在车削时必须使用高速度，最低需为 60～100m/min，通常是 200～300m/min。

7) 氮化硼立方晶氮化硼(CBN)

这种材料硬度与耐磨性仅次于钻石，此刀具适用于加工坚硬、耐磨的铁族合金和镍基合金、钴基合金。

二、车刀的结构

1. 车刀切削部分的组成

如图 3-32 所示，车刀由刀头和刀柄两部分组成。刀头是车刀的切削部分，刀柄是车刀的夹持部分。车刀切削部分由前刀面、主后刀面、副后刀面、主切削刃、副切削刃和刀尖组成。

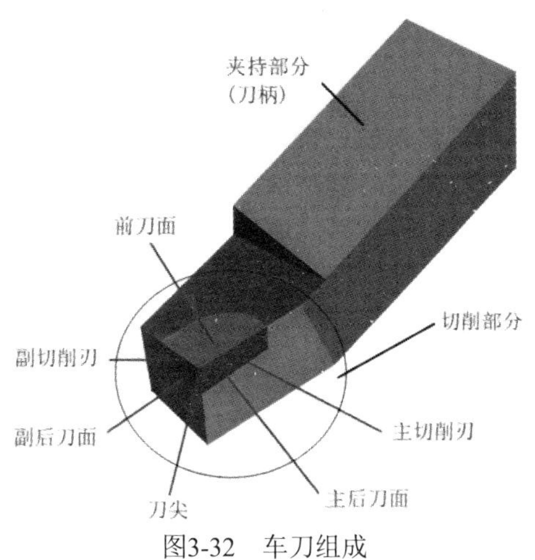

图3-32 车刀组成

(1) 前刀面指刀具上切屑流过的表面。

(2) 主后刀面指刀具上与工件上的加工表面相对并且相互作用的表面，称为主后刀面。

(3) 副后刀面指刀具上与工件上的已加工表面相对并且相互作用的表面，称为副后刀面。

(4) 主切削刃指刀具的前刀面与主后刀面的交线。

(5) 副切削刃指刀具的前刀面与副后刀面的交线。

(6) 刀尖指主切削刃与副切削刃的交点。刀尖实际是一小段曲线或直线，分为修圆刀尖和倒角刀尖。

2. 测量车刀切削角度的辅助平面

如图 3-33 所示，为了确定和测量车刀的几何角度，需要选取三个辅助平面作为基准，这三个辅助平面是切削平面、基面和正交平面。

(1) 切削平面 *P*s 指切于主切削刃某一选定点并垂直于刀杆底平面的平面。

(2) 基面 *P*r 指过主切削刃的某一选定点并平行于刀杆底面的平面。

(3) 正交平面 *P*o 指既垂直于切削平面又垂直于基面的平面。

可见这三个坐标平面相互垂直，构成一个空间直角坐标系。

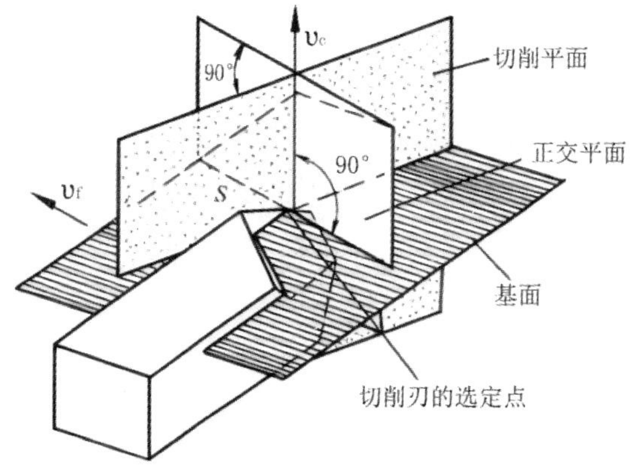

图3-33　车刀切削角度的辅助平面

3. 车刀的主要几何角度及选择

1) 前角(γ_o)

如图 3-34 所示，指前刀面与基面的夹角。前角的正负方向按图示规定表示，即刀具前刀面在基面之下时为正前角，刀具前刀面在基面之上时为负前角。前角一般为−5°～25°。

前角选择的原则：前角的大小主要解决刀头的坚固性与锋利性的矛盾。因此首先要根据加工材料的硬度来选择前角。加工材料的硬度高，前角取小值，反之取大值。其次要根据加工性质来考虑前角的大小，粗加工时前角要取小值，精加工时前角应取大值。

2) 主后角(α_0)

如图 3-35 所示，指在正交平面内测量的主后刀面与切削平面间的夹角。后角不能为零度或负值，一般为 6°～12°。

后角选择的原则：首先考虑加工性质。精加工时，后角取大值；粗加工时，后角取小值。其次考虑加工材料的硬度，加工材料硬度高，主后角取小值，以增强刀头的坚固性；反之，后角应取小值。

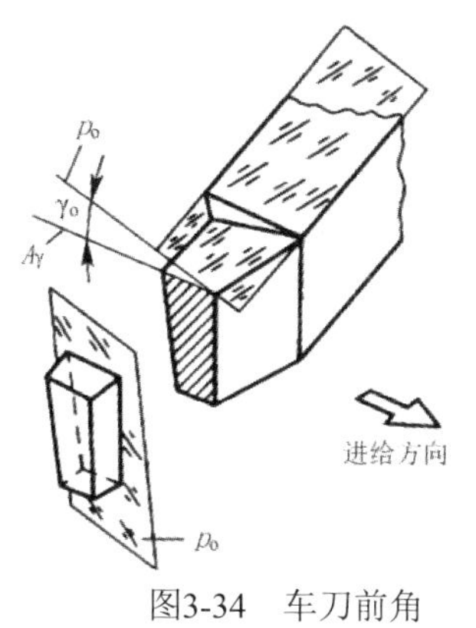

图3-34　车刀前角

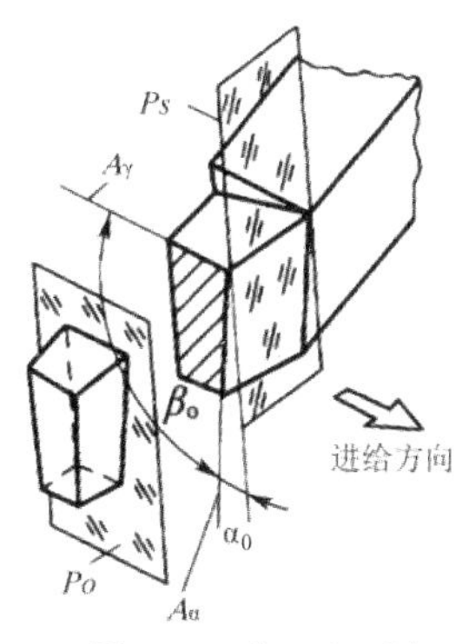

图3-35　车刀主后角

3) 主偏角(*K*r)

如图 3-36 所示，指在基面内测量的主切削刃在基面上的投影与进给运动方向的夹角。主偏角一般为 30°～90°。

主偏角的选用原则：首先考虑车床、夹具和刀具组成的车工工艺系统的刚性，如车工工艺系统刚性好，主偏角应取小值，这样有利于提高车刀使用寿命，改善散热条件及表面粗糙度。其次要考虑加工工件的几何形状，当加工台阶时，主偏角应取 90°，加工中间切入的工件时，主偏角一般取 60°。

4) 副偏角(*K*r')

如图 3-36 所示，指在基面内测量的副切削刃在基面上的投影与进给运动反方向的夹角。副偏角一般为正值。

副偏角的选择原则：首先考虑车刀、工件和夹具有足够的刚性，才能减小副偏角；反之，应取大值；其次考虑加工性质，粗加工时，副偏角可取 10°～15°；精加工时，副偏角可取 5°左右。

5) 刃倾角(λ_S)

如图 3-37 所示，指在切削平面内测量的主切削刃与基面间的夹角。当主切削刃呈水平时，$\lambda s = 0°$；刀尖为主切刃上最高点时，$\lambda s > 0°$；刀尖为主切削刃上最低点时，$\lambda s < 0°$。刃倾角一般为−10°～5°。

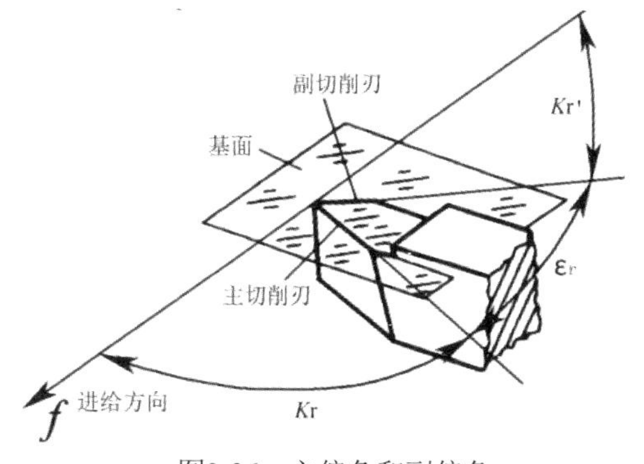

图3-36　主偏角和副偏角

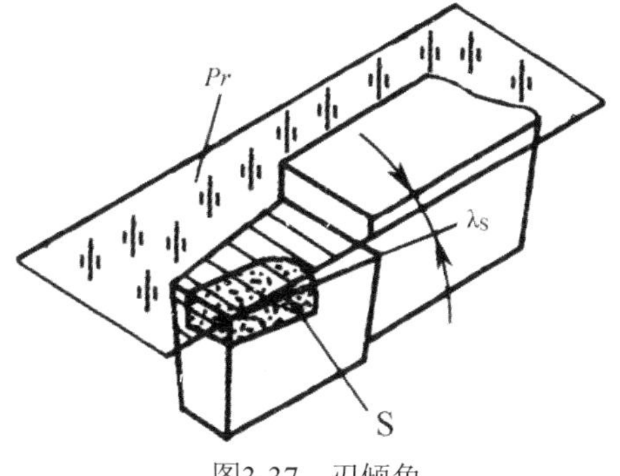

图3-37　刃倾角

刃倾角的选择原则：主要看加工性质，粗加工时，工件对车刀冲击大，$\lambda s \geqslant 0°$，精加工时，工件对车刀冲击力小，$\lambda s \leqslant 0°$，一般取 $\lambda s = 0°$。

三、车刀的刃磨

1. 车刀刃磨时砂轮的选择

1) 砂轮的种类

砂轮的种类很多，通常刃磨普通车刀选用平形砂轮(图 3-38)，常用的有氧化铝砂轮和碳化硅砂轮两大类；氧化铝砂轮又称白刚玉砂轮，多呈白色，它的磨粒韧性好、比较锋利，硬度低，其自锐性好，主要用于刃磨高速钢车刀和硬质合金车刀的刀体部分；碳化硅砂轮多呈绿色，其磨粒的硬度高、刃口锋利，但其脆性大，主要用于刃磨硬质合金车刀。

图3-38　平行砂轮

2) 砂轮的选用原则

刃磨高速钢和硬质合金车刀刀体部分，主要选用白色的氧化铝砂轮；刃磨硬质合金车刀切削部分，主要选用绿色的碳化硅砂轮；粗磨普通车刀，应选用基本粒尺寸较大、粒度号较小的粗砂轮；精磨车刀时，选用基本粒尺寸较小、粒度号大的细砂轮。

2. 刃磨车刀的姿势及方法

(1) 如图 3-39 所示，刃磨车刀时刃磨者应站立在砂轮机的侧面，防砂轮碎裂时碎片飞出伤人；同时在刃磨车刀时，观察砂轮机周围环境，检查设备安全状况，开动设备，待砂轮转速平稳后，方可开始刃磨车刀。

(2) 如图 3-40 所示，刃磨时两手握刀的距离放开，右手靠近刀体的切削部分，左手靠近刀体的尾部，同时两肘夹紧腰部，刃磨过程要平稳，以减小磨刀时的抖动。

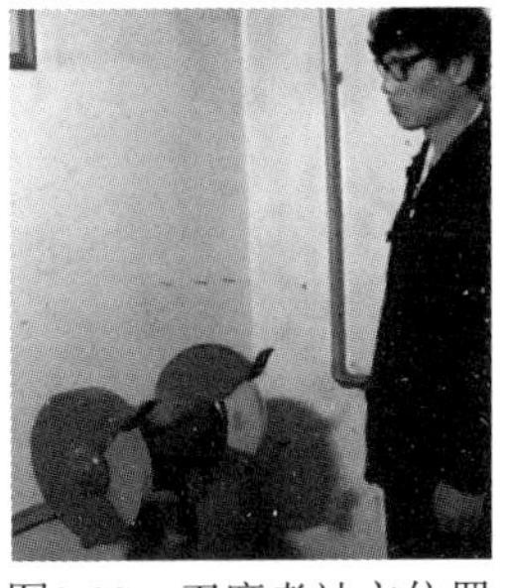

图3-39　刃磨者站立位置

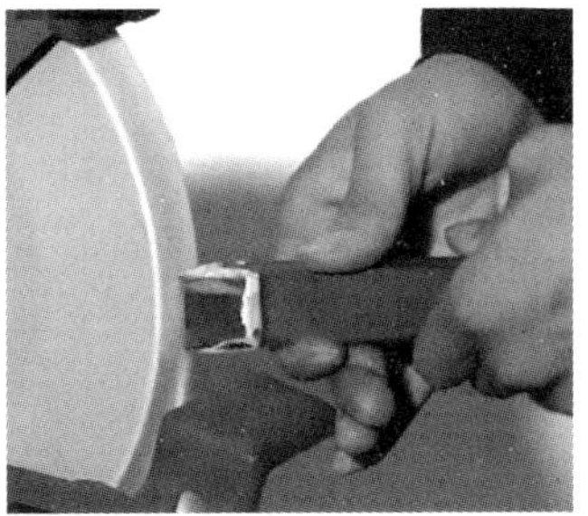

图3-40　刃磨握刀姿势

(3) 如图 3-41 所示，刃磨时车刀的切削部分要放在砂轮的水平中心，刀尖略向上翘约 3°～8°，车刀接触砂轮后应沿砂轮水平方向左右或上下移动。当车刀离开砂轮时，车刀切削部分要向上抬起，防止刃磨好的刀刃被砂轮碰伤。

(4) 刃磨主后刀面时刀杆尾部向左偏转一个主偏角的角度；刃磨副后刀面时刀杆尾部向右偏转一个副偏角的角度。

(5) 如图 3-42 所示，修磨刀尖圆弧时通常以左手握车刀前端为支点，用右手转动车刀的尾部，让刀尖圆弧自然形成。

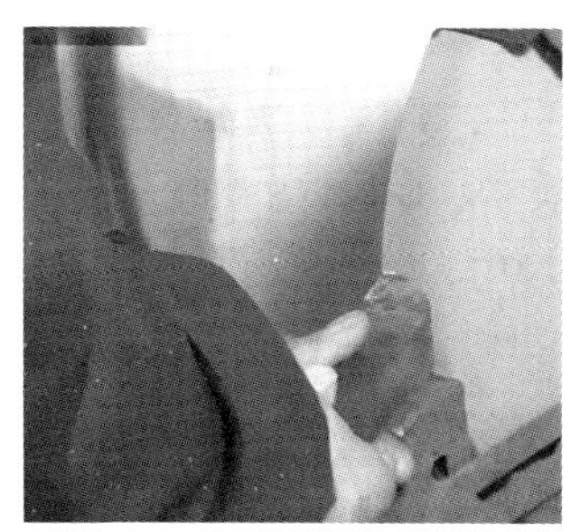

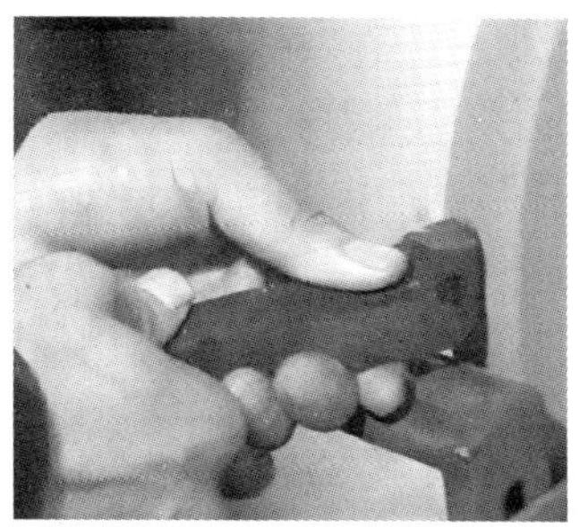

图3-41　切削部分放在砂轮水平中心　　图3-42　修磨刀尖圆弧

3. 车刀刃磨步骤

以 90°外圆车刀为例，车刀的刃磨分为刀体刃磨和切削部分刃磨两部分，刀体在白色的氧化铝砂轮上刃磨，刃磨要求以不干涉切削加工为原则；切削部分在绿色的碳化硅砂轮上刃磨，粗、精要分开，主要刃磨主后刀面、副后刀面、前刀面，保证正确的几何角度，如图 3-43 所示。

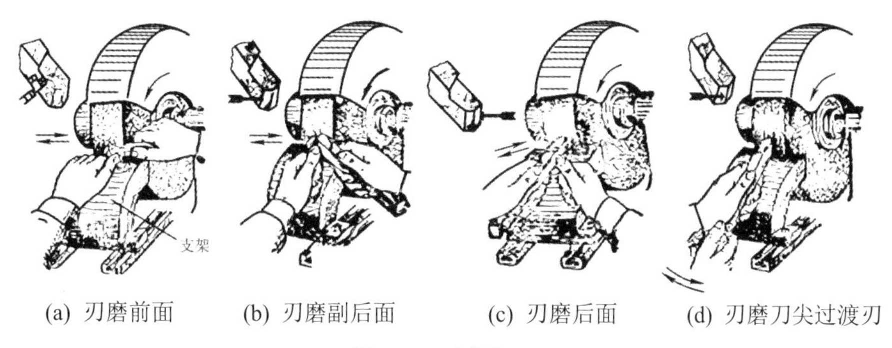

(a) 刃磨前面　(b) 刃磨副后面　(c) 刃磨后面　(d) 刃磨刀尖过渡刃

图3-43　刃磨车刀

(1) 粗磨先磨主后面，同时磨出主偏角，刀头向上翘 38°，以减小车刀和砂轮之间的摩擦，形成主后角。接着刃磨副后面，同时磨出副偏角和副后角，最后刃磨前刀面，同时磨出正确的前角。

(2) 精磨。用金钢石钢笔或砂轮修整块修磨砂轮，保持砂轮平整和锋利，先修磨前刀面，保持前刀面光滑；再修磨主后刀面和副后刀面，保持主、副切削刃平直、锋利；最后左手握车刀前端作为支点，右手转动杆尾部，修磨刀尖圆弧。

(3) 磨断屑槽。断屑槽在切削过程中起断屑作用，同时保证排屑顺利。为使切屑碎断，一般要在车刀前面磨出断屑槽；刃磨断屑槽时，必须先把砂轮的外圆与平面的交角处用修砂轮的金钢石笔或砂轮修整块修整砂轮成相适应的圆弧或尖角，刃磨时刀尖可向下或向上移动，刃磨时起点位置应跟刀尖、主切削刃离开一小段距离，刃磨时用力要轻，移动要稳、准，防止砂轮磨伤前刀面和主切削刃。

(4) 磨负倒棱。为提高刀具强度，延长刀具切削部分的寿命，硬质合金车刀一般要磨出负倒棱；刃磨负倒棱时用力要轻微，车刀要沿主切削刃的后端向刀尖方向摆动。它是刃磨车刀的最后一步，刃磨一定要细心，防止砂轮损伤磨好的面和刃。

(5) 磨过渡刃。磨过渡刃与磨后刀面的方法相同，刃磨车削较硬材料的车刀时，也可在过渡刃上磨出负倒棱。

(6) 研磨经过刃磨的车刀，其切削刃有时不够平滑，这时用油石加少量机油对切削刃进行研磨，可以提高刀具耐用度和工件表面的加工质量。研磨时将油石与刀面贴平，然后将油石沿刀面上下或左右移动。研磨时要求动作平稳，用力均匀，不能破坏刃磨好的刃口。

(7) 通过目测法、样板法、角度测量仪检查刀具是否符合要求，也可以进行试车检查。批量生产时将车刀刃磨成符合图样车削要求，在不转动刀架或少转动刀架的情况下完成尽量多的工作能最大限度地提高加工效率。但对操作者要求较高，需要在工作中不断加以总结提高。

4. 刃磨时人身安全注意事项

(1) 刃磨车刀前检查设备是否完好，先检查砂轮有无裂纹，砂轮轴螺母是否拧紧，并经试转后使用，以免砂轮碎裂或飞出伤人。

(2) 刃磨车刀时不能用力过大，移动过程要平稳，移动、转动速度要均匀，否则会使手打滑而触及砂轮面，造成工伤事故。

(3) 刃磨车刀时应戴防护眼镜，以免砂粒和铁屑飞入眼中，刃磨时不可戴手套。

(4) 刃磨小刀头时必须把小刀头装入刀杆上进行。

(5) 砂轮支架与砂轮的间隙不得大于 3mm，如果间隙过大，应调整砂轮间隙。

(6) 刃磨车刀时，如果温度过高，应暂停磨削，高速钢要用及时用水冷却，防止退火，保持切削部分的硬度，硬质合金车切不可水冷，防止刀裂。长时间进行磨削时，中途应停止设备，检查运行情况确保安全。

(7) 先停磨削后停机，人离开机房时关闭砂轮机，待砂轮停止后切断电源。

(8) 车刀刃磨时粗磨和精磨要分开，粗磨切削部分时选用粒度号为 46#～60#的绿色碳化硅砂轮，精磨时选用粒度为 80#～120#的绿色碳化硅砂轮；刃磨时力量要均匀，运动要平稳，车刀的刀面要光滑平整，切削刃要平直，同时要保证刀具角度正确。

§ 精益求精的工匠精神 §

磨刀时手要稳，眼要准，这需要长期练习。中国作为一个拥有“四大发明”的文明古国，具有历史悠久而技艺高超的手工业，薪火相传的能工巧匠们留下了数不胜数的传世佳作。新中国成立以来，“工匠精神”成就了“两弹一星”等事业，也涌现出了钱学森、陈景润、时传祥、王进喜、许振超等一大批追求卓越、爱岗敬业的代表人物。在机械加工过程中不能急功近利，不能追求“短平快”，一定要重视产品质量，生产出高品质的产品。

车刀刃磨操作口诀

常用车刀种类和材料，砂轮的选用

常用车刀五大类，切削用途各不同，
外圆内孔和螺纹，切断成形也常用；
车刀刃形分三种，直线曲线加复合；
车刀材料种类多，常用碳钢氧化铝，
硬质合金碳化硅，根据材料选砂轮；
砂轮颗粒分粒度，粗细不同勿乱用；
粗砂轮磨粗车刀，精车刀选细砂轮。

车刀刃磨操作技巧与注意事项

刃磨开机先检查，设备安全最重要；
砂轮转速稳定后，双手握刀立轮侧；
两肘夹紧腰部处，刃磨平稳防抖动；
车刀高低须控制，砂轮水平中心处；
刀压砂轮力适中，反力太大易打滑；
手持车刀均匀移，温高烫手则暂离；
刀离砂轮应小心，保护刀尖先抬起；
高速钢刀可水冷，防止退火保硬度；
硬质合金勿水淬，骤冷易使刀具裂；
先停磨削后停机，人离机房断电源。

任务实施

1. 识读 90°硬质合金焊接车刀图(图 3-44)，说出车刀的主要几何角度。

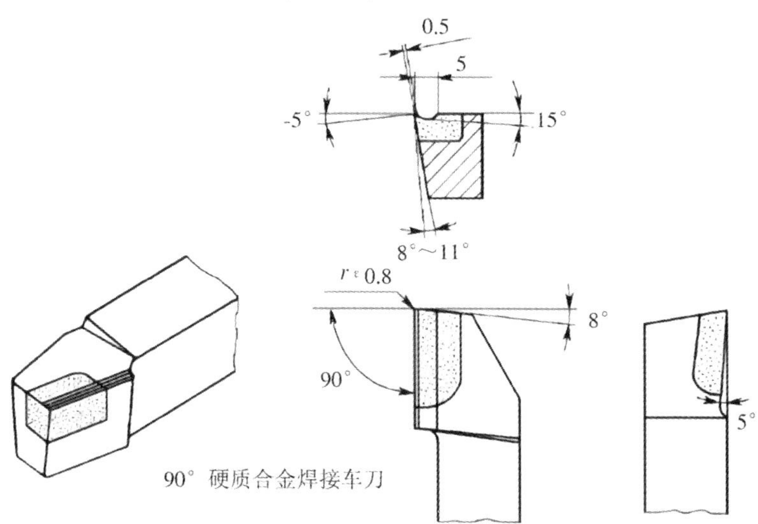

图3-44　90°硬质合金焊接车刀

2. 以 90°硬质合金焊接车刀为例，练习刃磨车刀。

提示：90°硬质合金焊接车刀刃磨步骤为：磨主后面→磨副后面→磨前面→磨断屑槽→磨负倒棱→磨刀尖过渡刃→研磨车刀→测量车刀角度。

任务七　用卧式车床加工零件

知识目标

1. 了解零件表面成形的方法；
2. 掌握车床的主运动和进给运动；
3. 掌握车床通用夹具的种类。

能力目标

1. 严格按照车床操作规范，操作卧式车床；
2. 能够根据零件加工要求选择合适的切削用量；
3. 能够加工简单的阶梯轴零件。

素质目标

1. 培养学生严格把关产品质量的行为习惯，强调精益求精、爱岗敬业的重要性；
2. 具有严谨认真和精益求精的职业素养。

任务描述

车削加工就是利用车床、通用夹具和专用夹具及车刀完成对回转体零件的切削过程，目的是改变毛坯的形状和尺寸，加工成符合图样要求的零件。车削是最常见的切削加工方法，在生产中占有十分重要的地位。本任务重点学习车床通用夹具和用卧式车床加工典型零件的方法。

知识链接

一、零件表面的成形

在切削加工过程中，机床上的刀具和工件按一定的规律作相对运动，通过刀具对工件毛坯的切削作用，切除毛坯上的多余金属，从而得到所要求的零件表面形状。

1. 零件表面的形成

机器零件的结构形状尽管千差万别，但其轮廓都是由一些单一的几何表面(如平面、内、外旋转表面等)及自由曲面按一定位置关系构成的。零件表面可以看作是一条线(称为母线)沿另一条线(称为导线)运动的轨迹，如图 3-45 所示。母线和导线统称为形成表面的发生线(成形线)。形成平面、圆柱面和直线成形表面的母线和导线的作用可以互换，称为可逆表面。形成螺纹面、圆环面、球面和圆锥面的母线和导线则不能互换，称为非可逆表面。

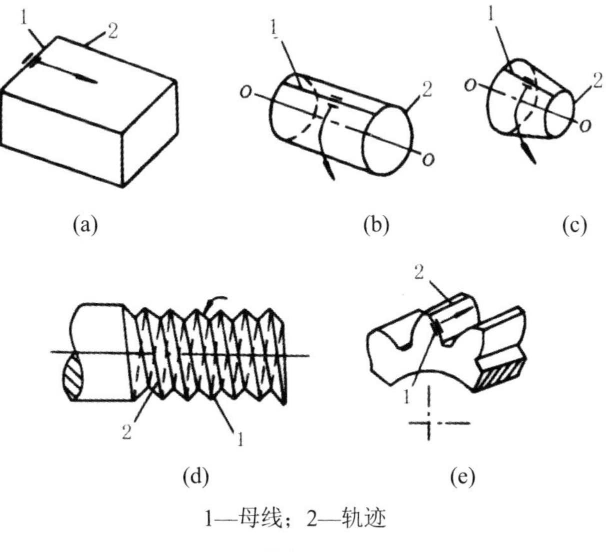

1—母线；2—轨迹

图3-45　零件表面的成形过程

2. 零件表面的成形方法

(1) 轨迹法如图 3-46(a)所示，轨迹法是利用刀具作一定规律的轨迹运动对工件进行加工的方法。切削刃与被加工表面为点接触，发生线为接触点的轨迹线。

(2) 成形法如图 3-46(b)所示，成形法是利用成形刀具对工件进行加工的方法。切削刃的形状和长度与所需形成的发生线(母线)完全重合。

(3) 相切法如图 3-46(c)所示，相切法是利用刀具边旋转边作轨迹运动对工件进行加工的方法。

(4) 展成法如图 3-46(d)所示，展成法是利用工件和刀具作展成切削运动进行加工的方法。切削加工时，刀具与工件按确定的运动关系作相对运动(展成运动或称范成运动)，切削刃与被加工表面相切(点接触)，切削刃各瞬时位置的包络线，便是所需的发生线。

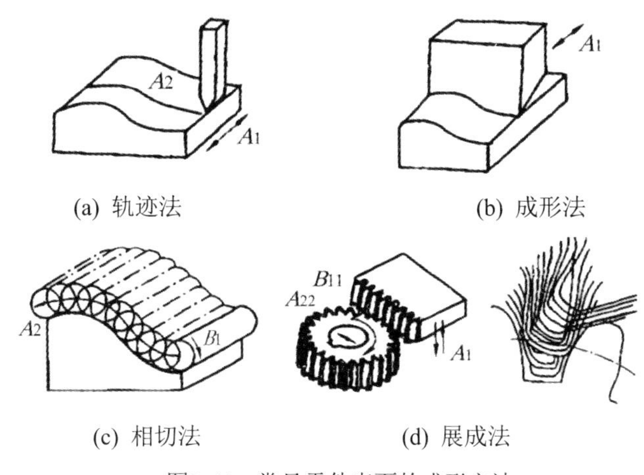

图3-46　常见零件表面的成形方法

二、机械加工的运动

1. 表面成形运动

指保证得到工件表面的形状所需的运动。它是机床上最基本的运动，是机床上的刀具和工件为了形成表面发生线而作的相对运动。根据工件表面形状和成形方法的不同，成形运动有以下类型：

1) 简单成形运动

简单成形运动是独立的成形运动，由最基本的旋转运动或直线运动构成的。如图 3-47 所示，用外圆车刀车削外圆表面时，工件的旋转运动 B_1 和刀具的直线运动 A_1 就是两个简单成形运动。

2) 复合成形运动

复合成形运动是由两个或两个以上简单运动(旋转运动或直线运动)，按照某种确定的运动关系组合而成的。如图 3-48 所示，车削螺纹时形成螺旋线所需刀具和工件之间的相对运动，通常可分解为工件的等速旋转运动 B_{11} 和刀具的等速直线移动 A_{12}，B_{11} 和 A_{12} 不能彼此独立，它们之间必须保持严格的运动关系，即工件每转一转，刀具就均匀地移动一个螺旋线导程。复合运动标注符号的下标中第一位数字表示成形运动的序号，第二位数字表示构成同一个复合运动的单独运动的序号。

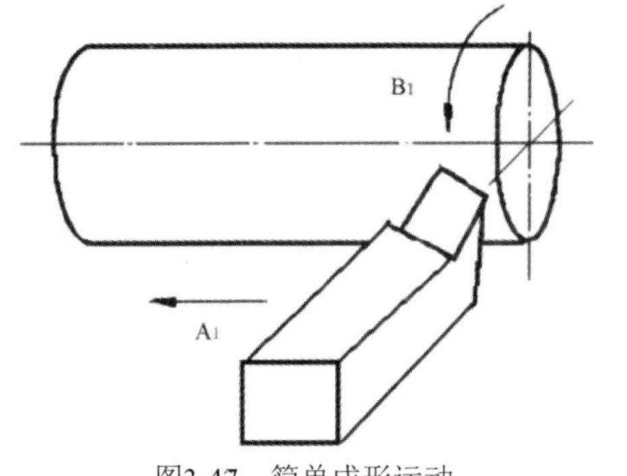

图3-47　简单成形运动

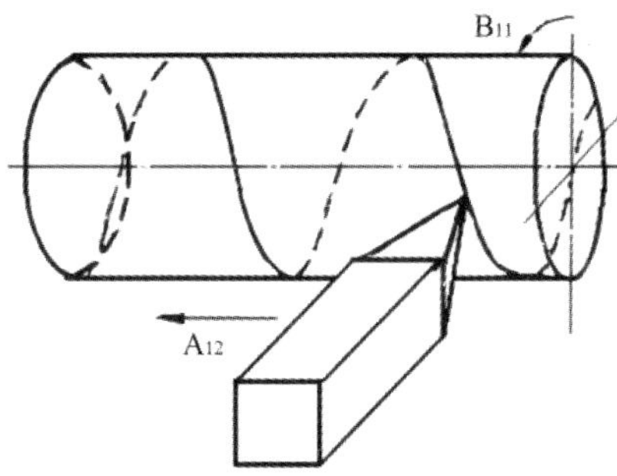

图3-48　复合成形运动

2. 机床运动

机床运动按作用情况不同，可分为主运动、进给运动和辅助运动。

1) 主运动

主运动是使工件与刀具产生相对运动以进行切削的最基本运动。主运动的速度最高，所以消耗的功率最大。主运动可为刀具运动，也可为工件运动；主运动可以是直线运动也可以是旋转运动；切削过程中，主运动只有一个。如图 3-49 所示，用外圆车刀车削端面和外圆表面时，工件的旋转运动为主运动。

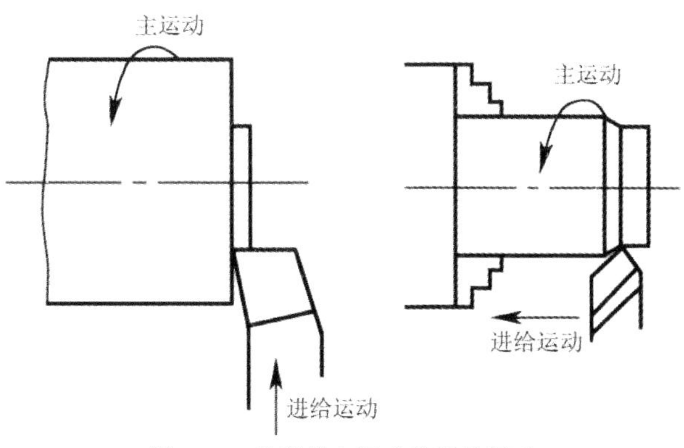

图3-49　车床的主运动和进给运动

2) 进给运动

进给运动是配合主运动实现依次连续不断地切除多余金属层的刀具与工件之间的附加相对运动。进给运动与主运动配合即可完成所需的表面几何形状的加工，进给运动可以是刀具运动，也可以是工件运动。根据工件表面形状成形的需要，进给运动可以是多个，也可以是一个；可以是连续的，也可以是间歇的。如图 3-49 所示，用外圆车刀车削端面和外圆表面时，刀具的直线运动为进给运动。

3) 辅助运动

辅助运动是实现机床的各种辅助动作，为表面成形创造条件。

(1) 空行程运动。指刀架、工作台的快速接近和退出工件等，可节省辅助时间。

(2) 切入运动。指为保证被加工面获得所需尺寸，刀具相对于工件表面的深入运动。

(3) 分度运动。使工件或刀具回转到所需要的角度，多用于加工若干个完全相同的沿圆周均匀分布的表面，也有在直线分度机上刻直尺时，工件相对刀具的直线分度运动。

(4) 操纵及控制运动。包括变速、换向、启停及工件的装夹等。

三、切削用量和切削层参数

1. 切削过程中工件的表面

加工过程中，随刀具与工件的相对运动，工件上切削层金属被切下而形成切削，同时原工件上表面不断被形成的新表面取代，运动中不断变化的工件表面形成已加工表面、待加工表面、过渡表面，如图 3-50 所示。

(1) 待加工表面：工件上有待切除的表面。

(2) 过渡表面：刀具切削刃正在切除的表面。该表面在切削加工过程中不断变化，并且始终处于待加工表面和已加工表面之间。

(3) 已加工表面：工件上经刀具切削后产生的表面。

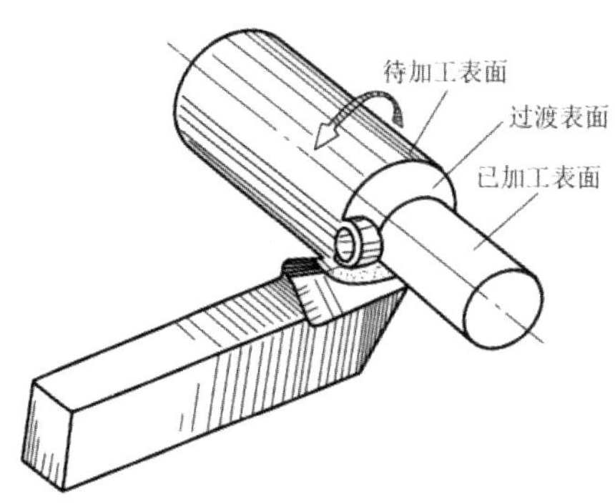

图3-50　切削过程中工件的表面

2. 切削用量

切削过程中，将切削速度、进给运动速度或进给量、背吃刀量等切削要素称为切削用量。

1) 切削速度 v_c

车削时工件加工表面最大直径处的线速度称为切削速度，如图 3-51 所示。计算公式为：

$$v_c = \frac{\pi dn}{1000} \text{或} v_c \approx \frac{dn}{318} \tag{3-1}$$

式中，v_c——切削速度(m/min)；

d——工件待加工表面的直径(mm)；

n——车床主轴每分钟的转速(r/min)。

2) 进给量 f

对于车外圆，f 为工件转一圈，刀具沿工件轴向移动的距离，如图 3-51 所示，单位为 mm/r。

3) 背吃刀量 a_p

背吃刀量指工件上已加工表面和待加工表面间的垂直距离，如图 3-52 所示。车削外圆时的背吃刀量计算公式为：

$$a_p = \frac{d_w - d_m}{2} \tag{3-2}$$

式中，a_p——切削深度(mm)；

d_w——工件待加工表面的直径(mm)；

d_m——工件已加工表面的直径(mm)。

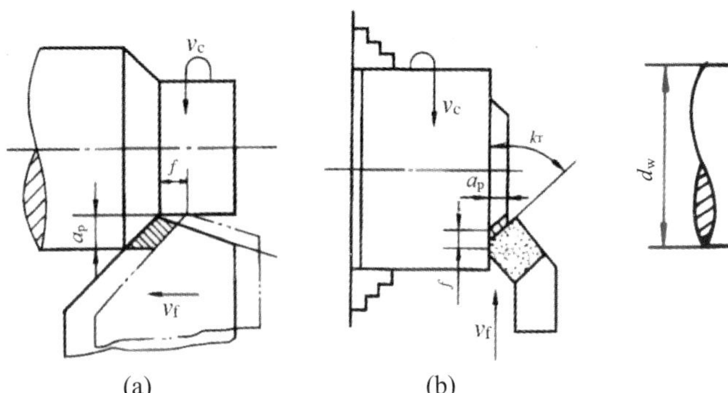

图3-51　切削速度和进给量

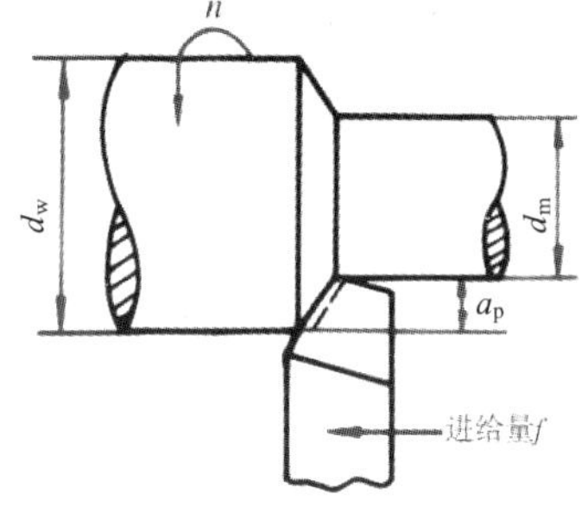

图3-52　背吃刀量

四、车床夹具

车床夹具多安装在车床主轴上，并与主轴一起旋转。车床夹具除了顶尖、拨盘、三爪卡盘、四爪卡盘等通用夹具外，还有针对某一加工对象而设计的专用夹具，如花盘式、角铁式和心轴式车床夹具等。

1. 车床通用夹具

1) 三爪卡盘装夹

三爪卡盘是三爪自定心卡盘的简称，这是车床上最常用的装夹方式。三爪卡盘的结构如图 3-53 所示。用三爪自定心卡盘装夹能自动定心，装夹方便，但定心精度不高(一般为 0.05～0.08mm)，夹紧力较小。适用于装夹截面为圆形、正三角形、正六方形的轴类和盘类零件中的小型零件。

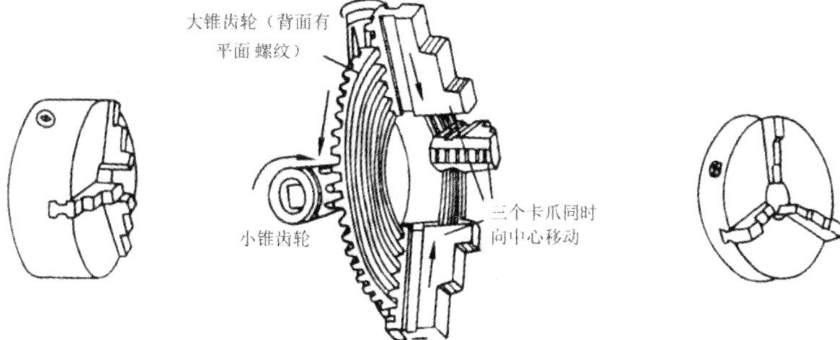

(a) 三爪自定心卡盘外形　(b) 三爪自定心卡盘结构　(c) 反三爪自定心卡盘图

图3-53　三爪自定心卡盘

2) 四爪卡盘装夹

四爪卡盘是卡爪单动卡盘，是车床上常用的夹具之一。其外形如图 3-54(a)所示。它的四个卡爪分别通过四个调整螺钉调整。用四爪卡盘装夹工件的特点是：夹紧可靠、用途广泛，但不能自动定心，要与划线盘、百分表配合进行找正安装工件，如图 3-54(b)所示。通过校正后的工件安装精度较高，夹紧可靠，这种方法适合方形、长方形、椭圆形及各种不规则形状的零件装夹，也用于偏心轴零件的加工。

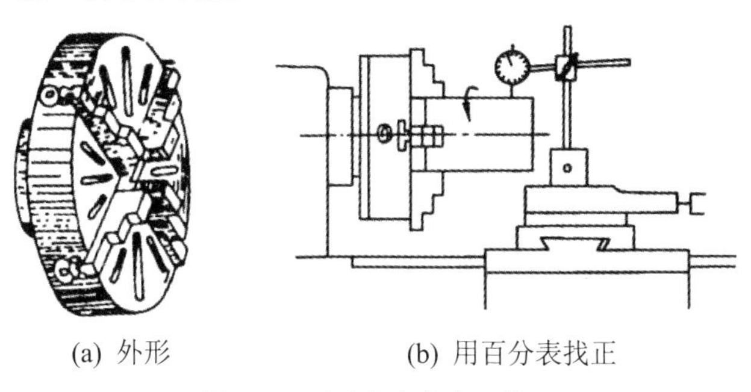

(a) 外形　(b) 用百分表找正

图3-54　四爪卡盘装夹工件

3) 顶尖装夹

较长的轴类零件在加工时常用两顶尖装夹，如图 3-55 所示。工件支承在前后两顶尖之间，工件的一端用鸡心夹头夹紧，由安装在主轴上的拨盘带动旋转。这种方法定位精度高，能保证轴类零件的同轴度。另外，还可用一夹一顶的方法装夹，如图 3-56 所示，将工件一端用主轴上的三爪卡盘或四爪卡盘夹持，另一端用尾座上的顶尖支撑加工细长轴(长径比 $L/D>15$)时，为了防止工件受径向切削力的作用而产生弯曲变形，常用中心架或跟刀架作为辅助支承，以增加工件刚性。这种方法夹紧力较大，适于轴类零件的粗加工和半精加工。但工件调头安装时不能保证同轴度，精加工时应改用两顶尖装夹。

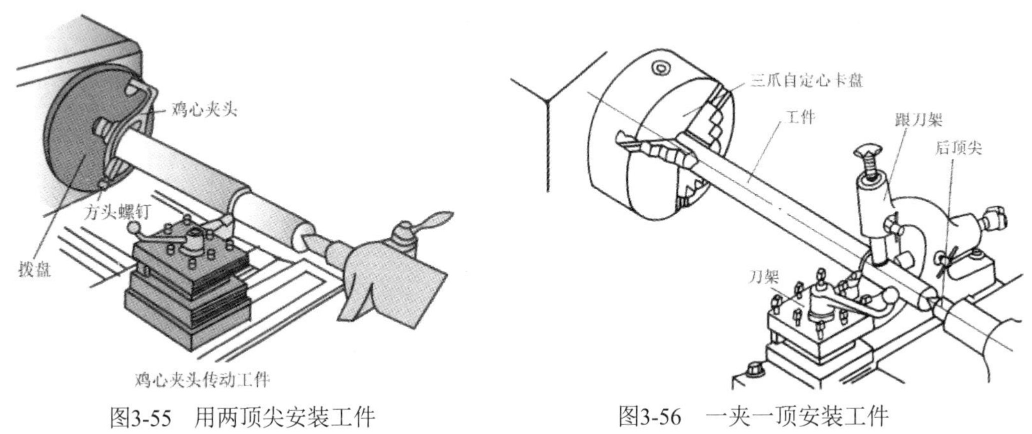

图3-55　用两顶尖安装工件　　图3-56　一夹一顶安装工件

顶尖的结构有两种，一种是固定顶尖，另一种是回转顶尖，如图 3-57 所示。固定顶尖刚性好，定心准确，但与中心孔间因产生滑动摩擦而发热过多，容易将中心孔或顶尖“烧坏”，因此只适用于低速加工精度要求较高的工件。回转顶尖是将顶尖与中心孔间的滑动摩擦改成顶尖内部轴承的滚动摩擦，能在很高的转速下正常工作，克服了固定顶尖的缺点，应用很广泛。但回转顶尖存在一定的装配误差，以及当滚动轴承磨损后，会使顶尖产生跳动，从而降低加工精度。

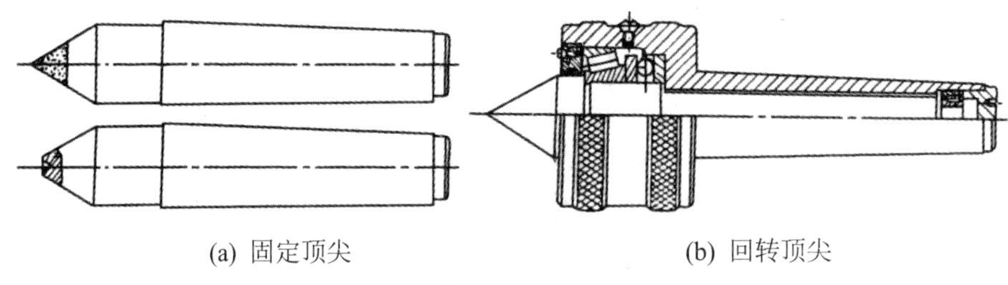

(a) 固定顶尖　　(b) 回转顶尖

图3-57　顶尖

顶尖头部带有 60°锥形尖端，用来顶在工件的中心孔内以支承工件；莫氏锥体的尾部安装在主轴孔或尾座的锥孔内用顶尖安装工件时，需在工件两端用中心钻加工出中心孔，如图 3-58 所示。在用死顶尖安装工件时，中心孔内应加入润滑脂，以减少因滑动摩擦发热而烧伤顶尖或中心孔。

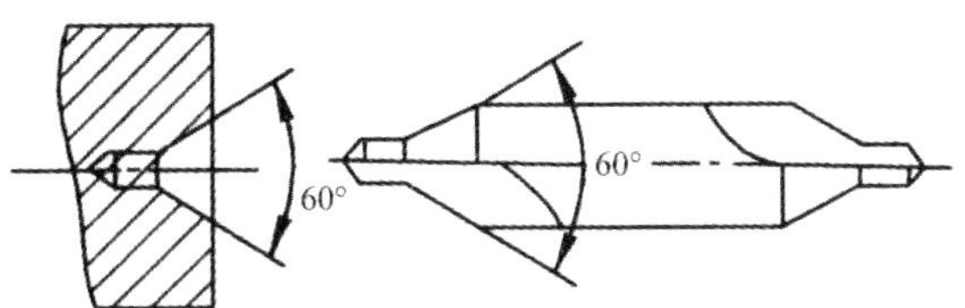

图3-58　顶尖孔

2. 车床专用夹具

1) 车床心轴夹具

简单的车床心轴如图 3-59 所示。

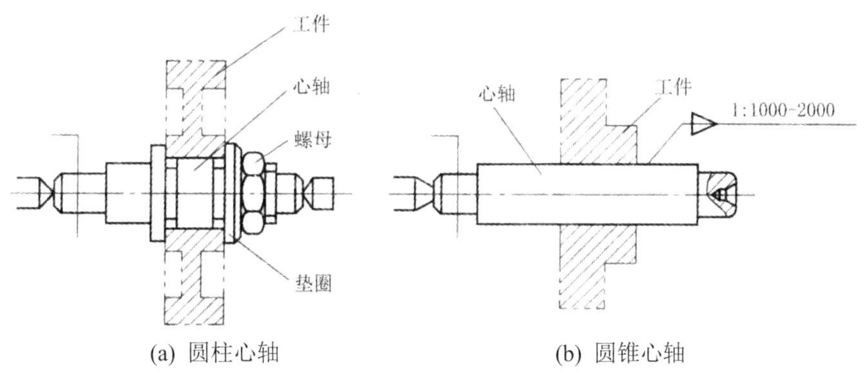

(a) 圆柱心轴　　(b) 圆锥心轴

图3-59　车床心轴夹具

2) 花盘式车床夹具

花盘式车床夹具的夹具体为圆盘形。在花盘式夹具上加工的工件一般形状都比较复杂，多数情况是工件的定位基准为圆柱面和与其垂直的端面。夹具上的平面定位件与车床主轴的轴线垂直。

如图 3-60 所示为回水盖工序图。本工序加工回水盖上 2×G1"螺孔。加工要求：两螺孔轴线的中心距为 78±0.3mm，两螺孔的连心线与 ϕ9H9 两孔的连心线之间的夹角为 45°，两空轴线应与底面垂直。

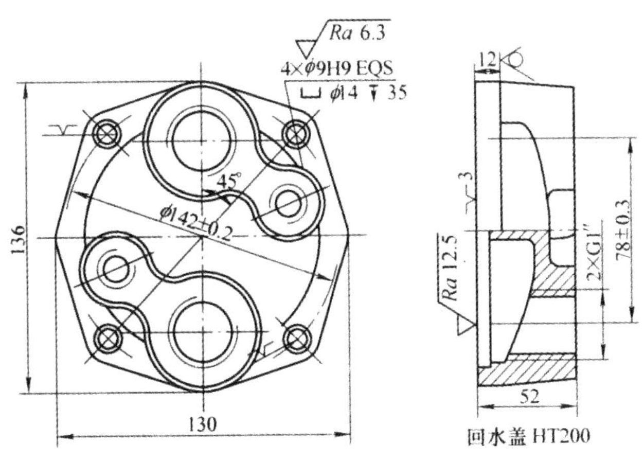

图3-60　回水盖工序图

图 3-61 所示为加工本工序的花盘式车床夹具。工件以底面和 2×ϕ9mm 孔分别在分度盘 3、圆柱销 7 和削边销 6 上定位。拧螺母 9，由两块螺旋压板 8 压紧工件。

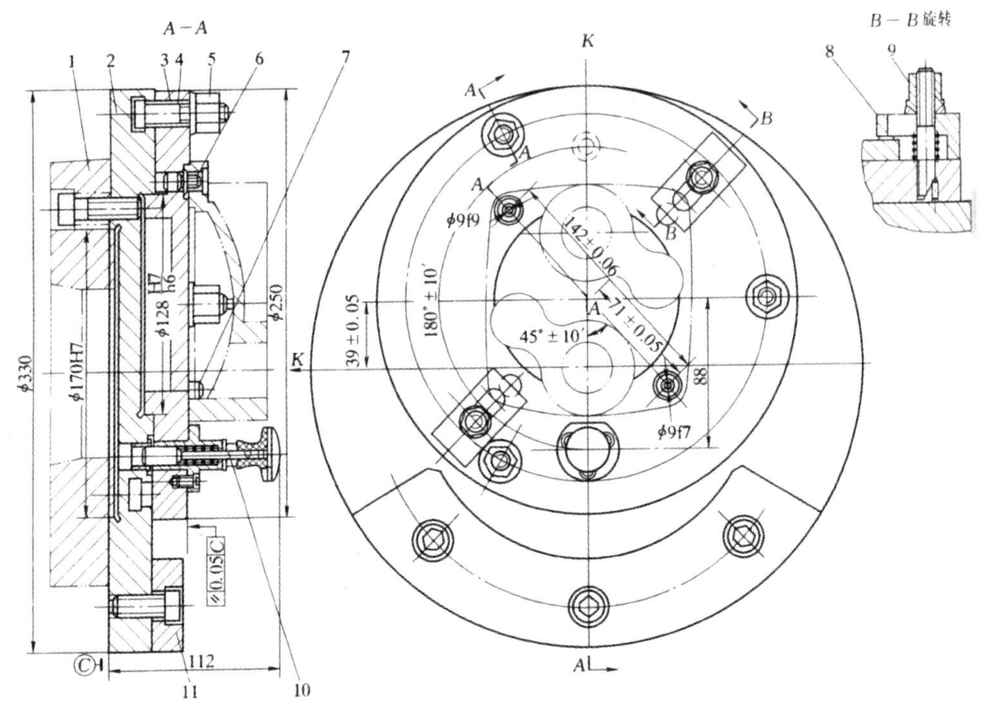

1—过渡盘；2—夹具体；3—分度盘；4—T形螺钉；5、9—螺母；

6—削边销；7—圆柱销；8—压板；10—对定销；11—配重块

图3-61　花盘式车床夹具

车完一个螺孔后，松开三个螺母 5，拔出对定销 10，将分度盘 3 回转 180°，当对定销 10 在弹簧作用下插入另一分度孔中时，即可加工另一个螺孔。

夹具体 2 以端面和止口在过渡盘 1 上定位，并用螺钉紧固。为使整个夹具回转时平衡，夹具上配置了配重块 11。

3) 角铁式车床夹具

夹具体呈角铁状的车床夹具称为角铁式车床夹具，其结构不对称，用于加工壳体、支座、杠杆、接头等零件上的回转面和端面。

图 3-63 为加工图 3-62 所示的开合螺母上 $\phi40_{0}^{+0.027}$ mm 孔的专用夹具。工件的燕尾面和两个 $\phi12_{0}^{+0.019}$ mm 孔已经加工，两孔距离为 38±0.1mm，$\phi40_{0}^{+0.027}$ mm 孔经过粗加工。本道工序为精镗 $\phi40_{0}^{+0.027}$ mm 孔及车端面。加工要求是 $\phi40_{0}^{+0.027}$ mm 孔轴线至燕尾底面 C 的距离为 45±0.05mm，$\phi40_{0}^{+0.027}$ 孔轴线与面 C 的平行度为 0.05mm，加工孔轴线与 $\phi12_{0}^{+0.019}$ mm 孔的距离为 8±0.05mm。为贯彻基准重合原则，工件用燕尾面 B 和 C 在固定支承板 8 及活动支承板 10 上定位(两板高度相等)，限制五个自由度；用 $\phi12_{0}^{+0.019}$ mm 孔与活动菱形销 9 配合，限制一个自由度；工件装卸时，可从上方推开活动支承板 10 将工件插入，靠弹簧力使工件靠近固

定支承板 8，并略推移工件使活动菱形销 9 弹入定位孔 $\phi12_{0}^{+0.019}$ mm 内。采用带摆动 V 形块 3 的回转式螺旋压板机构夹紧。用平衡块 6 来保持夹具的平衡。

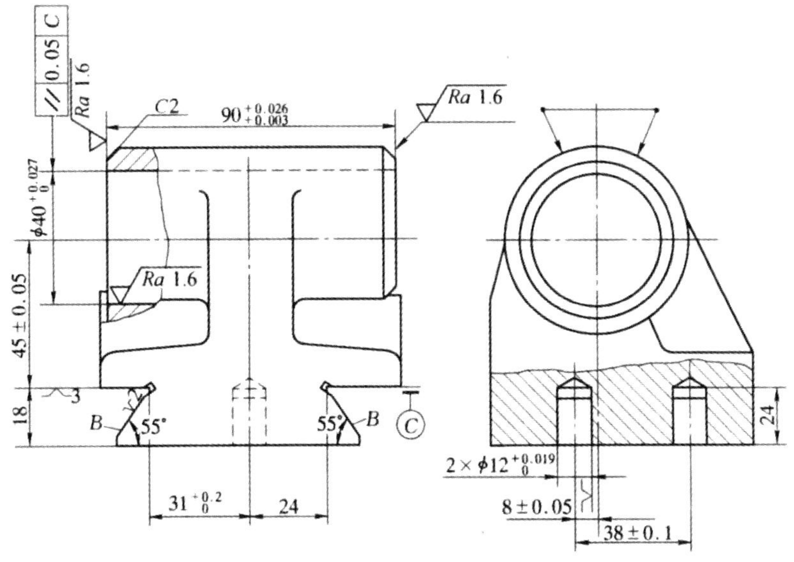

技术要求：$\phi40_{0}^{+0.027}$ mm 的孔轴线对两 *B* 面的垂直度为 0.05 mm

图3-62　开合螺母车削工序图

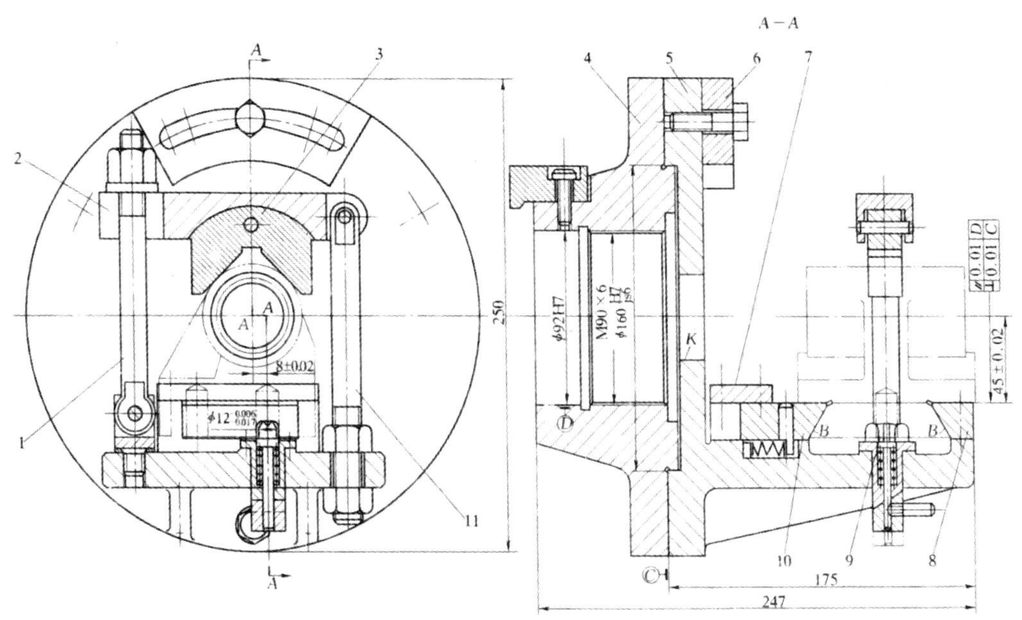

1、11—螺栓；2—压板；3—摆动 V 形块；4—过渡盘；5—夹具体；6—平衡块；7—盖板；8—固定支承板；9—活动菱形销；10—活动支承板

图3-63　角铁式车床夹具

五、车外圆和台阶

外圆柱面是轴和套筒零件的主要组成表面，主要技术要求包括外圆直径的尺寸公差等级、表面粗糙度值、形状和位置精度。当精度要求不高时，可使用车削的方法。

1. 车外圆

车外圆是车削中最基本、最常见的加工方法。外圆车削是通过工件旋转和车刀纵向进给运动来实现的。

1) 工件装夹

常采用自定心卡盘、单动卡盘和两顶尖装夹。

2) 外圆车刀及应用

车外圆的车刀及应用如图3-64所示。尖刀主要车外圆45°弯头刀和右偏刀，既可车外圆又可车端面，应用较为普遍。右偏刀车外圆时径向力很小，常用来车削细长轴的外圆。圆弧刀的刀尖具有圆弧，可用来车削具有圆弧台阶的外圆。各种车刀一般均可用来车倒角。

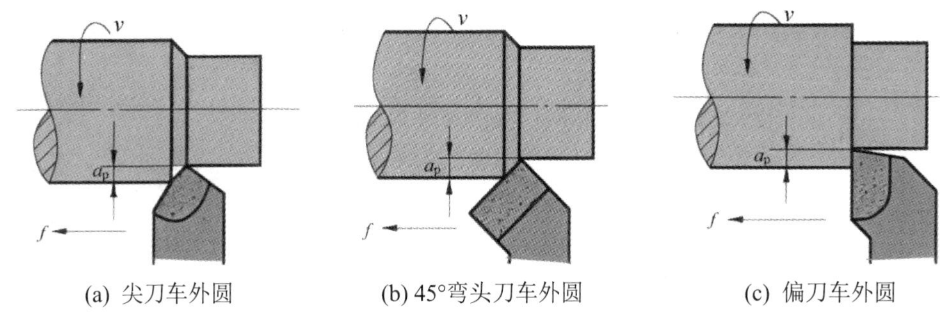

(a) 尖刀车外圆　(b) 45°弯头刀车外圆　(c) 偏刀车外圆

图3-64　车外圆的车刀及应用

3) 外圆车削方法

根据尺寸精度和表面质量的要求，车外圆分为粗车和精车。粗车时，应在充分发挥刀具、机床性能的情况下，背吃刀量尽可能取大一些，并且最好在一次加工行程车完粗车余量。通常背吃刀量取3～12mm，进给量取0.3～1.5mm/r。对于中碳钢，取切削速度v_c=50～70m/min；对于铸铁，取v_c=40～60m/min。

精车可分为高速精车和低速精车。高速精车是采用硬质合金车刀，采用高的切削速度(v_c>120m/min)和小的进给量(f<0.2mm/r)；低速精车则采用高速钢宽刃车刀，低的切削速度(v_c<5m/min)和大的进给量(f=4mm/r)。表面粗糙度Ra值为12.5～6.3μm时，取背吃刀量a_p=1～3mm。表面粗糙度Ra值为3.2～1.6μm时，取背吃刀量a_p=0.05～0.8mm。

4) 外圆车削方法的应用

不同的车削方法获得的尺寸公差等级和表面质量不同。粗车时可达到IT12，Ra=40～20μm；半精车时可达到IT11～IT9，Ra=3.2～1.6μm；精车可达到IT8～IT7，Ra=1.6～0.8μm。

5) 试切作用与方法

(1) 试切的作用。单件小批量生产时，试切是获得尺寸精度的方法。由于中滑板丝杠和螺母的螺距及标尺盘的标尺标记均有一定的制造误差，只按标尺盘定切深，难以保证车削时所需的尺寸公差。因此，需要通过试切来准确控制尺寸。此外，试切也可以防止选错标记而造成废品。

(2) 试切的方法。车外圆的试切方法及步骤如图 3-65 所示。图中 a～e 步是试切的一个循环。如果尺寸合格可开车按背吃刀量 a_{p1} 车削整个外圆。如果未到尺寸，应自第 f 步再次横向进刀定背吃刀量 a_{p2}。重复第 d、第 e 步直到尺寸合格为止。各次所定的背吃刀量 a_{p1}、a_{p2}……均应小于各次直径余量的一半。如果尺寸小，将车刀横向退出一定的距离，再行试切，直至尺寸合格为止。

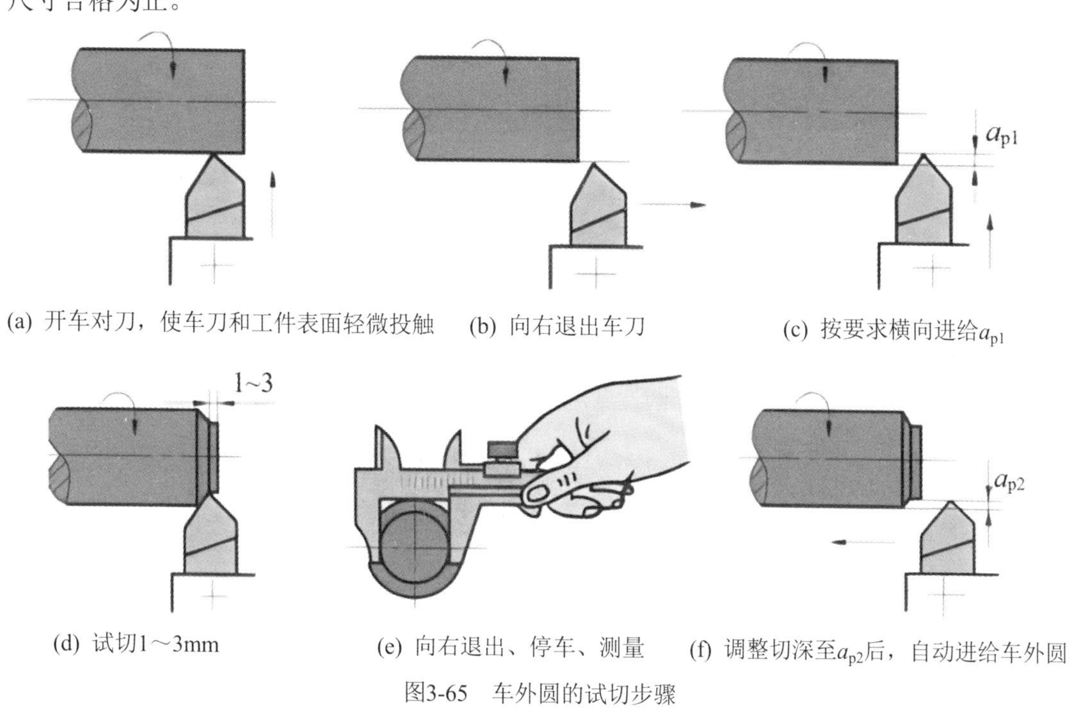

(a) 开车对刀，使车刀和工件表面轻微接触　(b) 向右退出车刀　(c) 按要求横向进给a_{p1}

(d) 试切1～3mm　(e) 向右退出、停车、测量　(f) 调整切深至a_{p2}后，自动进给车外圆

图3-65　车外圆的试切步骤

2. 车台阶

车台阶与车外圆没有显著的区别，但需兼顾外圆的尺寸和台阶的位置。根据相邻两圆柱直径之差，台阶可分为低台阶(高度小于 5mm)与高台阶(高度大于 5mm)两种。

低台阶可用 90°右偏刀车外圆的同时车出台阶的端面。高台阶一般与外圆成直角，需用右偏刀分层车削。在最后一次纵向进给后应转为横向退出，将台阶端面精车一次，如图 3-66 所示。

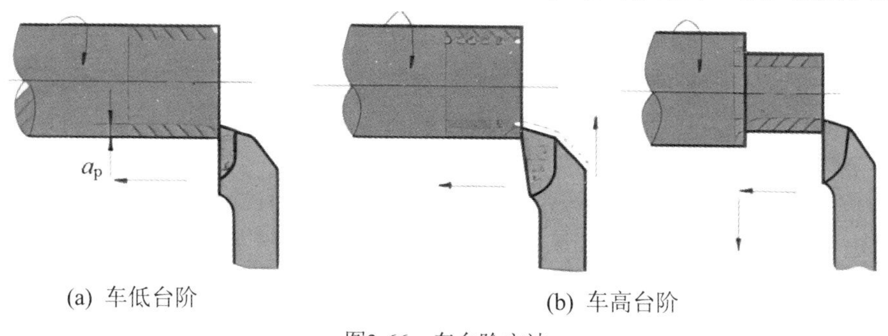

(a) 车低台阶　(b) 车高台阶

图3-66　车台阶方法

在生产单件时，台阶位置用钢直尺控制，用刀尖标尺标记来确定，如图 3-67(a)所示。在成批生产时，可用样板控制，如图 3-67(b)所示。

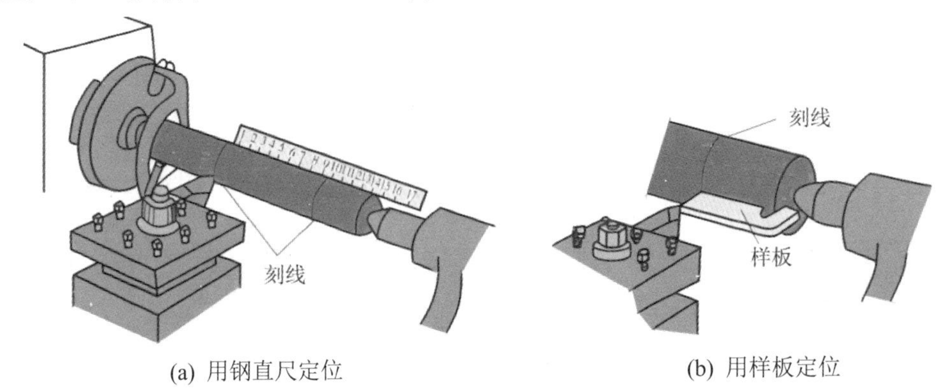

(a) 用钢直尺定位　　(b) 用样板定位

图3-67　台阶位置确定方法

3. 外圆表面的检测

外圆表面直径用游标卡尺、外径千分尺直接测量。

外圆表面形状精度，如圆度、圆柱度可用千分尺间接检测或用圆度仪检测；检测直线度时，可以把工件安放在正摆仪或放在平板上，用百分表或塞尺间接检测。

外圆表面的表面粗糙度值，可用标准样块对照，用肉眼判断或用光学仪器检测。

检测台阶位置一般用钢直尺测量，长度要求精确的台阶常用深度游标尺来检测，如图 3-68 所示。

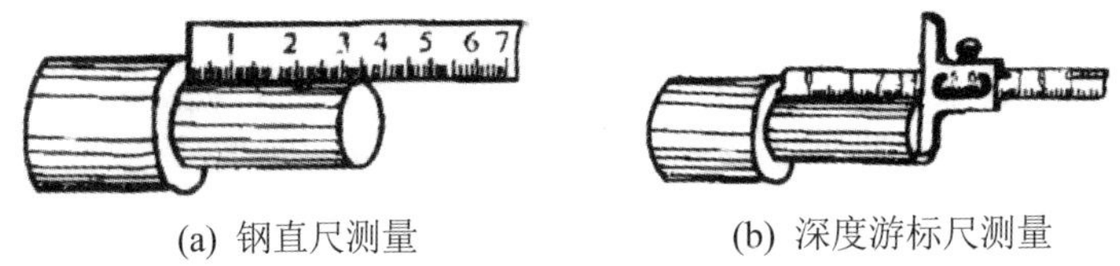

(a) 钢直尺测量　　(b) 深度游标尺测量

图3-68　测量长度

4. 刻度盘的原理和应用

车削工件时，为了正确迅速地控制背吃刀量，可以利用中拖板上的刻度盘。中拖板刻度盘安装在中拖板丝杠上。当摇动中拖板手柄带动刻度盘转一周时，中拖板丝杠也转了一周。这时，固定在中拖板上与丝杠配合的螺母沿丝杠轴线方向移动一个螺距。因此，安装在中拖板上的刀架也移动一个螺距。如果中拖板丝杠螺距为 4mm，当手柄转一周时，刀架就横向移动 4mm。若刻度盘圆周上等分 200 格，则当刻度盘转过一格时，刀架就移动了 0.02mm。

使用中拖板刻度盘控制背吃刀量时应注意以下事项。

(1) 由于丝杠和螺母之间有间隙存在，因此会产生空行程(即刻度盘转动，而刀架并未移动)。使用时必须慢慢把刻度盘转到所需要的位置(图 3-69(a))。若不慎多转过几格，不能简单地退回几格(图 3-69(b))，必须向相反方向退回全部空行程，再转到所需位置(图 3-69(c))。

(2) 由于工件是旋转的，使用中拖板刻度盘时，车刀横向进给后的切除量刚好是背吃刀量的两倍。因此要注意，当测得工件外圆余量后，中拖板刻度盘控制的背吃刀量是外圆余量

的二分之一，而小拖板的刻度值，则直接表示工件长度方向的切除量。

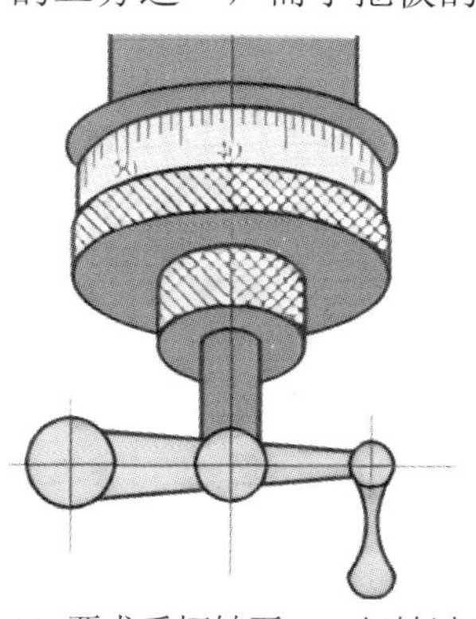

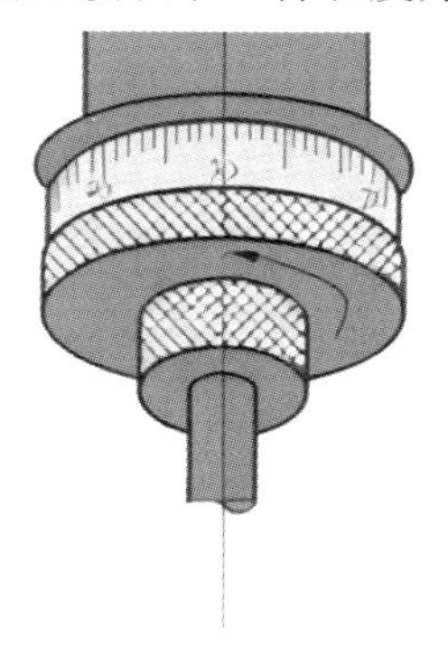

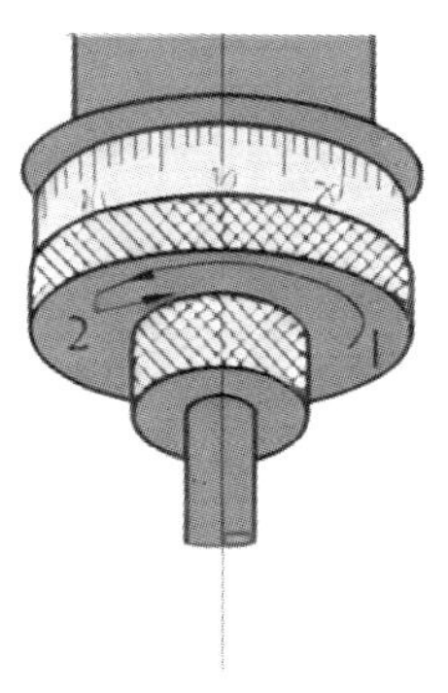

(a) 要求手柄转至30，但转过头成了40　(b) 错误：直接退至30　(c) 正确：反转约一周后再转至所需位置30

图3-69　手柄摇过头后的纠正方法

5. 纵向进给

纵向进给到所需长度时，关停自动进给手柄，退出车刀，然后停车，检验。

6. 车外圆时的质量分析

(1) 尺寸不正确：原因是车削时粗心大意，看错尺寸；刻度盘计算错误或操作失误；测量时不仔细、不准确而造成的。

(2) 表面粗糙度不和要求：原因是车刀刃磨角度不对；刀具安装不正确或刀具磨损，以及切削用量选择不当；车床各部分间隙过大而造成的。

(3) 外径有锥度：原因是吃刀深度过大，刀具磨损；刀具或拖板松动；用小拖板车削时转盘下基准线不对准“0”线；两顶尖车削时床尾“0”线不在轴心线上；精车时加工余量不足造成的。

§ 细节决定成败 §

通过学习车床加工零件，不难发现，每一个细节都会影响产品的最终质量。李克强总理曾经说过，中国经济发展已进入换档升级的中高速增长时期，要支撑经济社会持续、健康发展，实现中华民族伟大复兴的目标，就必须推动中国经济向全球产业价值链中高端升级。他说：“这种升级的一个重要标志，就是让我们享誉全球的‘中国制造’，从‘合格制造’变成‘优质制造’‘精品制造’，而且还要补上服务业的短板。要实现这一目标，需要大批的技能人才作支撑。”

任务实施

1. 小组协作与分工。每组 4～5 人，配备一台卧式车床进行实习，熟悉车床加工运动过程及常用夹具。并讨论以下问题。

(1) 零件表面的成形方法有哪几种？

(2) 车床中的主运动和进给运动分别指哪个运动？

(3) 车床通用夹具有哪些？分别适用于哪些零件？

2. 零件端面和外圆加工操作。车削如图 3-70 所示的零件，选取毛坯为 ϕ55×245mm 圆钢。

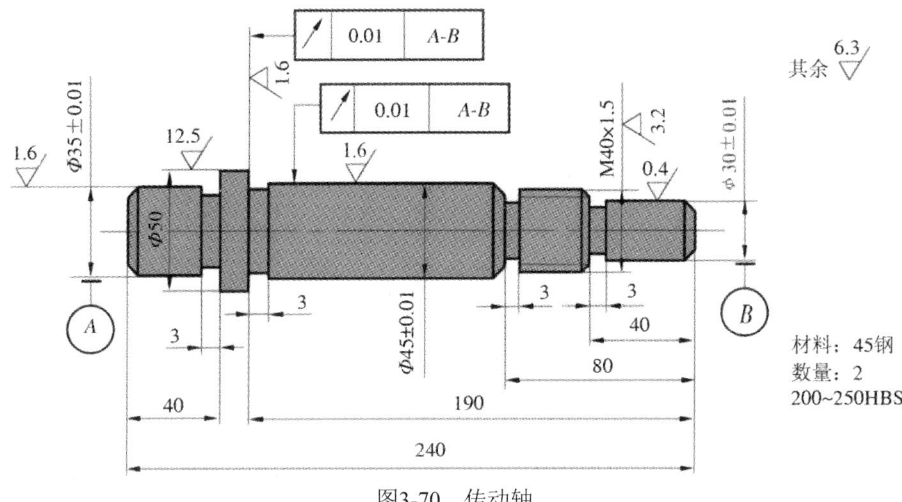

图3-70 传动轴

(1) 零件图要分析。如图 3-70 所示，传动轴主要由外圆、台阶及螺纹构成。除表面尺寸精度和表面质量要求外，ϕ45mm 外圆和台阶端面对 *A-B* 轴径有圆跳动要求，由于要求较高，所以车削后要用磨削的方法来保证。

(2) 在表 3-7 中填写传动轴加工工艺过程。

表3-7 传动轴加工工艺过程

工序号	工种	工序名称及内容	刀具或工具	安装方法

能力拓展

车削加工常见的质量缺陷与预防如表 3-8 所示。

表3-8　车削加工常见质量缺陷与预防

质量缺陷	产生原因	预防方法
工艺系统受力变形		1. 提高工件加工时的刚度； 2. 提高工件安装时的夹紧刚度； 3. 提高车床部件的刚度
工件有圆度超差	1. 工件孔壁较薄，装夹变形； 2. 主轴轴承间隙大，主轴轴套外径与箱体孔配合间隙大，或主轴颈圆度超差	1. 采用液性塑料夹具或留工艺头，以便装夹； 2. 重新调整间隙或修磨主轴颈
工件有圆柱度超差	1. 坯料弯曲； 2. 顶尖顶紧力不当； 3. 工件装夹刚度不够； 4. 刀具在一次进给中磨损或刀杆过细，造成让刀(对孔)； 5. 由车削应力和车削热产生变形	1. 进行校直； 2. 调整顶紧力或改用弹性顶尖； 3. 由前后顶尖顶紧改为卡盘、顶尖夹顶或用跟刀架、托架支撑等以增加工件加工刚度； 4. 降低车削速度，提高刀具耐磨性，增加刀杆钢度； 5. 消除应力，并尽可能提高车削速度和进给量，加强冷却润滑
锥度和尺寸超差	1. 车刀刀尖与工件轴线没对准。 2. 刀架转角或尾座偏移有误差	
表面粗糙度太大	1. 润滑不良，切削液过滤不好或选用不当； 2. 工件金相组织不好； 3. 刀具刃磨不良或刀尖高于工件轴线	重新刃磨刀具，使刀尖位置与工件轴线等高或略低，对于孔应略高于工件轴线
端面垂直度和平面度超差	1. 主轴轴向窜动； 2. 大滑板上下导轨不垂直而引起端面凹凸	1. 调整主轴轴承和消除轴肩端面跳动； 2. 修刮大滑板上导轨和调整中溜板镶条间隙
出现混乱波纹现象的产生	1. 主轴轴向窜动大或主轴轴承磨损严重； 2. 卡盘法兰与主轴配合松动，方刀架底面与刀架滑板接触不良，中、小滑板间隙过大	1. 换轴承； 2. 修刮调整
重复出现定距波纹	1. 进给系统传动齿轮啮合间隙不正常或损坏； 2. 大滑板纵向两侧压板与床身导轨间隙过大； 3. 光杠弯曲，支承光杠的孔与光杠的同轴度超差或杠与床身导轨不平行	1. 将间隙调整适当； 2. 找正校直，调平行

项目四

铣削加工技术

任务八　认识铣床

知识目标

1. 了解铣床的种类；
2. 掌握铣床加工工艺范围；
3. 掌握铣床主要部件结构及其作用。

能力目标

1. 会根据需要调整铣床各手柄的位置；
2. 能严格按照铣床操作规范，操作卧式铣床。

素质目标

1. 具有安全文明生产和环境保护意识；
2. 具有严谨认真和精益求精的职业素养。

任务描述

铣床主要指用铣刀对工件多种表面进行加工的机床。铣床可以加工平面(水平面、垂直面等)、沟槽(键槽、T 形槽、燕尾槽等)、多齿零件上齿槽(齿轮、链轮、棘轮、花键轴等)、螺旋形表面(螺纹和螺旋槽)及各种曲面。此外，铣床还可以用于加工回转体表面及内孔，以及进行切断工件等。铣床最早是由美国人 E.惠特尼于 1818 年创制的卧式铣床。为了铣削麻花钻头的螺旋槽，美国人 J.R.布朗于 1862 年创制了第一台万能铣床，为升降台铣床的雏形。1884

年前后出现了龙门铣床。20 世纪 20 年代出现了半自动铣床，工作台利用挡块可完成“进给—快速”或“快速—进给”的自动转换。1950 年以后，铣床在控制系统方面发展很快，数字控制的应用大大提高了铣床的自动化程度。尤其是 20 世纪 70 年代以后，微处理机的数字控制系统和自动换刀系统在铣床上得到应用，扩大了铣床的加工范围，提高了其加工精度与效率。本任务重点学习铣床的主要部件结构及作用、加工范围和操作方法。如图 4-1(a)所示为 19 世纪 80 年代大清国与大德意志帝国合造的立式铣床，如图 4-1(b)所示为常见铣床。

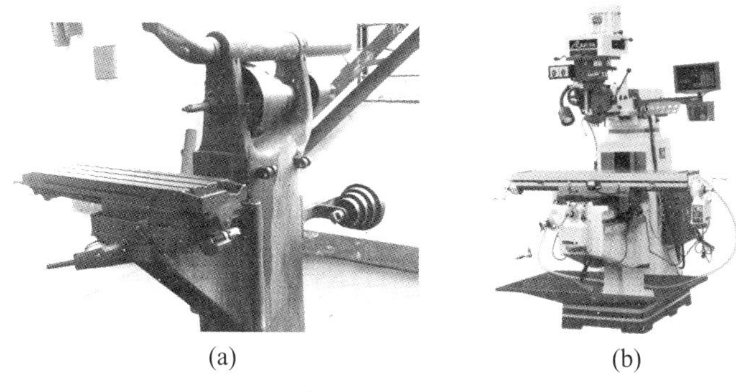

(a)　　(b)

图4-1　常见铣床

知识链接

一、铣床种类

1. 升降台铣床

立式铣床动画

铣床的种类很多，常用的是升降台铣床，它的主要特征是有沿床身垂直导轨运动的升降台，工作台可随着升降台作上下(垂直)运动。工作台本身在升降台上面又可作纵向和横向运动。这类铣床按主轴位置可分为卧式万能升降台铣床和立式升降台铣床两种，如图 4-2 和图 4-3 所示。主要用于加工中小型零件，其应用最广。

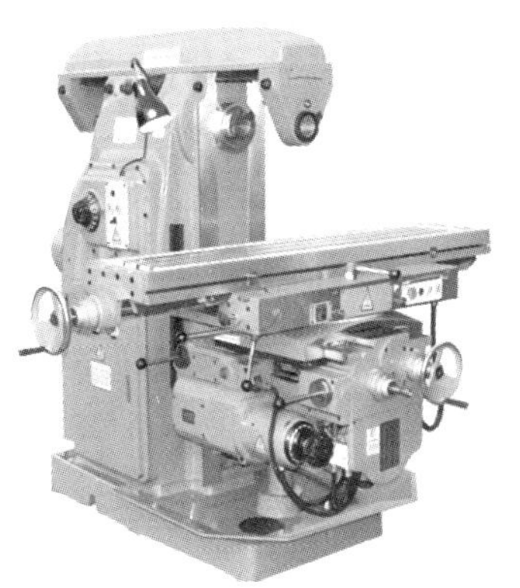

图4-2　卧式万能升降台铣床

图4-3　立式升降台铣床

卧式铣床铣削时，铣刀用刀轴安装在主轴上，绕主轴轴心线作旋转运动；工件和夹具装夹在工作台台面上作进给运动，机床纵向工作台可按工作需要在水平面上作45°范围内的左右转动。

立式铣床安装主轴的部分称为立铣头，立铣头与床身结合处呈转盘状，并有刻度，铣刀安装在主轴上。立铣头可按工作需要在垂直方向上左右扳转一定的角度。

2. 工作台不升降铣床

工作台不升降铣床的工作台及滑座支承在机床床身上只作纵横两个方向的运动，主轴箱(或铣头)在立柱上作升降运动。因此刚性比较好，适用于高速切削或加工比较重和大尺寸的工件。目前，工作台不升降铣床的基本布局主要有下列两种形式。

1) 十字工作台式

这种铣床工作台完成纵横两个方向的移动，铣头可以沿立柱上的导轨作上下移动。它主要由床身、立柱、横向滑板、工作台、垂直滑板、铣头、操作盘等组成。

2) 立柱移动式

这种铣床的工作台只作纵向移动，横向移动由立柱完成，铣头沿立柱导轨作垂直移动。

3. 龙门铣床

如图4-4所示，龙门铣床是一种大型铣床，具有龙门式的框架，适用于加工大型工件上的平面和沟槽。通用的龙门铣床一般在龙门式的框架上有3～4个铣头。每个铣头都是一个独立的主运动部件，其中包括单独的电动机、变速机构、传动机构、操纵机构及主轴等部分。铣头可分别在横梁和立柱上移动，用以作横向或垂直进给运动及调整运动，铣刀可沿铣头的主轴套筒移动，实现轴向进给运动。横梁可沿立柱作垂直调整运动。加工时，工作台带动工件作纵向进给运动，工件从铣刀下通过后，就被加工出来。龙门铣床刚度高，可以用多个铣头同时加工多个工件或几个表面。因此，龙门铣床的生产率比较高，特别适用于批量生产。

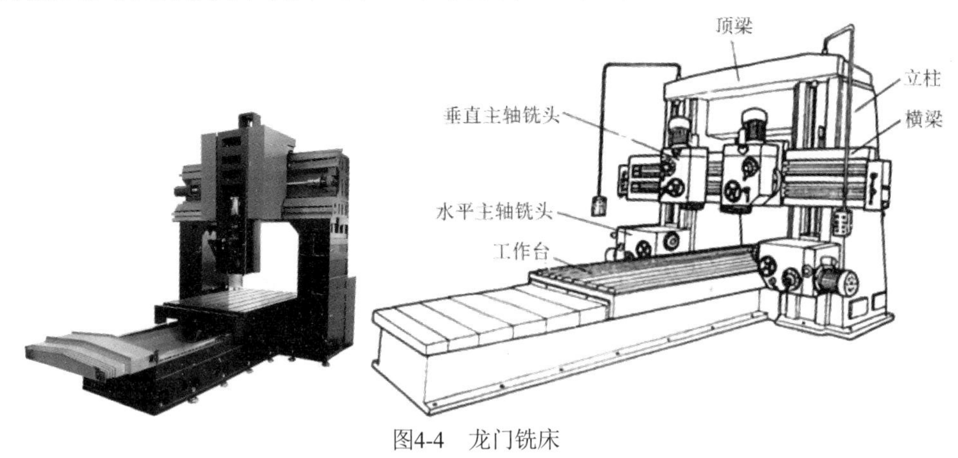

图4-4　龙门铣床

二、铣床加工工艺范围

铣削加工以铣刀旋转为主运动，工件作切削进给运动，从而不断从工件表面切除多余的材料形成加工表面。铣削加工的主要特点是用多刃铣刀进行切削，可采用较大的切削用量，故生产率较高。铣床的加工范围很广，可以加工各种形状复杂的零件，如图 4-5 所示。

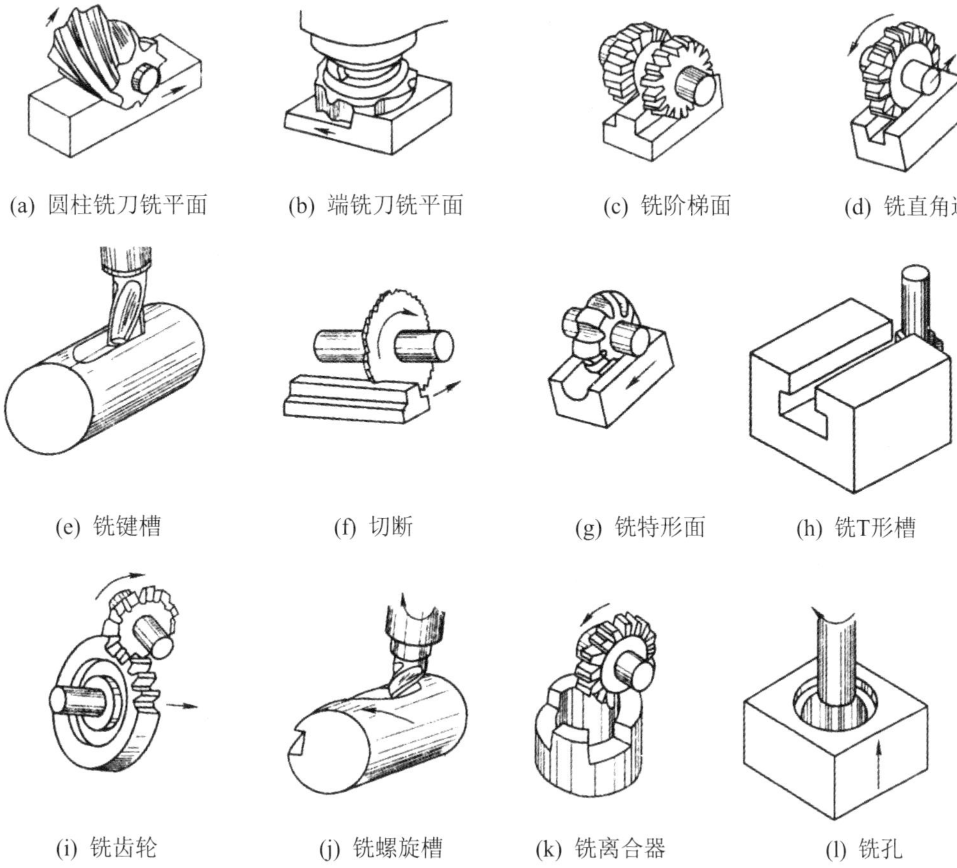

(a) 圆柱铣刀铣平面
(b) 端铣刀铣平面
(c) 铣阶梯面
(d) 铣直角通槽
(e) 铣键槽
(f) 切断
(g) 铣特形面
(h) 铣T形槽
(i) 铣齿轮
(j) 铣螺旋槽
(k) 铣离合器
(l) 铣孔

图4-5　铣削加工的基本内容

三、X6132 卧式万能升降台铣床

1. X6132 型铣床型号

铣床型号 X6132 具体含义如下：

X
61
32
机床类别，铣床类
组、系别，卧式万能升降台铣床
主参数，工作台面宽 320mm

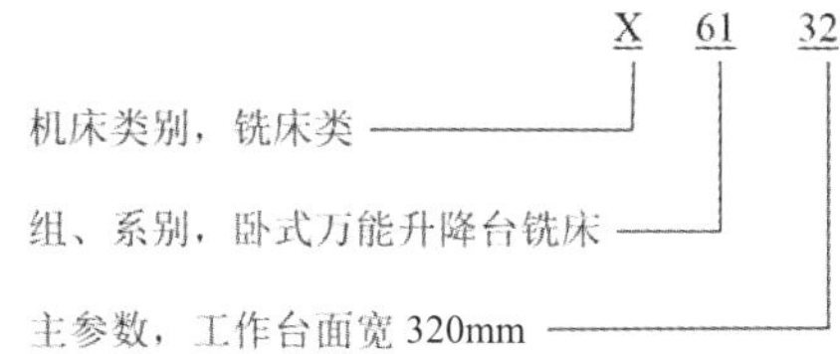

2. 铣床结构

如图 4-6 所示为 X6132 型铣床，它是国产铣床中最典型、应用最广泛的一种卧式万能升降台铣床。X6132 型铣床的主要特征是铣床主轴轴线与工作台台面平行。结构完善，变速范

围大，刚性较好，操作方便，有纵向进给间隙自动调节装置，工作台可以回转 45°，工艺范围较广。

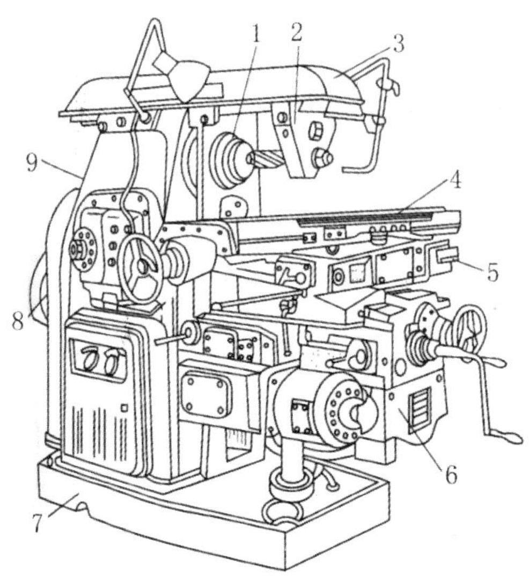

1—主轴；2—挂架；3—横梁；4—纵向工作台；5—横向工作台；
6—升降台；7—底座；8—主传动电动机；9—床身

图4-6　X6132型卧式万能升降台铣床的组成

(1) 主轴变速机构如图 4-7 所示，主轴变速机构安装在床身内，其功能是将主电动机的额定转速通过齿轮变速机构变换成 30～1500r/min 的 18 种不同转速，以适应不同条件下铣削加工的需要。

(2) 床身如图 4-8 所示，床身是机床的主体，用来安装和连接机床其他部件。床身正面有垂直导轨，可引导升降台做上、下移动。床身顶部有燕尾形水平导轨，用以安装悬梁并按需要引导悬梁做水平移动。床身内部装有主轴和主轴变速机构。

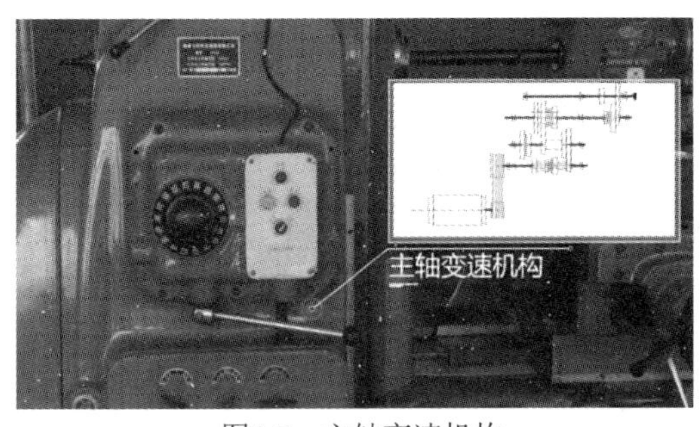

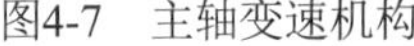
图4-7　主轴变速机构

图4-8　床身

(3) 悬梁如图 4-9 所示，悬梁可沿床身顶部燕尾形导轨移动，并按其需要调节伸出床身的长度，悬梁上可安装刀杆支架。

(4) 主轴如图 4-10 所示，主轴是一前端带锥孔的空心轴，锥孔的锥度为 7∶24，如图 4-11 所示，用来安装铣刀杆和铣刀。

(5) 刀杆支架如图 4-12 所示，刀杆支架安装在悬梁上，用来支撑刀杆的外端，增强刀杆的刚度。

图4-9　悬梁

图4-10　主轴

图4-11　主轴前端7:24锥孔

图4-12　刀杆支架

(6) 工作台如图 4-13 所示，工作台用来安装铣床夹具和工件，铣削时带动工件实现各种进给运动。

(7) 滑鞍如图 4-14 所示，滑鞍在铣削时带动工作台完成横向进给运动，在滑鞍与工作台之间设有回转盘，可以使工作台在水平面内做±45°范围内回转，如图 4-15 所示。

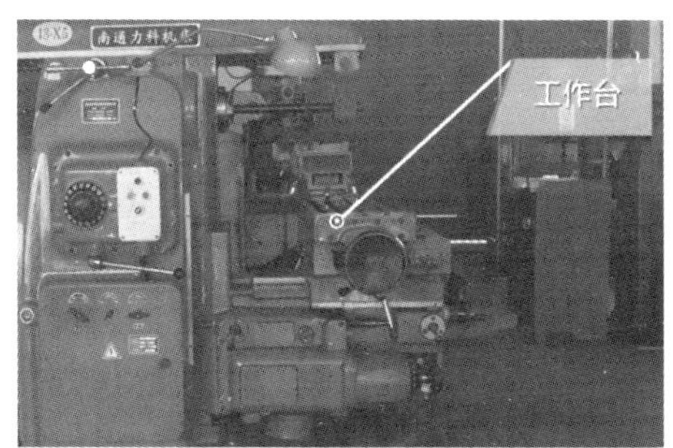

图4-13　工作台

图4-14　滑鞍

图4-15　滑鞍±45°范围内回转

(8) 升降台如图 4-16 所示，升降台用来支撑滑鞍和工作台，带动工作台上下移动。

(9) 进给变速机构如图 4-17 所示，进给变速机构用来调整和变换工作台的进给速度，以适应铣削的需要。

图4-16　升降台

图4-17　进给变速机构

(10) 底座用来支承床身，用来承受铣床的全部重量。

四、铣床主要部件结构及作用

1. 主轴部件结构

如图 4-18 所示，主轴是一空心轴，前端有 7∶24 锥度锥孔和精密定心外圆柱面，主轴端面嵌有两个端面键 8。刀具和刀杆以锥柄与锥孔配合定心，并由从尾部穿过中心孔的拉杆拉紧。铣刀锥柄上开有与端面键相配的缺口，以使主轴经端面键传递扭矩。

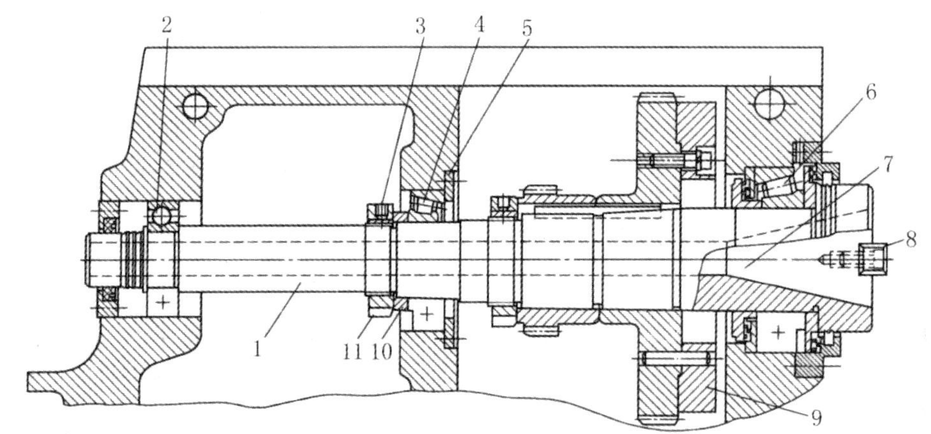

1—主轴；2—后支承；3—紧固螺钉；4—中间支承；5—轴承盖；6—前支承；7—主轴前锥孔；8—端面键；9—飞轮；10—隔套；11—螺母

图4-18　主轴部件结构

主轴采用三支承结构，以提高刚度。前支承采用圆锥滚子轴承，用来承受径向力和向左的轴向力；中间支承采用圆锥滚子轴承，用于承受径向力和向右的轴向力；后支承用深沟球轴承，只承受径向力。

主轴的回转精度主要由前支承和中间支承保证，后支承只起辅助作用。调整机床主轴间隙时，先移开悬梁再拆下床身盖板，露出主轴部件，然后拧松中间支承左侧螺母 11 上的紧固螺钉 3，扳动螺母 11，用一短铁棍通过主轴前端的端面键 8 扳动主轴顺时针旋转，使中间轴承的内圈向右移动，从而使中间轴承的间隙得以消除。调整后，主轴应以 1500r/min 的转速试运转 1h，轴承温度不得超过 60°。

飞轮 9 用螺钉和定位销与大齿轮紧固在一起，利用它在高速旋转中的惯性，缓和铣削过程中铣刀齿断续切削加工产生的冲击振动。

2. 孔盘变速操纵机构

X6132 型铣床的主运动及进给运动的变速均采用孔盘变速操纵机构。图 4-19 为利用孔盘变速操纵机构控制三联齿轮的原理图。孔盘变速操纵机构主要由孔盘 4、齿条轴 2 和 2'、齿轮 3 及拨叉 1 组成(图 4-19(a))。孔盘上划分了几组直径不同的圆周，每个圆周又划分为 18 等分，根据变速时滑移齿轮不同位置的要求，这 18 个位置有三种状态，分别为大孔、小孔、无孔。齿条轴上加工出直径分别为 *D* 和 *d* 的两段台肩，它们分别可以穿过孔盘的大孔和小孔。变速时，先将孔盘右移退离齿条轴，然后使孔盘转过变速要求的角度，再将其左移复位。孔盘复位时，齿条轴通过在孔盘上大孔、小孔、无孔三个位置处的变化，使滑移齿轮获得三种不同位置，从而达到变速目的。三种工作状态分别为：

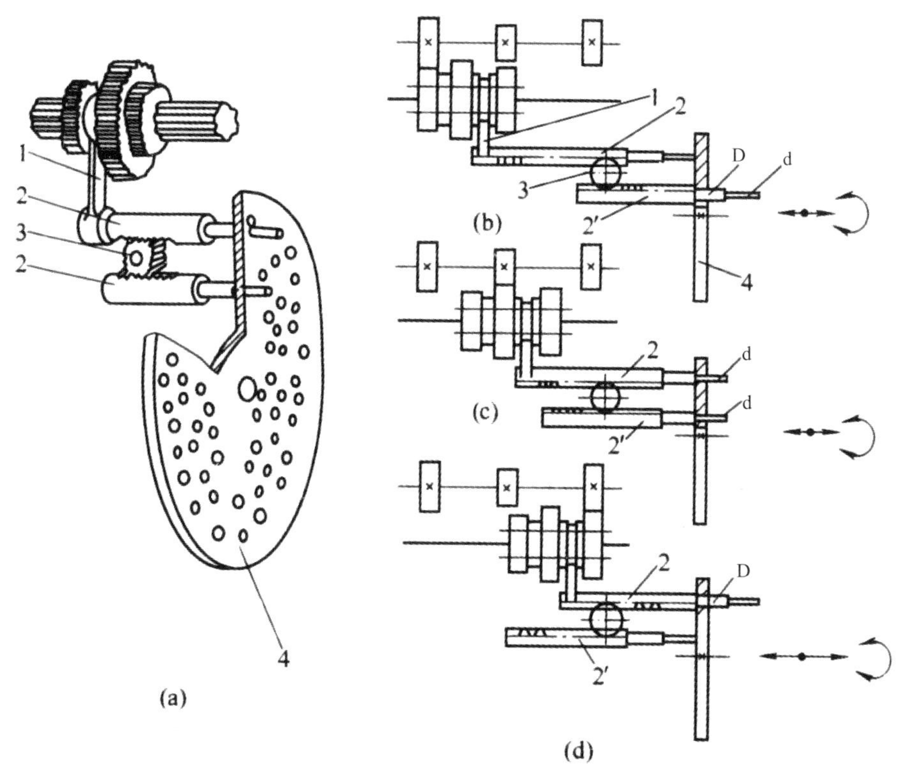

1—拨叉；2、2'—齿条轴；3—齿轮；4—孔盘

图4-19　孔盘变速操纵机构工作原理图

(1) 孔盘上对应齿条轴 2 的位置无孔，对应齿条轴 2'的位置为大孔。孔盘复位时，向左

顶齿条轴 2，并通过拨叉将三联滑移齿轮推到左位。齿条轴 2′ 则在齿条轴 2 及齿轮 3 的共同作用下右移，台肩 D 穿过孔盘上的大孔(图 4-19(b))。

(2) 孔盘上对应两齿条的位置均为小孔，齿条轴上的小台肩 d 穿过孔盘上的小孔，两齿条均处于中间位置，从而通过拨叉使滑移齿轮处于中间位置(图 4-19(c))。

(3) 孔盘上对应齿条轴 2 的位置为大孔，对应齿条轴 2'的位置无孔，这时孔盘顶齿条轴 2'左移，通过齿轮 3 使齿条轴 2 的台肩 D 穿过大孔右移，并使齿轮处于右位(图 4-19(d))。

3. 主轴变速操纵机构的结构及操作

X6132 型万能升降台铣床的变速操纵机构立体示意图如图 4-20 所示。变速时，将手柄 1 向外拉出，使手柄 1 绕销 3 摆动脱开定位销 2，然后逆时针转动手柄 1 约 250°，经操纵盘 5、平键带动齿轮套筒 6 转动，再经齿轮 9 使齿条轴 10 向右移动，其上拨叉 11 拨动孔盘 12 右移，脱离齿条轴，做好孔盘转位准备；按所需主轴转速转动速度盘 4，经心轴、一对锥齿轮使孔盘 12 转过相应的角度(由速度盘 4 的速度标记确定)。最后反向转动手柄时，通过齿条轴 10，由拨叉将孔盘 12 向左推入，推动各组变速齿条轴作相应的位移，改变三个滑移齿轮的位置，实现变速，当手柄 1 转回原处并由定位销 2 定位时，各滑移齿轮达到正确的啮合位置。

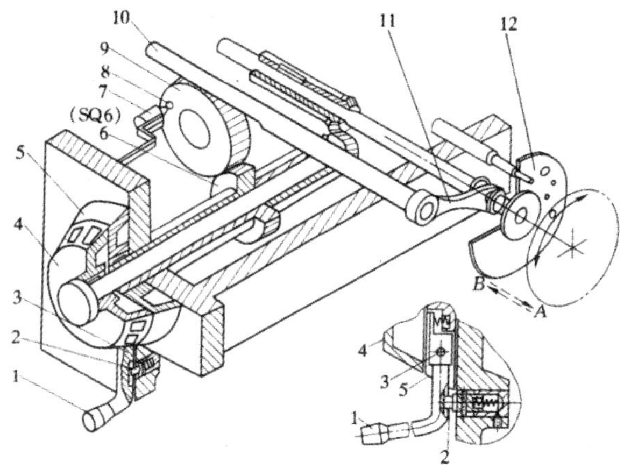

1—手柄；2—定位销；3—销；4—速度盘；5—操纵盘；6—齿轮套筒；7—微动开关；8—凸块；9—齿轮；10—齿条轴；11—拨叉；12—孔盘

图4-20　主轴变速操纵机构立体图

变速时，为了使滑移齿轮在移位过程中易于啮合，变速机构中设有主电动机瞬间冲动控制。变速操纵过程中，齿轮 9 上的凸块 8 压动微动开关 7，瞬间接通主电动机，使之产生瞬时点动，带动传动齿轮慢速转动，使滑移齿轮容易进入啮合。

4. 工作台顺铣机构原理

用于工作台运动的丝杠螺母机构使用一段时间后，由于磨损要产生间隙。顺铣时，水平切削分力会使工作台产生窜动，严重时会磨损刀具。为了解决顺铣时工作台窜动的问题，X6132 型万能升降台铣床设有顺铣机构，其结构如图 4-21 所示。调整时先打开工作台底座上的盖板 3，再拧紧螺钉 2，然后顺时针转动蜗杆 1，带动螺母转动。在螺母 5 没有转动时，丝杠与螺母的间隙存在情况如图 4-21(b)所示。当螺母转动时，因为螺母 5 是固定的，所以冠状齿轮 4 与螺母 5 的端面互相抵紧，迫使冠状齿轮 4 推动丝杠 6 向左移动，直至丝杠螺纹的右侧与冠状齿轮 4 贴紧，而左侧与螺母 5 贴紧，如图 4-21(c)所示。

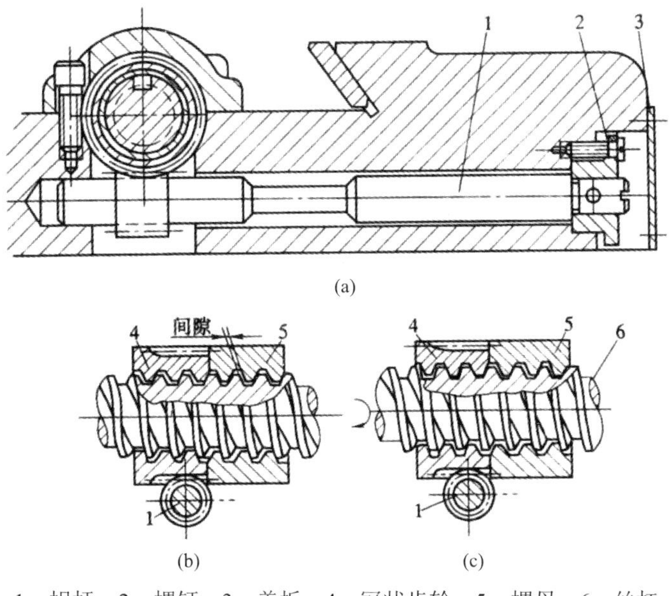

1—蜗杆；2—螺钉；3—盖板；4—冠状齿轮；5—螺母；6—丝杠

图4-21　顺铣机构原理图

由此可见，顺铣机构可在顺铣时自动消除丝杠与螺母之间的间隙，不会产生轴向窜动的现象，保证了顺铣的加工质量。

五、铣床附件——万能分度头

分度头是铣床的主要附件，利用分度头可完成对工件圆周的等分和非等分的划分以及直线长度划分。当把分度头用交换齿轮机构与铣床工作台的运动联系起来时，工件可进行螺旋运动。因此，花键轴、离合器、齿轮、齿条、螺旋槽刻线时，都要使用分度头。分度头有简单分度头、万能分度头和光学分度头等，其中万能分度头的使用最广泛。

1. 万能分度的结构

如图 4-22 所示为 FW125 型万能分度头的外形及其传动系统。分度头主轴 2 安装在鼓形壳体 4 内，壳体 4 用两侧的轴颈支承在底座上的环形导轨传动，主轴轴线以水平位置为基准，可在-6°至水平线以上 90°范围内调整角度。主轴是一圆锥通孔，可安装心轴。转动分度手柄 K，经传动比为 1∶1 的齿轮和 1∶40 的蜗杆副，可使主轴回转到所需要的分度位置。

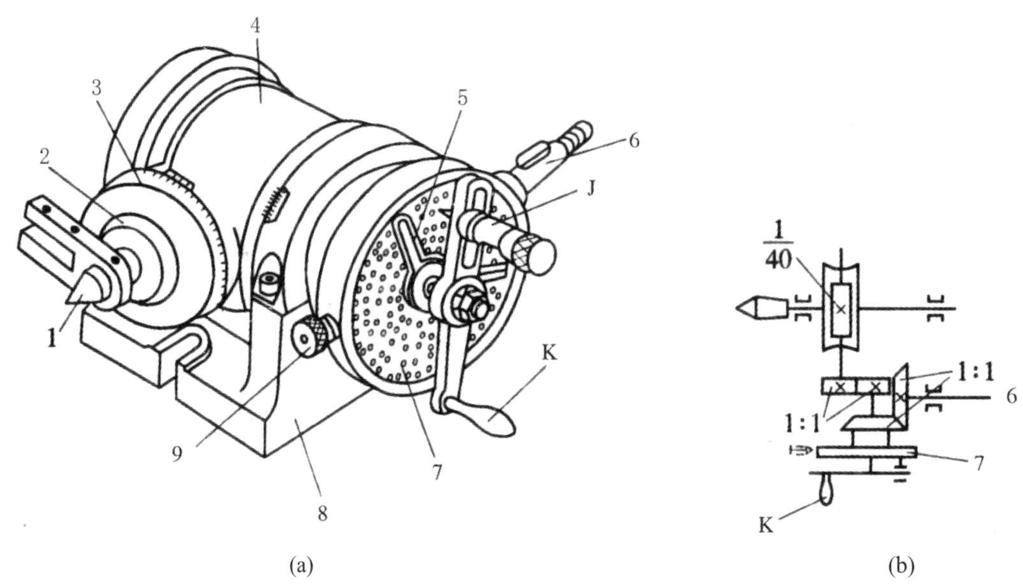

1—顶尖；2—分度头主轴；3—刻度盘；4—壳体；5—分度叉；6—分度头外伸轴；
7—分度盘；8—底座；9—锁紧螺钉；J—插销；K—分度手柄

图4-22　FW125型万能分度头的外形

2. 分度盘、分度叉的作用

(1) 分度盘用来解决分度手柄不是整圈转数的分度。一般分度头都配有 1~3 块分度盘，每块分度盘一般两面都有分度孔圈。各种分度盘的孔数见表 4-1。

表4-1　各种分度盘的孔数

分度头形式	分度盘的孔数	
带一块分度盘	正面：24、25、28、30、34、37、38、39、41、42、43 反面：46、47、49、51、53、54、57、58、59、62、66	
带两块分度盘	第一块	正面：24、25、28、30、34、37 反面：38、39、41、42、43
	第二块	正面：46、47、49、51、53、54 反面：57、58、59、62、66
带三块分度盘	第一块：15、16、17、18、19、20 第二块：21、23、27、29、31、33 第三块：37、39、41、43、47、49	

(2) 分度叉的作用是在分度手柄转过需要的调整周数后，能够迅速准确地转过余下的孔距数，其外形如图 4-23 所示。分度叉间的夹角可在 360°范围内任意调节。两叉间在选定孔圈上所含的孔距数应与计算的孔距数相同。

使用分度叉时，先将分度手柄放置在定位销两侧，其中一侧与定位销接触。沿分度手柄的转动方向转动分度叉，使之转过整周数余下的孔距数，到位后，将定位销插入孔中，此时一次分度完成。

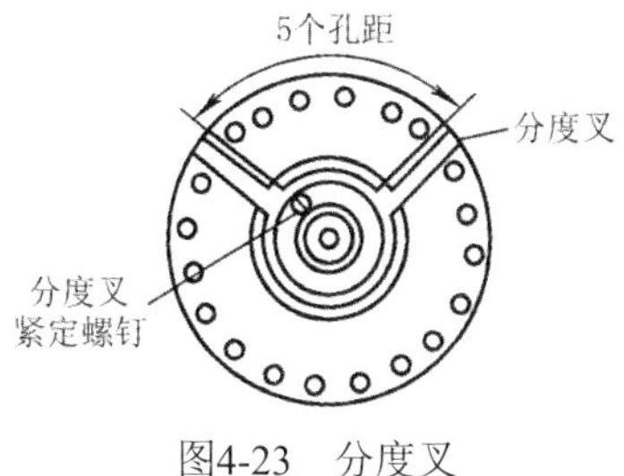

图4-23　分度叉

3. 常用分度方法——简单分度法

分度头的分度方法有直接分度法、简单分度法、角度分度法和差动分度法等。这里仅介绍常用的简单分度法。从图 4-22 所示的分度头手柄转过 40 圈，主轴转一转，即传动比为 1:40，40 就是分度头的定数。因此，简单分度的计算公式为

$$n=\frac{N}{z}=\frac{40}{z}$$

式中，n——每等分一次分度手柄应转过的转数；

z——工件的圆周等分数；

N——分度头定数，一般为 40。

用上式算得的 n 不是整数时，可用分度盘上的孔来进行分度(把分子和分母根据分度盘上的孔圈数同时扩大或缩小某一倍数)。

例 4-1　要加工一个六角螺钉，求每铣一面时分度手柄应转多少圈？

解：

$$n=\frac{N}{z}=\frac{40}{6}=6\frac{2}{3}=6\frac{44}{66}$$

即分度手柄应在 66 孔圈上转 6 圈又 44 个孔距。

大国工匠——顾秋亮

“蛟龙”号是中国首个大深度载人潜水器，有十几万个零部件，组装起来最大的难度就是要确保密封性，精密度要求达到了“丝”级。而在中国载人潜水器的组装中，能实现这个精密度的只有钳工顾秋亮，也因为有着这样的绝活，顾秋亮被人称为“顾两丝”。多年来，他埋头苦干、踏实钻研、挑战极限，追求一辈子的被信任。这种信念，让他赢得了潜航员托付生命的信任，也见证了中国从海洋大国向海洋强国的迈进。

顾秋亮在中国船舶重工集团公司第 702 研究所从事钳工工作四十多年，先后参加和主持过数十项机械加工和大型工程项目的安装调试工作，是一名安装经验丰富、技术水平过硬的钳工技师。在“蛟龙”号载人潜水器的总装及调试过程中，顾秋亮作为潜水器装配保障组组长，工作兢兢业业，刻苦钻研，对每个细节进行精细操作，任劳任怨，以严肃的科学态度和踏实的工作作风，凭借扎实的技术技能和实践经验，主动勇挑重担，解决了一个又一个难题，保证了潜水器顺利按时完成总装联调。诚如顾秋亮所说，每个人都应该去寻找适合自己的人生之路。

任务实施

1. 小组协作与分工。每组4～5人，配备一台X6132型卧式万能升降台铣床进行实习，熟悉机床结构组成。并讨论以下问题。

(1) 铣床的加工工艺范围是什么？

____

____

(2) X6132型卧式万能升降台铣床的结构有哪几部分？

____

____

(3) 在工件外圆上铣两条夹角为65°的沟槽，求分度手柄转数。

____

____

____

____

2. 遵守操作规程，熟悉铣床结构与操作手柄，分组进行操作练习。

1) 手动进给操作练习

练习步骤：

(1) 在教师指导下检查铣床。

(2) 对铣床注油润滑。

(3) 熟悉各个进给方向手柄和分度盘。

(4) 作手动进给练习。

(5) 使工作台在纵向、横向、垂直方向分别移动2.5mm、5mm、8mm等。

(6) 每分钟均匀地手动进给20mm、50mm、100mm等。

2) 铣床主轴的空运转操作练习

练习步骤：

(1) 将电源开关转至“通”的位置。

(2) 检查工作台操纵开关、上刀制动开关是否在“断开”位置，同时将旋向开关转至“左”或“右”位置。

(3) 变换主轴转速1～3次(控制在低速)。

(4) 按“启动”按钮，使主轴旋转3～5min。

(5) 检查油窗是否滴油。

(6) 停止主轴旋转，重复以上练习。

3) 工作台机动进给操作练习

练习步骤：

(1) 检查各进给方向紧固手柄是否松开。

(2) 检查各进给方向停止挡铁是否在限位柱范围内。

(3) 变换进给速度(控制在低速)。

(4) 按主轴“启动”按钮使主轴旋转。

(5) 使工作台沿纵向、横向、垂直方向机动进给。

(6) 检查进给箱油窗是否滴油。

(7) 停止工作台进给，再停止主轴旋转。

(8) 重复以上练习。

4) 练习时的注意事项

(1) 严格遵守安全操作规程。

(2) 操作时按步骤进行，不做与以上练习内容无关的其他操作。

(3) 不允许两个进给方向同时机动进给。

(4) 机动进给时，各进给方向紧固手柄应松开。

(5) 各个进给方向的机动进给停止挡铁应在限位柱范围内。

(6) 练习完毕认真擦拭机床，使工作台在各进给方向处于中间位置，各手柄恢复到原来位置。

任务九　选择铣刀

知识目标

1. 了解铣刀的几何角度；
2. 掌握铣刀的种类及选择；
3. 掌握装卸铣刀的基本步骤。

能力目标

1. 能够正确认识并选择铣刀；
2. 能够按要求装卸铣刀。

素质目标

1. 培养独立思考和深度思考能力，不断突破、不断提升技能水平，塑造严谨细致的优秀品格；
2. 具有严谨认真和精益求精的职业素养。

任务描述

铣刀是用于铣削加工的、具有一个或多个刀齿的旋转刀具。工作时各刀齿依次间歇地切去工件的余量。铣刀主要用于在铣床上加工平面、台阶、沟槽、成形表面和切断工件等。由于参加切削的齿数多、刀刃长，并能采用较高的切削速度，故生产率较高，加工范围也很广泛。如图 4-24 所示为机械加工中使用的铣刀。铣刀种类很多，除成形铣刀外，大多数已经标准化。本任务重点认识铣刀的种类及选择方法，并学会装卸铣刀。

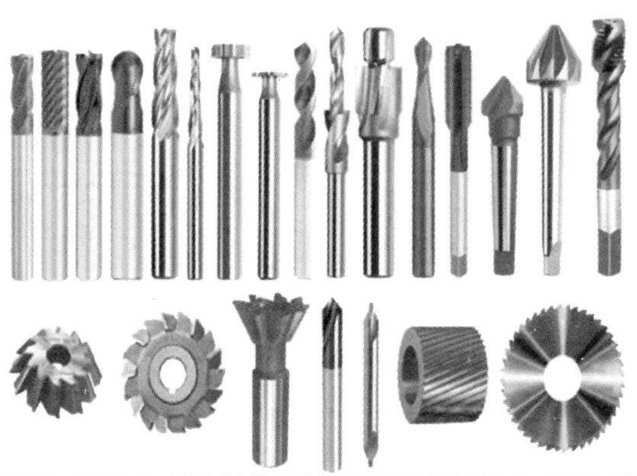

图4-24　机械加工中常用铣刀

知识链接

一、铣刀的几何角度

1. 圆柱铣刀的几何角度

如图 4-25 所示，铣刀是一种多刃刀具，刀齿按一定形式分布在铣刀的旋转表面(或端面)上，切削部分可看做是车刀的切削部分，整个铣刀可看做是许多车刀的组合。

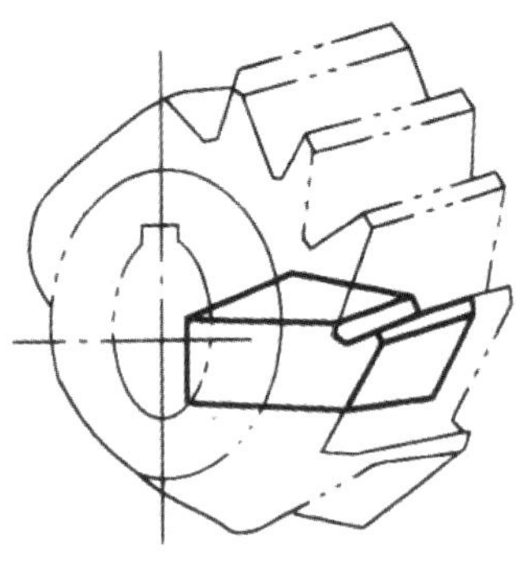

图4-25　铣刀刀齿分析

圆周铣削时，铣刀旋转运动是主运动，工件的直线运动是进给运动，因此圆柱铣刀的静止参考系如图 4-26 所示。

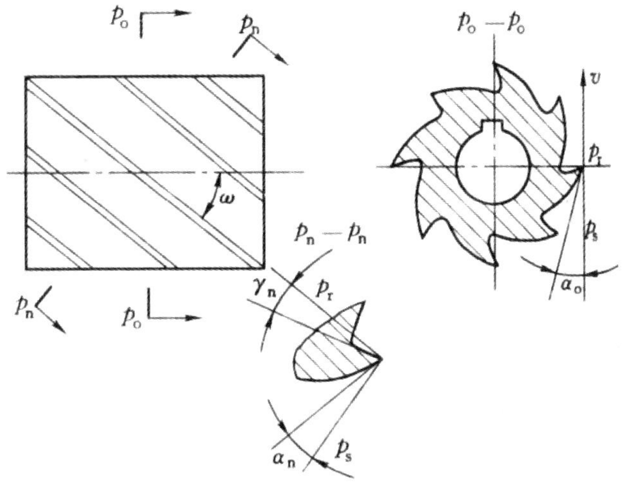

图4-26　圆柱铣刀的几何角度

1) 螺旋角

螺旋角 ω 是螺旋切削刃展开成直线后，与铣刀轴线之间的夹角。由图 4-26 可知，螺旋角 ω 等于圆柱铣刀刃倾角 λ_s。它能使刀齿逐步地切入和切离工件，使切削轻快平稳；同时能形成螺旋形切屑，排屑容易。一般细齿圆柱形铣刀 ω=30°～ 35°，粗齿圆柱形铣刀 ω=35°～45°。

2) 前角

通常在图样上应标注 γ_n，以便于制造。但在检验时，通常测量正交平面内前角 γ_o。

根据 γ_n 可用下式计算出 γ_o：

$$\tan\gamma_n = \tan\gamma_o\cos\omega$$

3) 后角

后角 α_o 是后面与切削平面之间的夹角。圆柱形铣刀规定在 p_o 平面内度量。铣刀磨损主要发生在后刀面上，适当增大后角，可减少刀具磨损。

2. 端铣刀的几何角度

端铣刀的几何角度除规定在正交平面参考系中度量外，还规定在假定工作平面参考系中表示。如图 4-27(b)所示，在正交平面参考系中，标注有前角 λ_o、后角 α_o、主偏角 κ_r、副偏角 κ_r'、副后角 α_o' 和刃倾角 λ_s 等。机夹端铣刀的每个刀齿相当于一把前角 λ_o、刃倾角 λ_s 等于零的车刀，刀片安装在刀体上时应在径向倾斜 λ_f 角，轴向倾斜 λ_p 角。

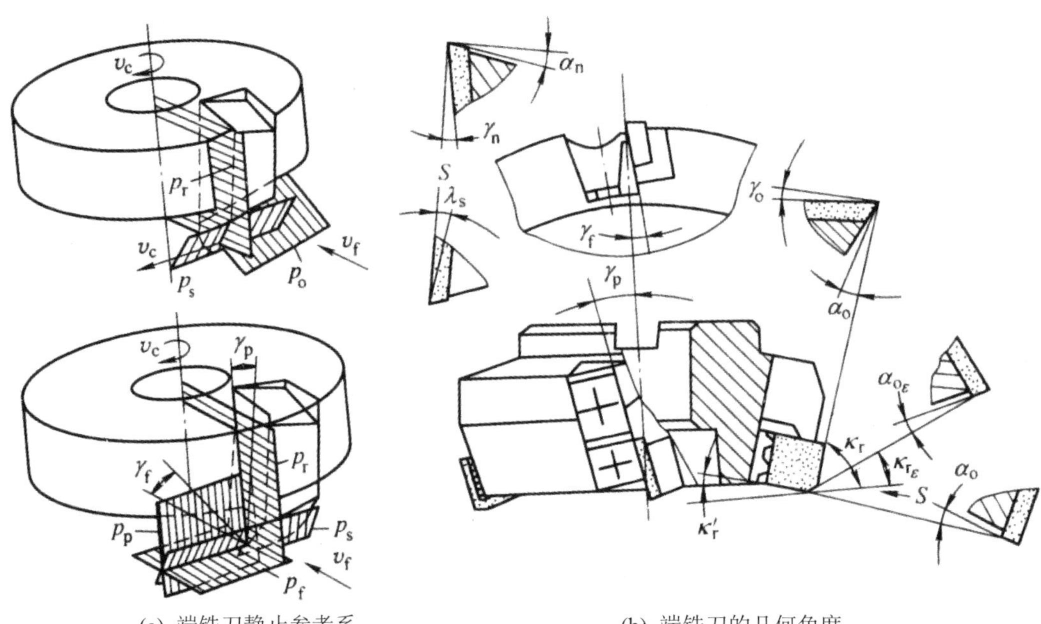

(a) 端铣刀静止参考系　　(b) 端铣刀的几何角度

图4-27　端铣刀的几何角度

3. 铣刀几何角度选择

1) 高速钢铣刀的几何角度选择

高速钢铣刀的几何角度选择参考值见表 4-2。

表4-2　高速钢铣刀的几何角度参考值

<table>
<tr><td rowspan="7">前角</td><td colspan="2">加工材料</td><td colspan="2">γ_o(螺旋齿圆柱铣刀为γ_n)</td></tr>
<tr><td rowspan="3">钢 σ_b/MPa</td><td><589</td><td colspan="2">20°</td></tr>
<tr><td>589～931</td><td colspan="2">15°</td></tr>
<tr><td>>931</td><td colspan="2">10°～12°</td></tr>
<tr><td rowspan="2">铸铁/HBW</td><td>≤150</td><td colspan="2">5°～15°</td></tr>
<tr><td>>150</td><td colspan="2">5°～10°</td></tr>
<tr><td colspan="2">铝镁合金，铝硅合金及铸造铝合金</td><td colspan="2">15°～35°</td></tr>
<tr><td rowspan="8">后角</td><td rowspan="2">铣刀类型</td><td rowspan="2">铣刀特征</td><td colspan="2">α_0</td></tr>
<tr><td>周齿</td><td>端齿</td></tr>
<tr><td rowspan="2">圆柱铣刀及端铣刀</td><td>细齿</td><td>16°</td><td rowspan="2">8°</td></tr>
<tr><td>粗齿和镶齿</td><td>12°</td></tr>
<tr><td rowspan="4">两面刃和三面刃盘铣刀</td><td>直细齿</td><td>20°</td><td rowspan="4">6°</td></tr>
<tr><td>直粗齿和镶齿</td><td>16°</td></tr>
<tr><td>螺旋细齿</td><td>12°</td></tr>
<tr><td>螺旋粗齿和镶齿</td><td>12°</td></tr>
</table>

(续表)

后角	立铣刀和角度铣刀		$d_o<10$ mm	25	8°
			$d_o=10$～20 mm	20°	
			$d_o>20$ mm	16°	
	切槽、切断铣刀(圆锯片)		—	20°	—
偏角	铣刀类型	使用条件或铣刀特征	主偏角 κ_α	过渡刃偏角 $\kappa_{\alpha\sigma}$	副偏角 $\kappa_{\alpha'}$
	端铣刀	系统刚性好，余量小	30°～45°	15°～23°	1°～2°
		中等刚性，加工余量大	60°～75°	30°～28°	1°～2°
		加工相互垂直的表面	90°	40°～48°	1°～2°
	两面刃和三面刃盘铣刀	—	—	—	1°～2°
	切槽铣刀	直径 $d_o=40$～50 mm 宽度 $B=0.6$～0.8mm $B>0.8$ mm	—	—	0°15' 0°30'
		$d_o=75$ mm $B=1$～3mm $B>3$ mm	—	—	0°30' 1°30'
	切断铣刀(圆锯片)	$d_o=75$～110 mm $B=1$～2mm $B>2$ mm	—	—	0°30' 1°
		$d_o=100$～200 mm $B=2$～3 mm $B>3$ mm	—	—	0°15' 0°30'

	铣刀类型		β	铣刀类型		λ
刀齿螺旋角或刃倾角	圆柱铣刀	粗齿	40°～60°	两面刃和三面刃盘铣刀		10°～20°
		细齿	30°～35°			10°～20°
		组合齿	55°	端铣刀	整体	10°～20°
	立铣刀		20°～45°		镶齿	10°～20°

2) 硬质合金铣刀的几何角度选择

硬质合金铣刀的几何角度选择见表 4-3。

表4-3　硬质合金铣刀的几何角度参考值

加工材料		端铣刀盘铣刀前角γ_o	后角α_o		端铣刀副后角α_o'	刀齿斜角		偏角			过渡刃宽度/mm
			最大切削厚度＞0.08mm	最大切削厚度0.08mm		端铣刀λ_s	三面刃铣刀λ_s	主偏角κ_r	过渡刃$\kappa_{r\varepsilon}$	副偏角κ_r'	
钢/MPa	＜638	+5°	6°～8°	8°～12°	8°～10°	-5°～-15°	-10°～-15°	20°～75°	10°～40°	5°	1～1.5
	638～785	-5°									
	843～932										
	932～1177	-10°									
铸铁/HBW	＜200	+5°	6°～8°	8°～12°	8°～10°	-10°	—	20°～75°	10°～40°	5°	1～1.5
	200～250	0°				-20°					

§ 锲而不舍的科技精神 §

高速钢刀具是一种比普通刀具更坚韧，更容易切割的刀具。1881 年，弗雷德里克·温斯洛·泰勒在米德韦尔公司，为了解决工人的怠工问题，泰勒进行了金属切削试验。他凭借自己具备的一些金属切削作业知识，对车床的效率问题进行了研究。在用车床、钻床、刨床等工作时，要决定用什么样的刀具、多大的速度等来获得最佳的加工效率。金属切削试验前后共花了 26 个月的时间，试验了三万多次，耗费 80 万吨钢材和 15 万美元。最后在巴斯和怀特等十几名专家的帮助下，取得了重大的进展。这项试验还获得了一个重要的副产品——高速钢的发明并取得了专利。

二、常用铣刀种类及选择

铣削加工微课

1. 立铣刀

图 4-28 为常用的几种立铣刀，它主要用于加工平面凹槽、台阶面等。立铣刀按构成方式分为整体式、焊接式和可转位式。

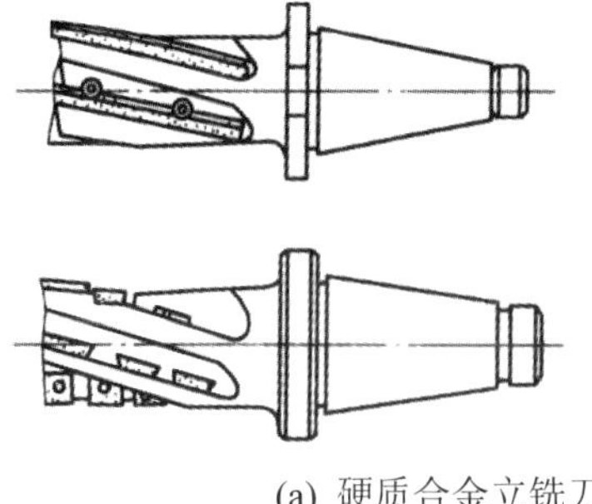

(a) 硬质合金立铣刀

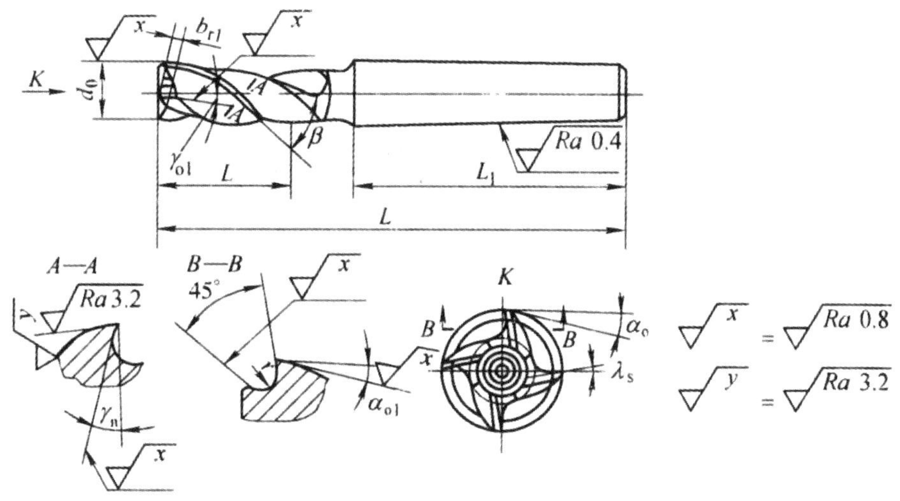

(b) 高速钢立铣刀

图4-28　立铣刀

立铣刀圆柱面上的切削刃是主切削刃，端面上的切削刃不通过中心，是副切削刃。工作时，由于普通立铣刀端面中心处无切削刃，所以立铣刀不能做轴向进给。为保证端面切削刃有足够的强度，在端面切削刃的前面上磨出 $b_{\gamma1}$=0.4~1.5mm、γ_{o1}=6°的倒棱。标准立铣刀的螺旋角 β 为 40°~50°(细齿)；套式结构立铣刀 β 为 15°～25°。

为改善切卷曲情况，增大容屑空间，防止切屑堵塞，立铣刀的刀齿数较少，容屑槽圆弧半径较大，一般粗齿立铣刀齿数 z=3～4，细齿立铣刀齿数 z=5～8，套式结构立铣刀齿数 z=10～20，容屑槽圆弧半径 r=2～5mm。当立铣刀直径较大时，可制成不等齿距结构以增强抗振作用，使切削过程平稳。

2. 端铣刀

如图 4-29 所示，端铣刀的圆周表面和端面都有切削刃，端部切削刃为副切削刃。端铣刀多制成套式镶齿结构，刀齿材料为高速钢或硬质合金，刀体材料为 40Cr。

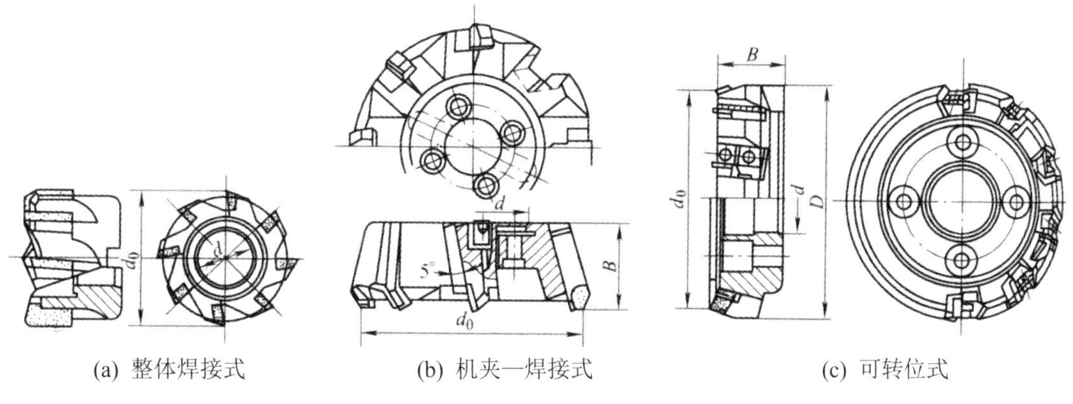

(a) 整体焊接式　　(b) 机夹—焊接式　　(c) 可转位式

图4-29　硬质合金端铣刀类型

硬质合金面铣刀按刀片和刀齿的安装不同，可分为整体焊接式、机夹—焊接式和可转位式三种。

国家标准规定高速钢端铣刀直径 d=80～250mm，螺旋角 β=10°，刀齿数 z=10～26。

可转位端铣刀直径系列已经标准化，其标准系列为 50、63、80、100、125、160、200、250、315、400、500mm。粗铣时，因切削力大，应选择直径较小的铣刀，以减小切削扭矩；精铣时，选择的铣刀直径应尽量覆盖工件的整个加工宽度，以提高加工精度、表面质量和加工效率。加工各种材料的端铣刀直径可按表 4-4 选用。

表4-4　端铣刀直径选择

加工材料	合理的切入角	不对称铣削	对称铣削
		d/α_e	d/α_e
钢	20º～-10º	5/3	5/1.7
铸铁	50º以下	5/4	5/4
轻合金	40º以下	3/2～5/3	3/2～5/3

同一直径的可转位端铣刀的齿数分为粗、中、细三种。粗铣长切削工件或同时参加切削的刀齿较多，应选用粗齿端铣刀，以免引起切削振动；切削短屑工件或精铣钢件时可选用中齿端铣刀；细齿端铣刀等每齿进给量较小，适用于加工薄壁铸件。

3. 盘形铣刀

盘形铣刀包括锯片铣刀、槽铣刀、两面刃铣刀、三面刃铣刀。槽铣刀有一个主切削刃，用于加工浅槽；两面刃铣刀有一个主切削刃，一个副切削刃，用于加工台阶；三面刃铣刀有一个主切削刃，两个副切削刃，用于切槽及加工台阶(如图 4-30 所示)；锯片铣刀比槽铣刀更窄，用于切断，切窄槽。

(a) 盘形键槽铣刀

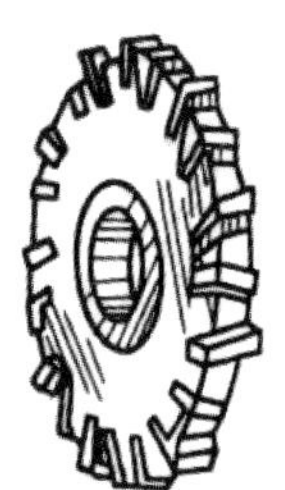

(b) 镶齿三面刃铣刀

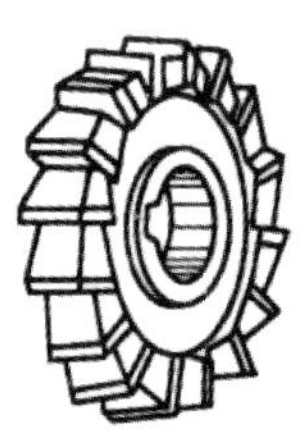

(c) 三面刃铣刀

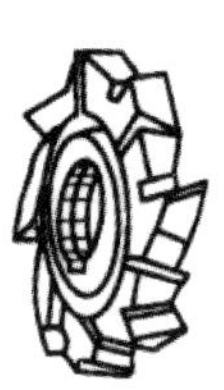

(d) 错齿三面刃铣刀

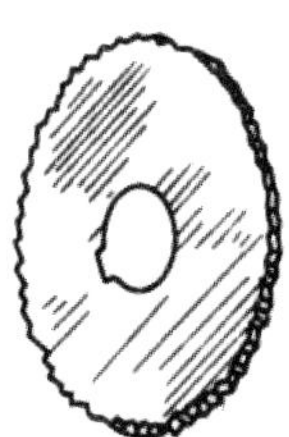

(e) 锯片铣刀

图4-30　盘形铣刀

4. 键槽铣刀

如图 4-31 所示，键槽铣刀有两个刀齿，圆柱面和端面都有切削刃，端面刃延至中心，既像立铣刀又像钻头。加工时，先轴向进给达到槽深，然后沿键槽方向铣出键槽全长。

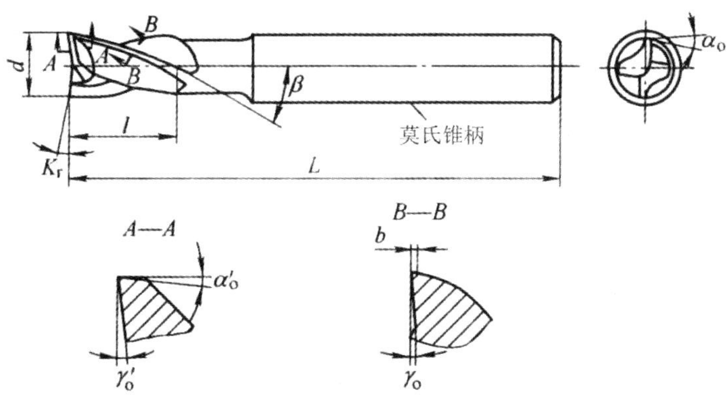

图4-31　键槽铣刀

国家标准规定，直柄键槽铣刀直径 d=2~22mm，锥柄键槽铣刀 d=14~50mm。键槽铣刀直径的偏差有 e8 和 d8 两种，键槽铣刀圆周切削刃仅在靠近端面的一小段内发生磨损，重磨时只需刃磨端面切削刃，因此切削后铣刀直径尺寸不变。

5. 角度铣刀

角度铣刀主要用来加工带角度沟槽和斜面，图 4-32(a)所示为单角铣刀，圆锥切削刃为主切削刃，端面切削刃为副切削刃。图 4-32(b)所示为双角铣刀，两圆锥面上切削刃均为主切削刃，双角刃刀有对称双角铣刀和不对称双角铣刀之分。国家标准规定，单角铣刀直径 d=40~100mm，两刀刃间夹角 θ=18°~90°；不对称双角铣刀直径 d=40~100mm，两刀刃间夹角 θ=50°~100°；对称双角铣刀直径 d=50～100mm，两刀刃间夹角 θ=18°~90°。

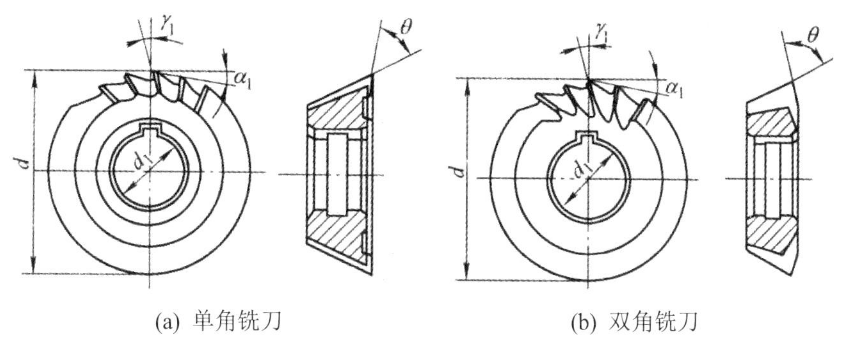

(a) 单角铣刀　　(b) 双角铣刀

图4-32 角度铣刀

6. 模具铣刀

模具铣刀(图 4-33)用来加工模具型腔或凸模成形表面。主要分三种：圆锥形立铣刀(直径 d=6～20mm，半锥角 $\alpha/2$=3°、5°、7°和 10°)，圆柱形球头立铣刀(直径 d=4～63mm)，圆锥形球头立铣刀(直径 d=6～20mm，半锥角 $\alpha/2$=3°、5°、7°和 10°)。

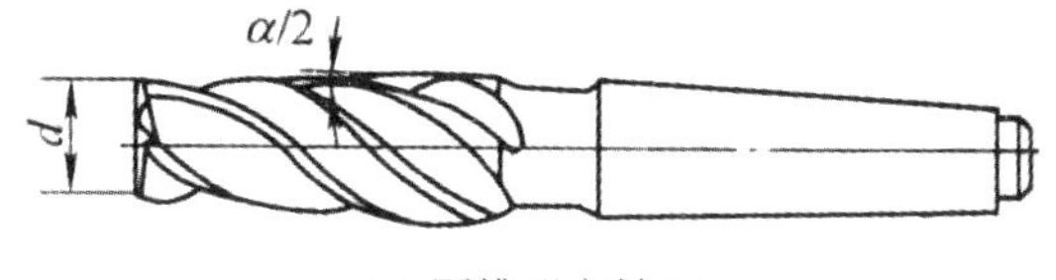

(a) 圆锥形立铣刀

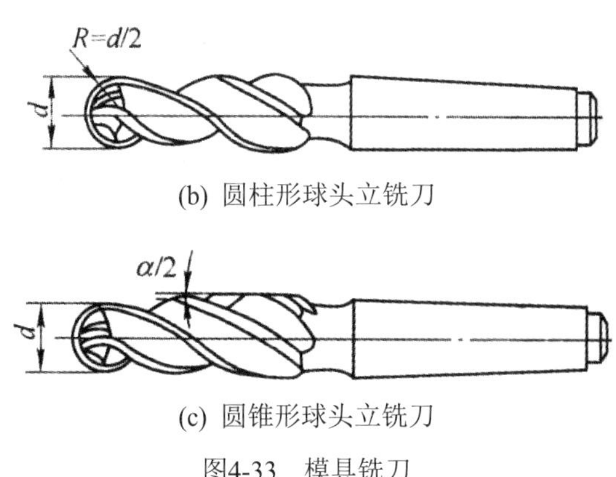

(b) 圆柱形球头立铣刀

(c) 圆锥形球头立铣刀

图4-33　模具铣刀

模具铣刀的结构特点是球头或端面上布满了切削刃，圆周刃与球头刃连接，可以做径向和横向进给。铣刀工具部分用高速钢或硬质合金制造，小规格的硬质合金模具铣刀多制成整体结构，ϕ16mm 以上直径的铣刀制成焊接或机夹可转位刀片结构。国家标准规定模具铣刀直径 d=4~63mm。

三、铣刀的装卸方法

1. 带孔铣刀的装卸

1) 铣刀刀轴

带孔铣刀借助于刀轴安装在铣床主轴上，根据铣刀孔径的大小，常用轴有 ϕ22mm、ϕ27mm、ϕ32mm 三种，刀轴上配有垫圈和紧刀螺母，刀轴左端是 7∶24 的圆锥，与铣床主轴锥孔配合。锥度的尾端有内螺纹孔，通过拉紧螺杆将刀轴拉紧在主轴锥孔内。刀轴锥度前端的凸缘有两个缺口与主轴轴端的凸键配合。刀轴中部是光轴，带有键槽，安装垫圈、铣刀定位键，将扭矩传递给铣刀。刀轴右端是螺纹和轴颈，螺纹用来安装紧刀螺母，轴颈用来与挂架的滑动轴承孔配合，支持刀轴外端，如图 4-34 所示。

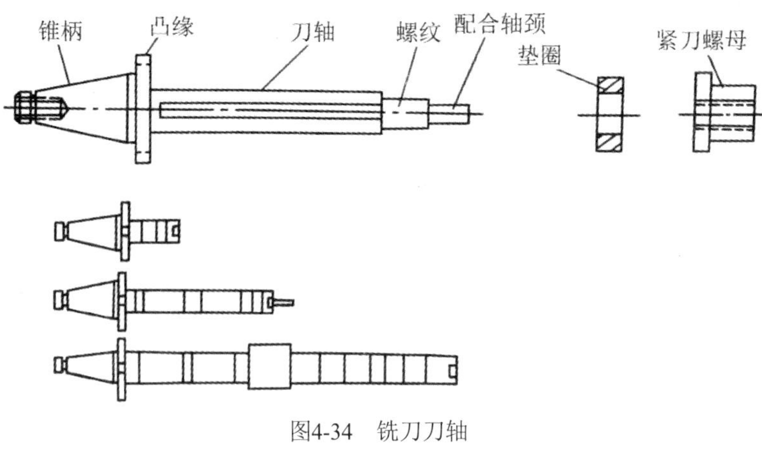

图4-34　铣刀刀轴

2) 拉紧螺杆

用来将刀轴拉紧在铣床主轴锥孔内，左端旋入螺母与杆固定在一起，用来将螺纹部分旋入铣刀或刀轴的螺孔中，背紧螺母将铣刀或刀轴拉紧在铣床主轴锥孔内，如图 4-35 所示。

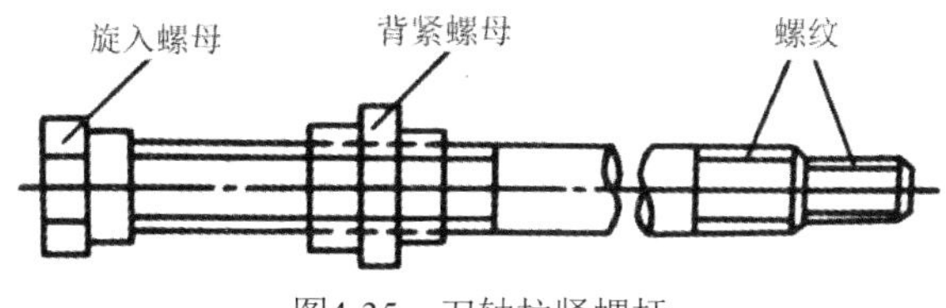

图4-35 刀轴拉紧螺杆

3) 带孔铣刀的安装步骤

(1) 根据铣刀孔径选择刀轴。

(2) 松开横梁紧固螺母，适当调整横梁伸出长度，然后紧固横梁，如图 4-36 所示。

图4-36 调整横梁伸出长度

(3) 擦净、安装刀轴。安装刀轴前应擦净铣床主轴锥孔和刀轴锥柄，以免影响其安装精度；然后将主轴转速调至最低(30r/min)或主轴制动。右手拿刀轴装入主轴锥孔，装刀时刀轴凸缘上的槽应对准主轴端部的凸键。从主轴后端观察，用左手顺时针转动拉紧螺杆，使拉紧螺杆的螺纹部分旋入刀轴螺孔 6～7r，然后用扳手旋紧拉紧螺杆的背紧螺母，将刀轴拉紧在主轴锥孔内，如图 4-37 所示。

图4-37 安装刀轴

(4) 安装垫圈和铣刀。先擦净刀轴、垫圈和铣刀，再确定铣刀在刀轴上的位置，装上垫圈和铣刀，用手顺时针旋入紧刀螺母，如图 4-38 所示。

图4-38　安装垫圈和铣刀

(5) 安装并紧固挂架。擦净刀轴，配合轴颈和挂架轴承孔，适当注油，双手将挂架装在横梁导轨上，然后用双头扳手紧固挂架，如图 4-39、图 4-40 所示。

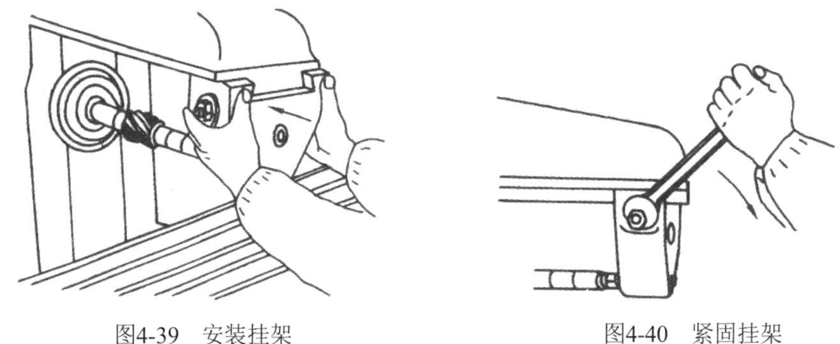

图4-39　安装挂架

图4-40　紧固挂架

(6) 调整挂架轴承孔和刀轴配合。轴颈的配合间隙使用小挂架时用双头扳手调整，使用大挂架时用开槽圆螺母扳手调整，如图 4-41 所示。

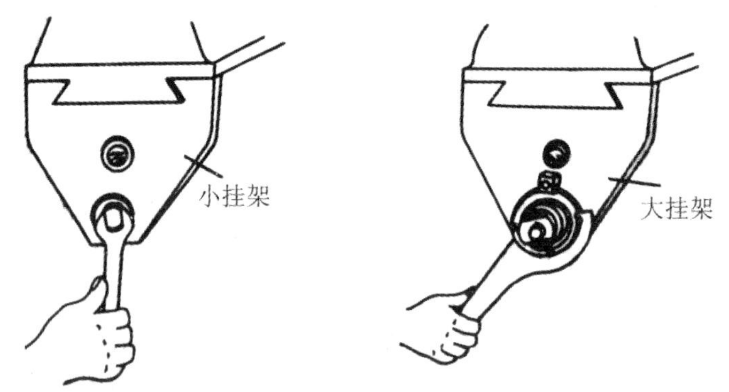

图4-41　调整挂架轴承间隙

(7) 紧固铣刀。紧固铣刀时，用扳手顺时针方向旋紧紧刀螺母，通过垫圈将铣刀夹紧在刀轴上，如图 4-42 所示。

4) 带孔铣刀的拆卸

(1) 松开铣刀。先将主轴转速调至最低(30r/min)或将主轴上刀制动，用扳手按逆时针方向旋转紧刀螺母，松开铣刀，如图 4-43 所示。

图4-42 紧固铣刀

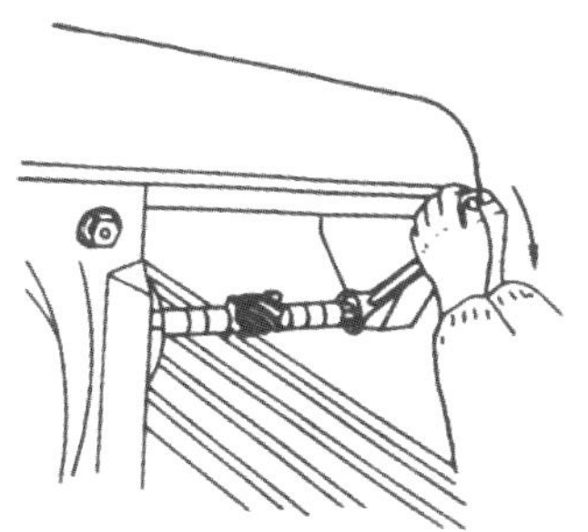

图4-43 松开铣刀

(2) 松开并卸下挂架。调节挂架轴承，再松开并取下挂架，如图 4-44 所示。

(3) 取下垫圈和铣刀。按逆时针方向旋下紧刀螺母，取下垫圈和铣刀，如图 4-45 所示。

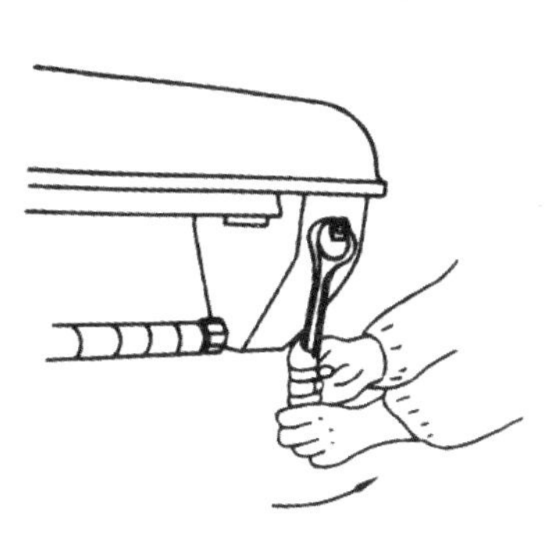

图4-44 松开挂架

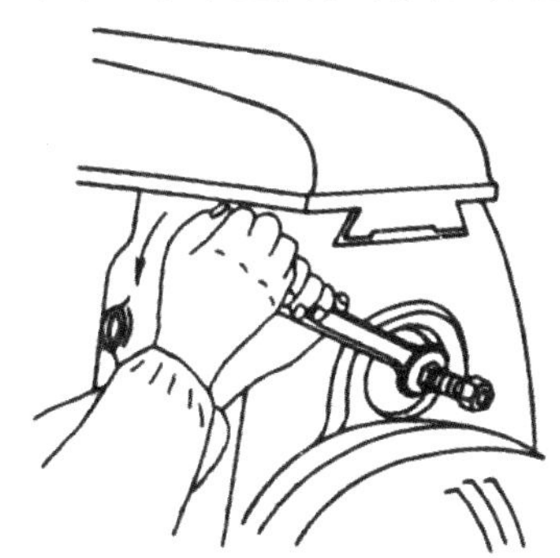

图4-45 松开拉紧螺杆的背紧螺母

(4) 卸下刀轴。用扳手按逆时针方向旋松拉紧螺杆的背紧螺母，然后用手锤轻击拉紧螺杆的端部，再用左手旋出拉紧螺杆，右手握刀轴取下，如图 4-46 所示。

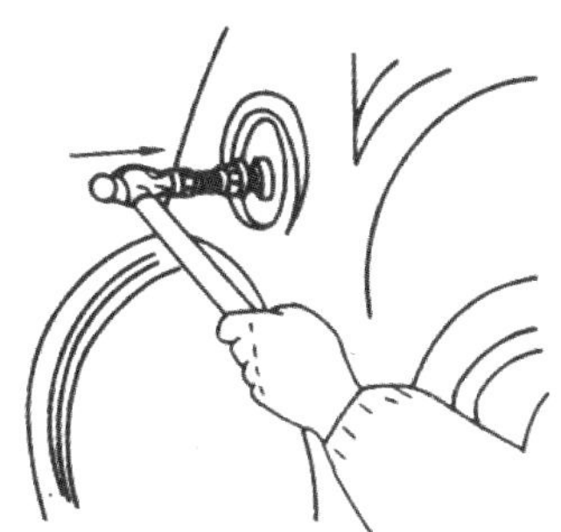

图4-46 用手锤轻击拉紧螺杆端部

2. 带柄铣刀的装卸

1) 锥柄立铣刀的安装

锥柄立铣刀的柄部一般采用莫氏锥度，按铣刀直径的大小不同，做成不同号数的锥柄，

常用的有莫氏 2 号、莫氏 3 号、莫氏 4 号。安装这种铣刀，有以下两种方法。

(1) 铣刀柄部锥度和主轴锥孔锥度相同。左手垫棉纱握住铣刀，将铣刀锥柄穿入主轴锥孔内，然后用拉紧螺杆扳手，按顺时针方向旋紧拉紧螺杆，紧固铣刀，如图 4-47 所示。

(2) 铣刀柄部锥度和主轴锥孔锥度不同。需要通过中间锥套安装铣刀，中间锥套的外圆锥度和主轴锥度相同，其内孔锥度和铣刀锥柄的锥度相同，如图 4-48 所示。

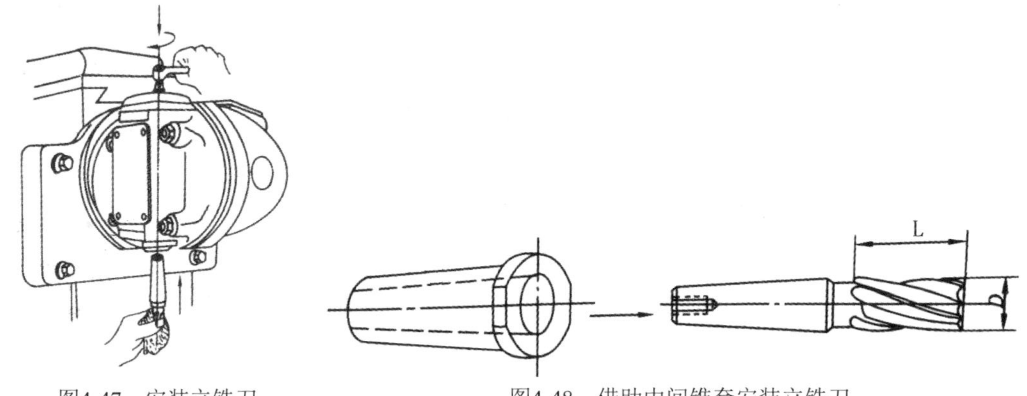

图4-47　安装立铣刀　　图4-48　借助中间锥套安装立铣刀

2) 锥柄立铣刀的拆卸

用拉紧螺杆扳手按逆时针方向旋松拉紧螺杆，当螺杆端面和背帽端面贴平后，继续用力，螺杆在背帽作用下将铣刀推出主轴锥孔，再继续转动拉紧螺杆，使螺杆螺纹退出铣刀的螺孔，取下铣刀，如图 4-49 所示。

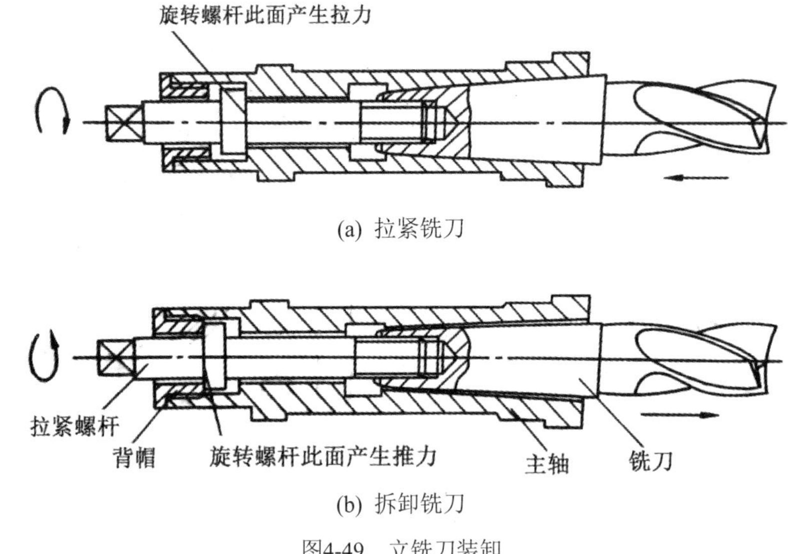

(a) 拉紧铣刀

(b) 拆卸铣刀

图4-49　立铣刀装卸

任务实施

1. 根据表 4-5 给出的铣加工图片，说出加工工艺内容及所用刀具名称。

表4-5　铣加工图片、加工工艺内容及刀具名称

加工图片	加工工艺内容	所用刀具名称

(续表)

加工图片	加工工艺内容	所用刀具名称

2. 以带孔铣刀为例，练习铣刀的装卸。

(1) 带孔铣刀的安装步骤：根据铣刀孔径选择刀轴→松开横梁紧固螺母，适当调整横梁伸出长度，然后紧固横梁→擦净、安装刀轴→安装垫圈和铣刀→安装并紧固挂架→调整挂架轴承孔和刀轴配合轴颈的配合间隙箭头→紧固铣刀。

(2) 带孔铣刀的拆卸步骤：松开铣刀→松开并卸下挂架→取下垫圈和铣刀→卸下刀轴。

任务十　用普通铣床加工零件

知识目标

1. 掌握铣削加工方法，掌握顺铣、逆铣的特点；
2. 掌握铣削用量的选择原则；

3. 了解铣床夹具的组成及结构特点；
4. 掌握铣削加工中常用的装夹方法。

能力目标

1. 严格按照铣床操作规范操作铣床；
2. 能够根据零件加工要求选择合适的切削用量；
3. 能够进行铣平面、铣阶台、铣直角槽等简单的铣削加工。

素质目标

1. 具有严谨认真和精益求精的职业素养；
2. 培养学生要有责任担当，工作中不能马虎、开小差，对待自己的工作要有“工匠精神”，不断提升自身技能水平。

任务描述

铣削加工利用相切法原理，用多刃回转体刀具在铣床上对平面、沟槽、台阶面、成形表面、型腔表面、螺旋表面等进行加工，是目前应用最广泛的加工方法之一。铣削加工时，铣刀的旋转是主运动，铣刀或工件沿坐标方向的直线运动或回转运动是进给运动。不同坐标方向运动的配合联动和不同形状刀具相配合，可实现不同类型表面的加工。本任务重点学习铣削加工方法、铣床夹具以及铣削加工中常用的装夹方法。

知识链接

一、铣削加工方法

铣削加工方法视频

1. 周边铣削

周边铣削是利用分布在铣刀圆柱面上的刀刃来铣削并形成平面的铣削方法，如图 4-50 所示。周边铣削适用于加工较窄的平面，不适用于加工宽度大于 120mm 的平面。采用周边铣削时，被加工平面的平面度主要决定于铣刀的圆柱度。周边铣削有顺铣和逆铣两种方式。

顺铣是指铣刀的切削速度方向与工件的进给方向相同时的铣削，如图 4-51 所示；逆铣是指铣刀的切削速度方向与工件的进给方向相反时的铣削，如图 4-52 所示。顺铣和逆铣时，铣刀各刀齿作用在工件上的总切削力 F 和在进给方向上的水平分力 F_f 与工件的进给方向分别相同或相反。

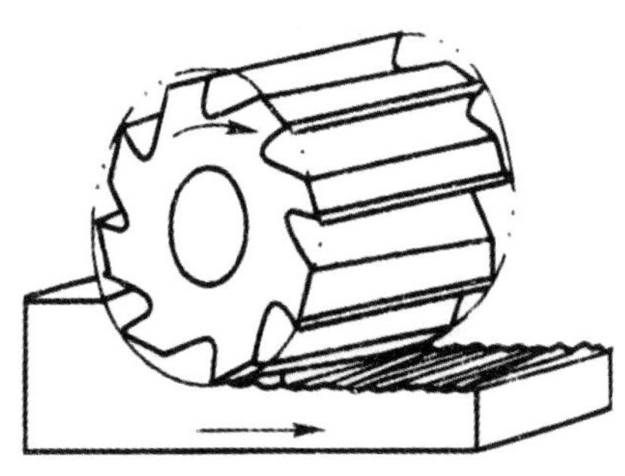

图4-50　周边铣削

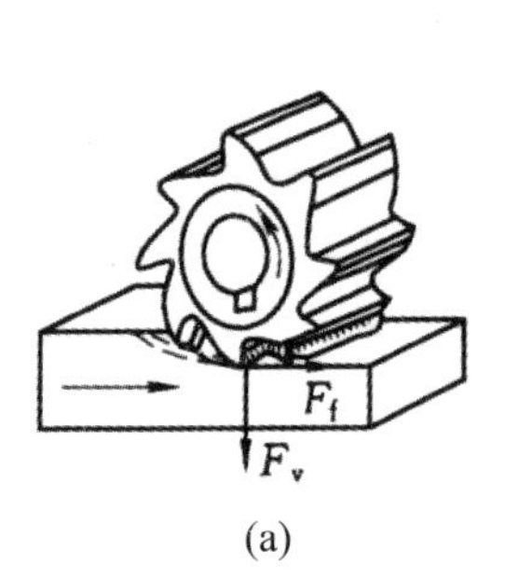

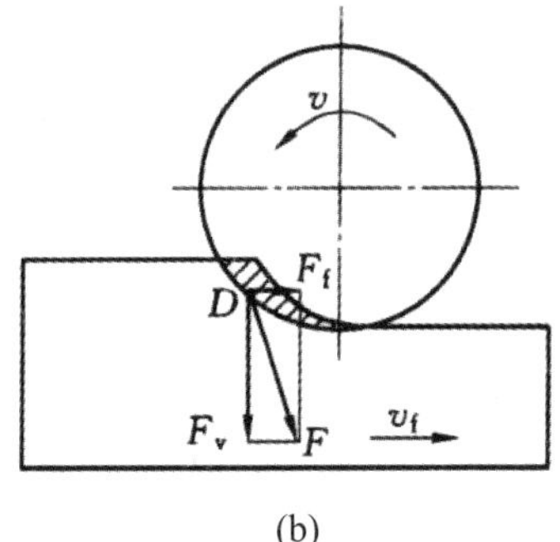

(a)　(b)

图4-51　顺铣

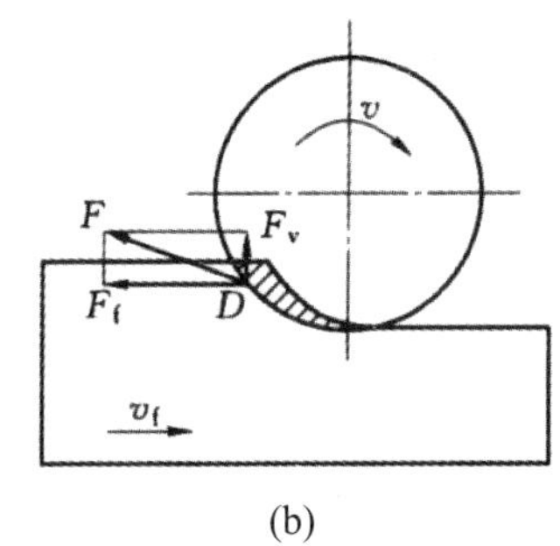

(a)　(b)

图4-52　逆铣

顺铣具有如下特点：

(1) 顺铣时垂直分力始终向下，有压紧工件的作用。工作时较平稳，对不易夹紧的工件及细长和较薄的工件尤为合适。

顺铣和逆铣动画

(2) 刀刃是从外表面厚处切入薄处，容易切入，避免了挤压、滑行现象，刀刃磨损较慢，加工出的工件表面质量较高。但是，当工件有硬皮和杂质毛坯件时，刀刃容易磨损和毁坏。

(3) 沿进给方向的切削分力与进给方向相同，当丝杠与螺母及轴承的轴向间隙较大时，工作台易发生窜动，造成每齿进给量突然增大、刀齿折断、刀轴弯曲、工件和夹具位移，甚至工件、夹具以至机床遭到损坏等严重后果。

逆铣具有如下特点：

(1) 沿进给方向的铣削分力与进给方向相反，不会使工作台向进给方向移动，因此丝杠与螺母及轴承的轴向间隙对铣削加工无明显影响。

(2) 作用在工件上的垂直铣削力切入工件前向下，切入工件后向上，易使铣刀和工件产生振动，影响加工表面质量，因此逆铣时要求夹紧力要大。

(3) 刀刃开始进入铣削层的厚度接近零，由于刀尖有圆弧，切入时要滑移一小段距离，故刀刃易磨损，同时也增大了工件的表面粗糙度值。

(4) 加工表面上有前一刀齿加工时造成的硬化层，因而不易切削。

(5) 逆铣时，消耗在进给方面的功率较大，约为全动力的 20%。

综上所述，顺铣比逆铣具有更多的优点。因此，当铣削余量较小，铣削力在进给方向的分力小于工作台和导轨面之间的摩擦力时，可采用顺铣；机床丝杠螺母有间隙调整机构并且丝杠轴向间隙调整到 0.05mm 以内时，也可采用顺铣；不满足上述条件时，应采用逆铣方式加工。

2. 端面铣削

端面铣削是指用铣刀端面齿刃进行的铣削，如图 4-53 所示。端面铣削加工平面度的好坏，主要取决于铣床主轴轴线与进给方向的垂直度。根据铣刀与工件之间相对位置的不同，端面铣削有以下三种铣削方式。

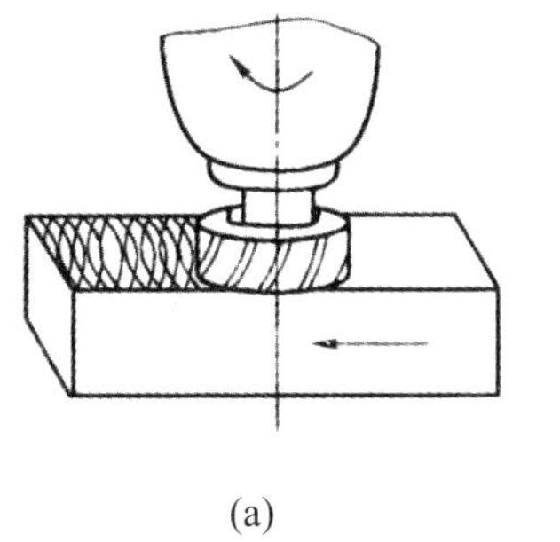

(a)

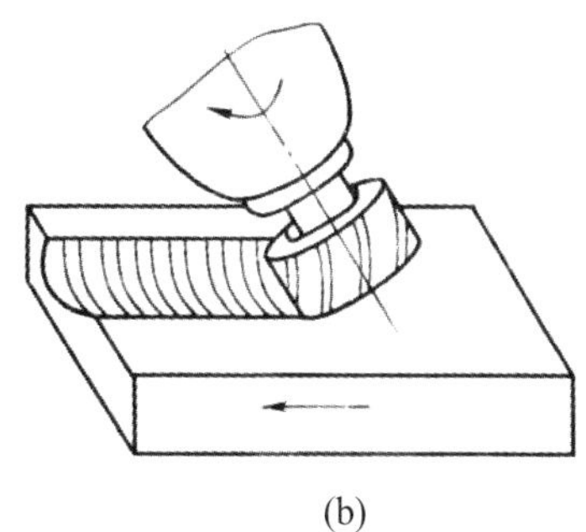

(b)

图4-53　端面铣削

1) 对称铣削

工件处在铣刀中间时的铣削称为对称铣削，如图 4-54(a)所示。采用该方式铣削时，铣刀轴线始终位于铣削弧长的对称中心位置，切入、切出的切削厚度一样；其刀齿在工件的前半部分为逆铣，刀齿在工件的后半部分为顺铣。

铣刀切入和切出工件时的切削厚度相等，具有最大的平均切削厚度，刀具始终在切削表面的冷硬层下铣削，铣刀的耐用度较高，特别是加工淬硬钢时，比其他铣削方式的刀具耐用度提高一倍左右。此外，对称铣削能获得表面粗糙度值较为均匀的加工表面。

2) 不对称逆铣

铣刀轴线偏置于铣削弧长对称中心的一侧，且逆铣部分大于顺铣部分的铣削方式称为不对称逆铣，如图 4-54(b)所示。由于不对称铣削方式，刀刃切入工件时切削厚度较小，从而减小了铣刀刀刃的冲击负荷，故加工中振动较小，特别适合于铣削低合金钢(GCr2 等)和高强度低合金钢(Q345 等)。

3) 不对称顺铣

铣削时顺铣部分占较大比例的不对称铣削方式称为不对称顺铣。采用该方式铣削时，端铣刀以较大切削厚度切入工件，以较小切削厚度切出，如图 4-54(c)所示，适用于铣削 2Cr13、1Cr18Ni9Ti、4Cr14Ni14W2Mo 不锈钢与耐热钢等加工硬化严重的材料。实验表明，采用不对称顺铣端铣不锈钢和耐热钢时，与其他铣削方式相比，刀具耐用度可提高 3 倍以上。

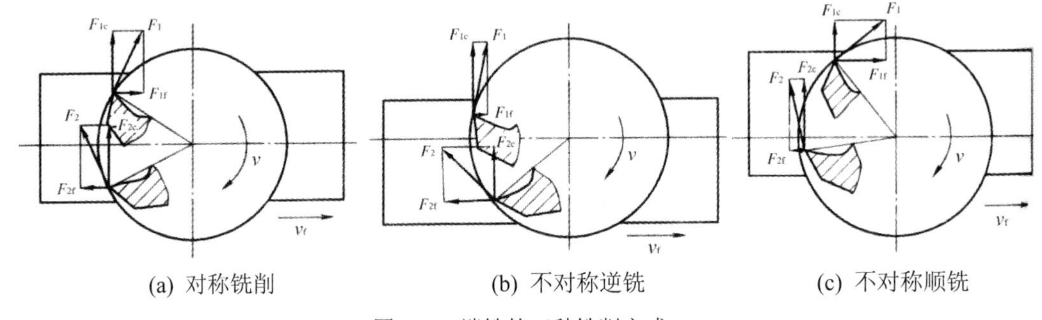

(a) 对称铣削　　(b) 不对称逆铣　　(c) 不对称顺铣

图4-54　端铣的三种铣削方式

3. 周边铣削与端面铣削的比较

(1) 端面铣削时，刀杆刚性好，刀片装夹方便，适用于高速铣削和强力铣削，能显著提高生产率，减小表面粗糙度值。

(2) 端铣刀的刃磨要求较圆柱形铣刀低。端铣刀各个刀齿刃磨的高低不齐，或在半径方向上出入不等，只对铣削加工的平稳性和表面粗糙度值有影响，而对平面的平面度没有影响。

(3) 用端面铣削获得的平面只可能是凹面，一般情况下，大多数平面都是只允许凹，不允许凸；而周边铣削获得的平面，凸、凹都可能产生。

(4) 周边铣削平面的表面粗糙度值较小，并且吃刀量较大。

二、铣削用量的选择

1. 选择铣削用量的原则

选择铣削用量一般应遵循以下原则：

(1) 保证刀具有合理的使用寿命，有高的生产率和低的成本。

(2) 保证加工表面的精度和表面粗糙度达到图样要求。

(3) 最大限度地发挥工艺系统(刀具、工件、夹具、机床)的潜力，但是不能超过铣床允许的动力和转矩以及工艺系统允许的刚度和强度。

2. 铣削用量的一般推荐值

1) 铣削深度

端铣时，铣削深度为背吃刀量 α_p，其大小主要根据工件的加工余量和加工表面的精度来确定。当加工余量不大时，应尽量在一次进给中铣去全部加工余量。只有当工件的加工要求较高或加工表面粗糙度 *Ra* 小于 6.3μm 时，才分粗铣、精铣两次进给。不同加工条件下，背

吃刀量 α_p 选择的具体数值可参考表 4-6。

表4-6　铣削时背吃刀量α_p选取表

工件材料	高速钢铣刀		硬质合金铣刀	
	粗铣	精铣	粗铣	精铣
铸铁	5～7	0.5～1	10～18	1～2
软钢	<5	0.5～1	<12	1～2
中硬钢	<4	0.5～1	<7	1～2
硬钢	<3	0.5～1	<4	1～2

圆周铣削时，铣削深度为侧吃刀量 α_e，其大小一般可根据表面加工的宽度确定，如用端铣刀铣削平面时，铣刀直径一般应大于铣削层的宽度；用圆柱铣刀铣削平面时，铣刀长度一般应大于工件铣削层的宽度。

2) 每齿进给量 f_z 的选择原则

粗铣时，进给量主要根据铣床进给机构的强度、刀轴尺寸、刀齿强度以及机床、夹具等工艺系统的刚性来确定。在刚度、强度许可的条件下，进给量应尽量取得大些。

精铣时，限制进给量提高的主要因素是表面粗糙度。为了减少工艺系统的弹性变形，减少已加工表面的残留面积高度，一般采取较小的进给量。具体数值的选择可参见表 4-7。

表4-7　每齿进给量f_z的推荐值

工件材料	工件材料硬度/HBW	硬质合金		高速钢			
		端铣刀	圆柱铣刀	圆柱铣刀	立铣刀	端铣刀	三面刃铣刀
低碳钢	～150	0.2～0.4	0.15～0.3	0.12～0.2	0.04～0.2	0.15～0.3	0.12～0.2
	150～200	0.2～0.35	0.12～0.25	0.12～0.2	0.03～0.18	0.15～0.3	0.1～0.15
中、高碳钢	120～180	0.15～0.5	0.15～0.3	0.12～0.2	0.05～0.2	0.15～0.3	0.12～0.2
	180～220	0.15～0.4	0.12～0.25	0.12～0.2	0.04～0.2	0.15～0.25	0.07～0.15
	220～300	0.12～0.25	0.07～0.2	0.07～0.15	0.03～0.15	0.1～0.2	0.05～0.12
灰铸铁	150～180	0.2～0.5	0.12～0.3	0.2～0.3	0.07～0.18	0.2～0.35	0.15～0.25
	180～220	0.2～0.4	0.12～0.25	0.15～0.25	0.05～0.15	0.15～0.3	0.12～0.2
	220～300	0.15～0.3	0.1～0.2	0.1～0.2	0.03～0.1	0.1～0.15	0.07～0.12
可锻铸铁	110～160	0.2～0.5	0.1～0.3	0.2～0.35	0.08～0.2	0.2～0.4	0.15～0.25
	160～200	0.2～0.4	0.1～0.25	0.2～0.3	0.07～0.2	0.2～0.35	0.15～0.2
	200～240	0.15～0.3	0.1～0.2	0.12～0.25	0.05～0.15	0.15～0.3	0.12～0.2
	240～280	0.1～0.3	0.1～0.15	0.1～0.2	0.02～0.08	0.1～0.2	0.07～0.12
含 ω_c<0.3%的合金钢	125～170	0.15～0.5	0.12～0.3	0.12～0.2	0.05～0.2	0.15～0.3	0.12～0.2
	170～220	0.15～0.4	0.12～0.25	0.1～0.2	0.05～0.1	0.15～0.25	0.07～0.15
	220～280	0.1～0.3	0.08～0.2	0.07～0.12	0.03～0.08	0.12～0.2	0.07～0.12
	280～320	0.03～0.2	0.05～0.15	0.05～0.1	0.025～0.05	0.07～0.12	0.05～0.1

(续表)

工件材料	工件材料硬度/HBW	硬质合金		高速钢			
		端铣刀	圆柱铣刀	圆柱铣刀	立铣刀	端铣刀	三面刃铣刀
含 ω_c>0.3%的合金钢	170～220	0.125～0.4	0.12～0.3	0.12～0.2	0.12～0.2	0.15～0.25	0.07～0.15
	220～280	0.1～0.3	0.08～0.2	0.07～0.15	0.07～0.15	0.12～0.2	0.07～0.12
	280～320	0.08～0.2	0.05～0.15	0.05～0.12	0.05～0.12	0.07～0.12	0.05～0.1
	320～380	0.06～0.15	0.05～0.12	0.05～0.1	0.05～0.1	0.05～0.1	0.05～0.1
工具钢	退火状态	0.15～0.5	0.12～0.3	0.07～0.15	0.05～0.1	0.12～0.2	0.07～0.15
	36HRC	0.12～0.25	0.08～0.15	0.05～0.1	0.03～0.08	0.07～0.12	0.05～0.1
	46HRC	0.1～0.2	0.06～0.12				
	56HRC	0.07～0.1	0.05～0.1				
铝镁合金	95～100	0.15～0.38	0.125～0.3	0.15～0.2	0.05～0.15	0.2～0.3	0.07～0.2

3) 铣削速度 v_c 及进给速度 v_f 的推荐值

铣削各类材料时的切削速度 v_c 和进给速度 v_f 的推荐值见表 4-8。

表4-8　铣削速度v_c的推荐值

工件材料	硬度/HB	铣削速度v/(m/min)		工件材料	硬度/HB	铣削速度v/(m/min)	
		硬质合金	高速钢			硬质合金	高速钢
低、中碳钢	<220	60～150	21～40	工具钢	200～250	45～83	12～23
	225～290	54～115	15～36	灰铸铁	100～140	110～115	24～36
	300～425	36～75	9～15		150～225	60～110	15～21
50 高碳钢	<220	60～130	18～36		230～290	45～90	9～18
	225～325	53～105	14～21		300～320	21～30	5～10
	325～375	36～48	8～12	可锻铸铁	110～160	100～200	42～50
	375～425	35～45	6～10		160～200	83～120	24～36
合金钢	<220	55～120	15～35		200～240	72～110	15～24
	225～325	37～80	10～24		240～280	40～60	9～21
	325～425	30～60	5～9	铝镁合金	95～100	360～600	180～300

三、铣床夹具

1. 铣床夹具的分类

铣床夹具按使用范围，可分为通用铣床夹具、专用铣床夹具和组合铣床夹具三类。按工件在铣床上加工运动的特点，可分为直线进给式铣床夹具、圆周进给式铣床夹具、沿曲线进给式铣床夹具(如仿形装置)三类。还可按自动化程度和夹紧动力源的不同(如气动、电动、液压)以及装夹工件数量的多少(如单件、双件、多件)等进行分类。其中，最常见的分类方法是按通用、专用和组合进行分类。

2. 铣床常用通用夹具的结构

铣床常用的通用夹具主要有平口虎钳，它主要用于装夹长方形工件，也可用于装夹圆柱形工件。机用平口虎钳的结构如图 4-55 所示。机用平口虎钳是通过虎钳体 1 固定在机床上。固定钳口 2 和钳口铁 3 起垂直定位作用，虎钳体 1 上的导轨平面起水平定位作用。活动座 8、螺母 7、丝杆 6(及方头 9)和紧固螺钉 11 可作为夹紧元件。回转底座 12 和定向键 14 分别起角度分度和夹具定位作用。固定钳口 2 上的钳口铁 3 上平面和侧平面也可作为对刀部位，但需要对导规和塞尺配合使用。

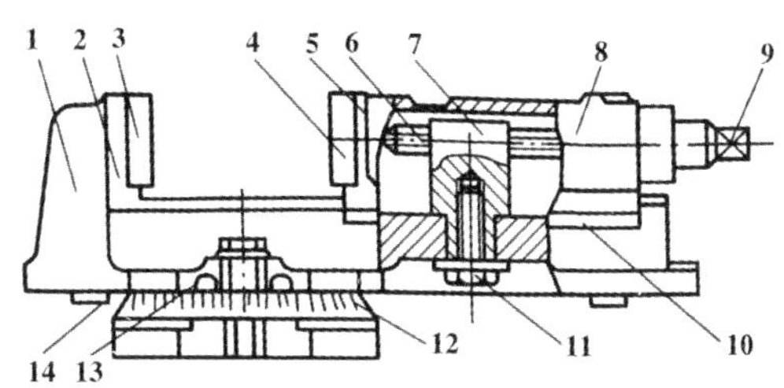

1—虎钳体；2—固定钳口；3、4—钳口铁；5—活动钳口；6—丝杆；7—螺母；8—活动座；9—方头；10—压板；11—紧固螺钉；12—回转底座；13—钳座零线；14—定向键

图4-55　机用平口虎钳的结构

3. 典型铣床专用夹具结构

如图 4-56 所示为轴端铣方头夹具，它采用平行对向式多位联动加紧结构，旋转加紧螺母 6，通过球面垫圈及压板 7 将工件压在 V 形块上。四把三面刃铣刀同时铣完两侧面后，取下楔块 5，将回转座 4 转过 90°，再用楔块 5 将回转座定位并锁紧，即可铣工件的另两个侧面。该夹具在一次安装中完成两个工位的加工，既节省了切削基本时间，又使铣削两排工件表面的基本时间重合。

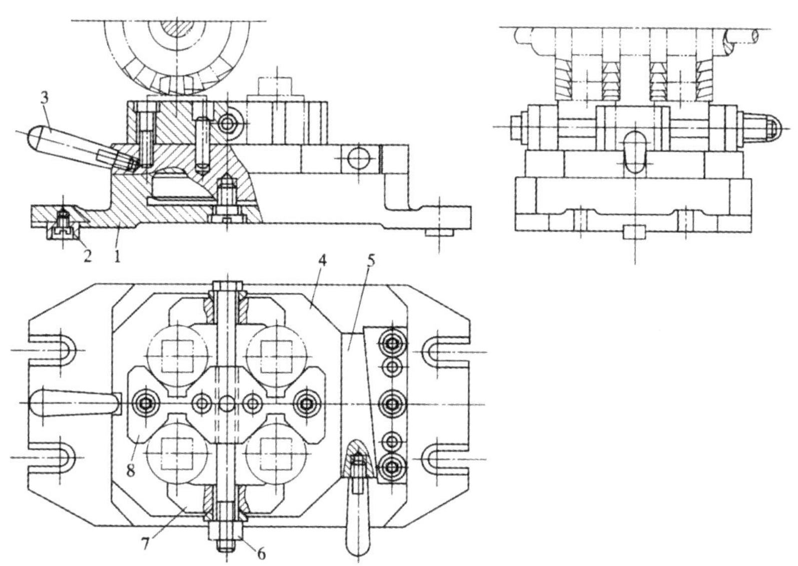

1—夹具体；2—定位键；3—手柄；4—回转座；5—楔块；6—螺母；7—压板；8—V形块

图4-56　轴端铣方头夹具

四、工件的常用装夹方法

1. 用平口钳装夹工件

平口钳是铣床常用的装夹工件的附具。铣削零件的平面、阶台、斜面和沟槽以及轴类零件的键槽等，均可用平口钳装夹工件。平口钳的结构如图 4-57 所示。

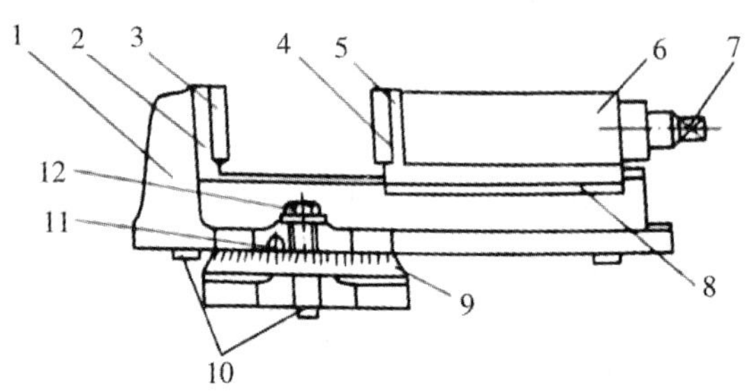

1—钳体；2—固定钳口；3—固定钳口铁；4—活动钳口铁；5—活动钳口；6—活动钳身；

7—丝杠方头；8—压板；9—底座；10—定位键；11—钳体零线；12—螺栓

图4-57 平口钳的结构

1) 平口钳的安装和固定钳口的校正

安装平口钳时，应擦净钳座底面和铣床工作台面。按照工件的具体要求，平口钳固定钳口平面可与铣床主轴轴心垂直、平行或相交成一定角度。应对固定钳口进行校正，校正好后应用 T 形螺栓与螺母将其紧固。校正方法如下。

(1) 定位键定位安装。平口钳底座上有两块定位键，放入工作台中央 T 形槽内，使定位键同时靠在 T 形槽的一侧面上，固定钳座，观察钳体刻线与底座刻线，转动钳体，使固定钳口与铣床主轴轴线平行、垂直或调整成所需要的角度。

(2) 划线校正。固定钳口与铣床主轴轴心垂直校正时，将划针夹持在刀轴垫圈间，使划针针尖靠近固定钳口铁平面，移动纵向工作台，观察针尖与固定钳口铁平面的缝隙在全长范围上均匀一致，然后紧固钳体，如图 4-58 所示。

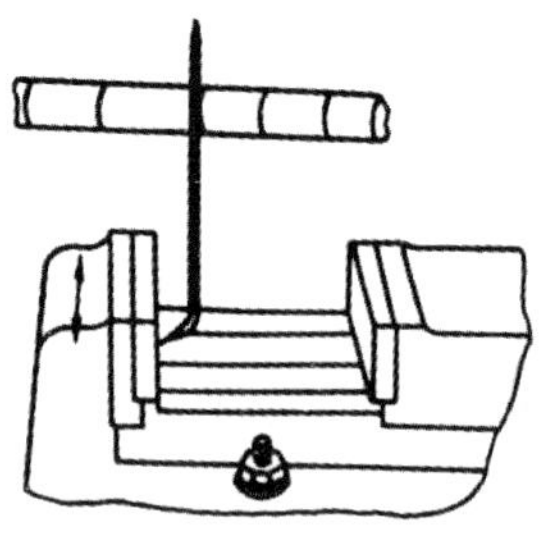

图4-58 用划针校正固定钳口与铣床主轴轴心线垂直

(3) 用角尺校正固定。钳口与铣床主轴轴心线平行校正时，松开钳体紧固螺母，使固定钳口平面大致与主轴轴心线平行，手握角尺，使尺座底面紧靠在床身垂直导轨面上，调整钳体，使固定钳口与角尺外测量面密合，然后紧住钳体，如图 4-59 所示。

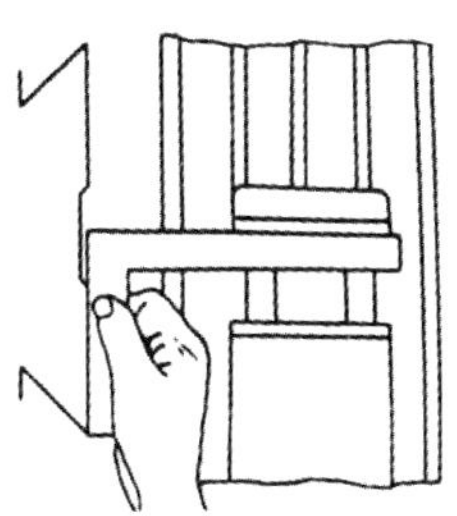

图4-59 用角尺校正固定钳口与铣床主轴轴心线平行

(4) 用百分表校正。固定钳口与铣床主轴轴心线垂直或平行校正时，将磁性表座吸在横梁导轨面上，安装百分表，使表的测量杆触头垂直触到钳口铁平面上，测量杆压缩 0.3～0.5mm，移动纵向或横向工作台，观察表的读数在钳口全长范围内一致，然后紧固钳体，如图 4-60 所示。

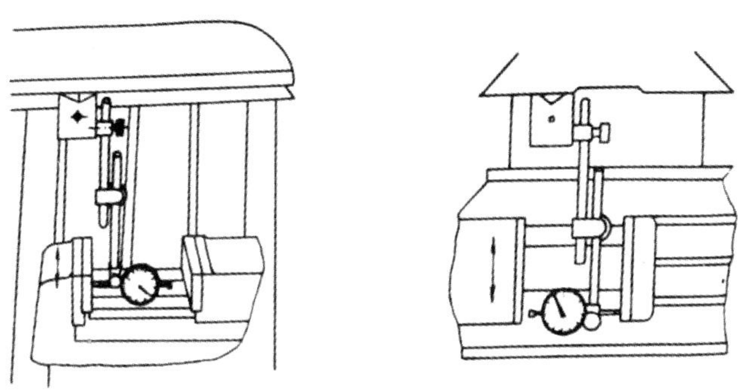

(a) 校正固定钳口与主轴轴心线垂直 (b) 校正固定钳口与主轴轴心线平行

图4-60 用百分表校正固定钳口

2) 工件在平口钳上的装夹

(1) 毛坯件的装夹。可选大而平整的毛坯面作粗基准靠在固定钳口上。在钳口和毛坯面之间垫铜皮，防止损伤钳口。工件夹紧后，用划线盘校正毛坯上平面与工作台面基本平行，如图 4-61 所示。

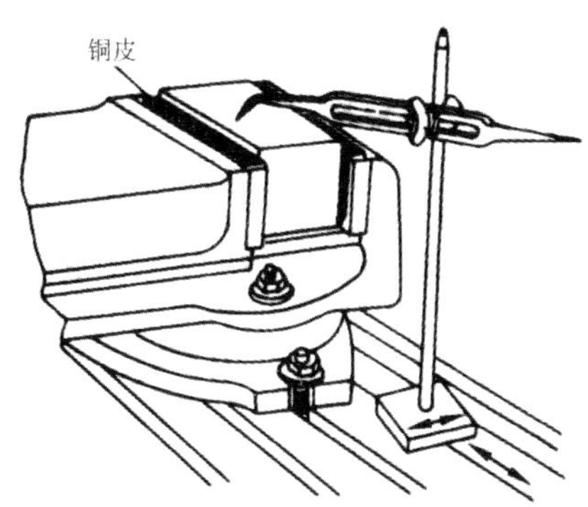

图4-61 钳口垫铜皮装夹毛坯件

(2) 经粗加工表面工件的装夹。工件的基准面靠向固定钳口时，可在活动钳口和工件间放置一圆棒，通过圆棒将工件夹紧，保证工件的基准面与固定钳口平面很好地贴合。圆棒的

放置高度在钳口夹持工件部分高度的中间略偏上一点，如图 4-62 所示。

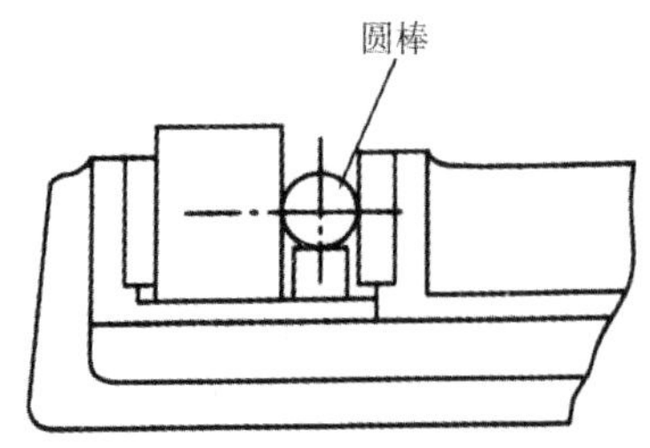

图4-62　用圆棒夹持工件

在加工中，应在钳体导轨面和工件平面间垫平行垫铁，夹紧工件后，用铜锤轻击工件上面，用手移动垫铁，若不松动，工件平面即与钳体导轨面贴合好。敲击工件时，用力与夹紧力大小适应，不可连续用力猛击，避免垫铁与钳体受反作用力的影响，如图 4-63 所示。

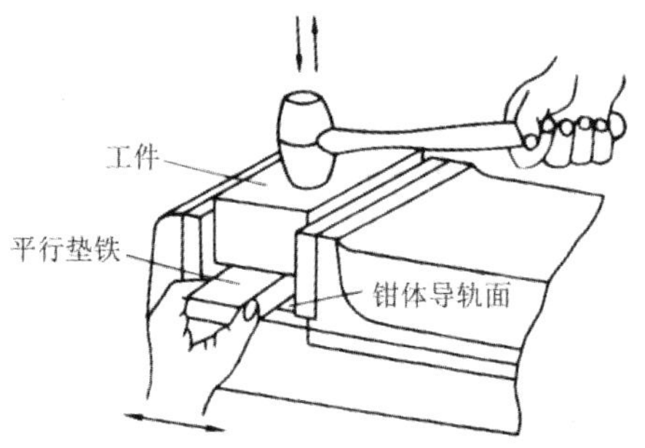

图4-63　用平行垫铁装夹工件

装夹时垫铁高度应合理，装夹后工件上表面到钳口上表面的距离 H 至少应大于外形铣削深度 2 mm，用平口钳装夹工件的正确方式和错误方式对比如图 4-64 所示。

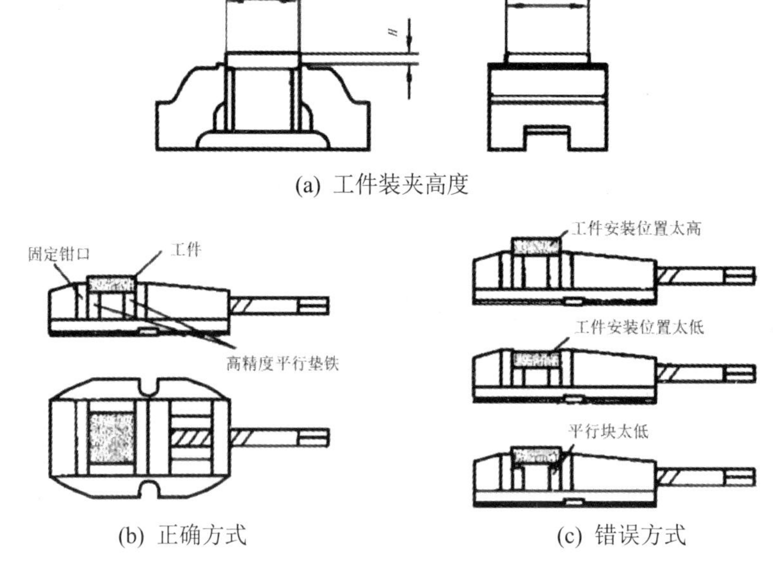

图4-64　平口钳装夹工件的正确方式和错误方式对比

2. 用压板装夹工件

1) 用压板装夹工件的方法

对于外形尺寸较大或不方便平口钳装夹的工件，可用压板通过T形螺栓、螺母、垫圈将工件压紧在工作台面上进行加工。工作中应选择两块以上的压板压紧工件，垫铁的高度应等于或略高于工件被紧固部位的高度，如图4-65所示。

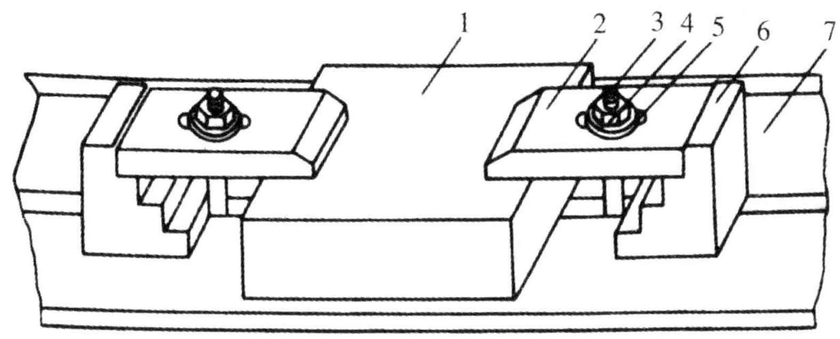

1—工件；2—压板；3—螺栓；4—螺母；5—垫圈；6—阶台垫铁；7—工作台面

图4-65 用压板夹紧工件

2) 常见问题及处理方法

常见问题及处理方法如表4-9所示。

表4-9 常见问题及处理方法

序号	常见的问题	处理方法	所用工具
1	铣削时工件松动	垫铁高度应适当，压板与工件接触良好，夹紧可靠	垫铁、扳手等
2	工件变形、夹紧处悬空	夹紧处如有悬空应垫实	垫铁、千斤顶等
3	工件已加工表面压伤	应在压板与工件表面间垫铜皮	铜皮
4	铣削时工件移动、转动	压板调整至一个角度，迎着铣削时的作用力	扳手

3. 用分度头装夹工件

分度头装夹工件一般用在等分工作中。既可以用分度头卡盘或(顶尖)与尾座顶尖一起使用装夹轴类零件(见图4-66)，也可以只使用分度头卡盘装夹工件。由于分度头的主轴可以在垂直平面内转动，因此可以利用分度头卡盘在水平、垂直及倾斜位置装夹工件。

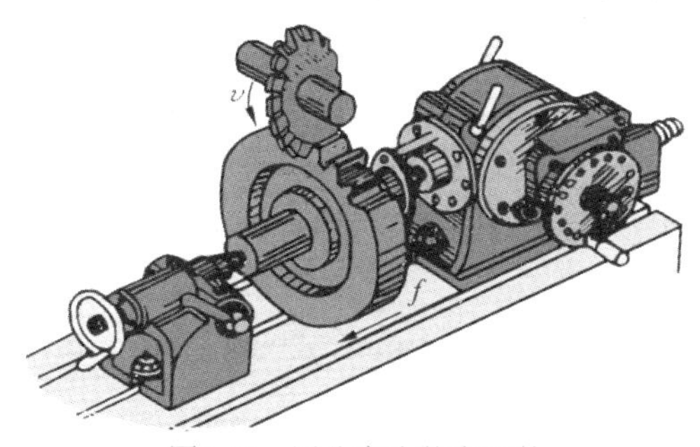

图4-66 用分度头装夹工件

如图 4-67 所示为分度头卡盘位于垂直和倾斜位置。

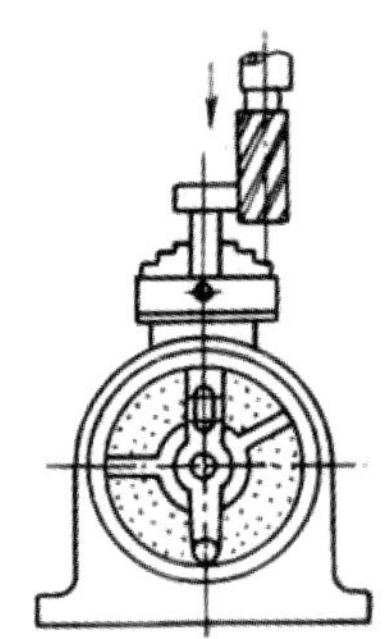

图4-67　分度头卡盘在垂直及倾斜位置装夹工件

任务实施

1. 小组协作与分工。每组 4～5 人，配备一台 X6132 卧式铣床进行实习，熟悉铣床加工运动过程及常用夹具。

2. 简述顺铣与逆铣各自的特点。

(1) 顺铣的特点是什么？

____

____

____

(2) 逆铣的特点是什么？

____

____

____

3. 铣床夹具上定位键的作用是什么？

____

____

____

4. 铣床夹具的对刀装置由哪些部分组成？

____

____

____

5. 平面铣削操作加工。

如图 4-68 所示，用圆柱铣刀在铣床上铣削平面。参考步骤如下：

1) 选择铣刀

根据图 4-68 所示工件，选用 80mm×80mm×32mm(外径×长度×孔径)，齿数 z=8 的高速钢粗齿圆柱铣刀。

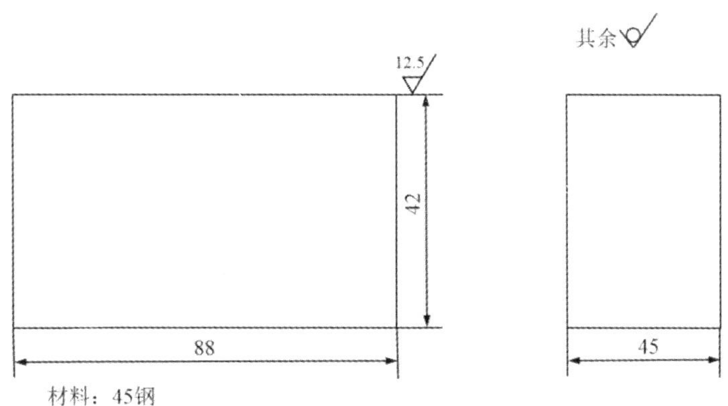

图4-68　用圆柱铣刀铣削平面工件

2) 装夹工件

在 X6132 卧式铣床工作台面上安装平口钳，并用百分表找正，使固定钳口与工作台纵向进给方向一致。可利用垫铁使工件高出钳口适当高度，夹紧工件。

3) 确定切削用量

根据工件材料、铣刀材料及铣刀直径，铣削速度可选为 v_c=16～35m/min。粗铣时，选用较小的数值；精铣时，选用较大的数值。每齿进给量可以选 f_z=0.06～0.2mm/z。粗铣时，选用较大进给量；精铣时，可选用较小进给量。

铣床的主轴转速，可以根据下式计算。

如铣削速度选取 v_c=25m/min，可算得：

$$n=\frac{1000v_c}{\pi D}=\frac{1000\times 25}{3.14\times 80}\text{r/ min}=99.52\text{r/ min}$$

根据计算结果，把 X6132 型铣床主轴转速调整至 95r/min。

4) 铣削过程

- 对刀

(1) 如图 4-69 所示，移动工作台，使工件位于铣刀下面。

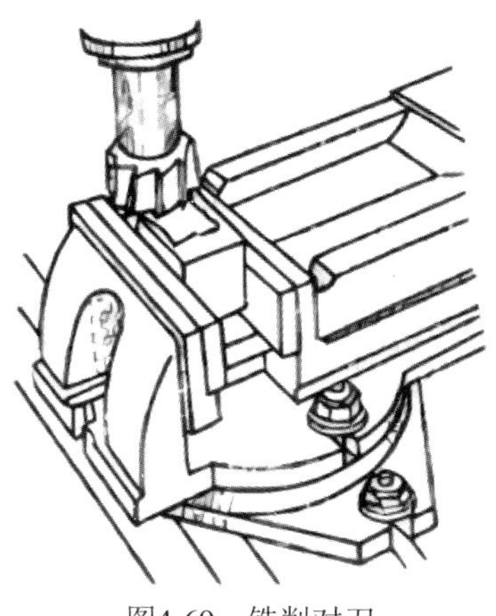

图4-69　铣削对刀

(2) 起动主轴，再摇动升降台进给手柄，使工件慢慢上升，当铣刀微触工件后，在升降刻盘上作记号。

(3) 降下工作台。

(4) 纵向退出工件，再按坯件实际尺寸，调整铣削层深度。

- 铣刀

余量小时可一次进给，铣削至尺寸要求；否则可分粗铣和精铣。

5) 检测工件

铣削后卸下工件，用钢直尺或游标卡尺测量工件各部分尺寸。

能力拓展

铣削加工常见质量缺陷与预防如表 4-10 所示。

表4-10　铣削加工常见的质量缺陷与预防

常见问题	产生原因	预防方法
工件产生鳞刺	铣削力及铣削温度过高	铣削硬度在 34～38HRC 以下软材料及硬料时增加铣削速度、改变刀具几何角度、增大前角并保持刃口锋利、采用涂层刀片
工件产生冷硬层	铣刀磨钝、铣削厚度太小	刃磨或更换刀片、增加每齿进给量、采用顺铣、采用较大正前角铣刀
表面粗糙度参数值偏大	铣削用量偏大、铣削中产生振动、铣刀跳动、铣刀磨钝	1. 降低每齿进给量； 2. 采用宽刃大圆弧修光齿铣刀； 3. 检查工作台镶条，消除其间隙以及其他运动部件的间隙； 4. 检查主轴孔与刀杆配合及刀杆与铣刀配合； 5. 消除其间隙或在刀杆上加装惯性飞轮； 6. 检查铣刀刀齿跳动，调整或更换刀片，用油石研磨刃口，降低刃口粗糙度参数值； 7. 刃磨与更换可转位刀片的刃口或刀片，保持刃口锋利； 8. 铣削侧面时，用有侧隙角的错齿或镶齿三面刃铣刀
平面度差	工件变形、铣刀轴心线与工件不垂直工件在夹紧中产生变形	1. 减小夹紧力，避免产生变形； 2. 检查夹紧点是否在工件刚度最好的位置； 3. 在工件的适当位置增设可锁紧的辅助支承，以提高工件刚度； 4. 检查定位基面是否有毛刺、杂物、是否全部接触； 5. 在工件的安装夹紧过程中应遵照由中间向两侧或对角顺次夹紧的原则，避免由于夹紧顺序不当而引起的工件变形； 6. 减小铣削深度 α_p，降低铣削速度 v，加大进给量 α_f，采用小余量、低速度大进给铣削，尽可能降低铣削时工件的温度变化； 7. 精铣前，放松工件后再夹紧，以消除精铣时的工件变形； 8. 校准铣刀轴线与工件平面的垂直度，避免产生工件表面铣削时下凹

(续表)

常见问题	产生原因	预防方法
垂直度差	铣刀铣侧面时直径偏小或振动、摆动或三面刃铣刀垂直于轴线进给铣侧面时刀杆刚度不足	1. 选用直径较大刚度好的立铣刀； 2. 检查铣刀套筒或夹头与主轴的同轴度以及内孔与外圆的同轴度，并消除安装中可能产生的歪斜； 3. 减小进给量或提高铣削速度； 4. 适当减小三面刃铣刀直径，增大刀杆直径，并降低进给量，以减小刀杆的弯曲变形
尺寸超差	立铣刀、键槽铣刀、三面刃铣刀等刀具本身摆动	1. 检查铣刀刃磨后是否符合图样要求，及时更换已磨损的刀具，检查铣刀安装后的摆动是否超过精度要求范围，检查铣刀刀杆是否弯曲； 2. 检查铣刀与刀杆套筒接触之间的端面是否平整或与轴线是否垂直

项目五

钻孔加工技术

任务十一　认识钻床

知识目标

1. 了解钻床的种类；
2. 掌握钻床的结构；
3. 掌握麻花钻的装卸方法。

能力目标

1. 严格按照钻床操作规范，操作钻床；
2. 能够装卸麻花钻。

素质目标

1. 具有独立学习，灵活运用所学知识独立分析问题并解决问题的能力；
2. 具有严谨认真的工作态度和精益求精的工作精神。

任务描述

钻床是一种用途广泛的孔加工机床。一般用于加工直径较小、精度要求较低的孔。其主要加工方法是用钻头在实心材料上钻孔，此外还可以进行扩孔、铰孔、攻螺纹、锪沉头孔及锪凸台端面等加工。如图 5-1 所示，在钻床上加工时，工件固定不动，刀具做旋转主运动，同时沿轴向移动，完成进给运动。本任务主要是了解钻床的结构，掌握钻床的操作及麻花钻的装拆方法。

图5-1 钻削加工

知识链接

一、钻床种类及结构

钻床分为坐标镗钻床、深孔钻床、摇臂钻床、台式钻床、立式钻床、卧式钻床、铣钻床、中心孔钻床等，其中立式钻床和摇臂钻床应用最为广泛。

1. 台式钻床

钻床种类及结构视频

台式钻床简称台钻，是一种小型钻床，一般安装在台子上或铸铁方箱上。台钻的大小规格有 6mm 和 12mm 等几种，如 12mm 台钻表示最大钻孔直径为 12mm。图 5-2 为应用较广的一类台钻。电动机 1 通过五级三角带传动，可使主轴获得五种转速。本体 2 可在立柱 3 上作上下移动，并可绕立柱轴心线转动到适当位置，然后用手柄 4 锁紧。5 是保险环，用螺钉 6 锁紧在立柱上，并紧靠本体的下部端面，以防本体万一因锁紧失效等原因而突然从立柱上滑下。工作台 7 也可在立柱上上下移动和转动角度，并用手柄 8 锁紧在适当位置。当松开螺钉 9 时，工作台在垂直平面还可左右倾斜 45°。

由于不同工件的高度不同，钻孔前必须将台钻本体调整到适当高度。调整时一般采用以下方法：当需要本体升高时，可选择适当高度的木块等支持物预先支撑在主轴下，并扳动进给手柄使主轴顶紧支持物，然后松开手柄 4，继续按进给方向扳动进给手柄，主轴便在支持物的反力下带动本体一起升高，待升高到所需位置时，将手柄 4 扳紧即可；当需要本体下降时，先将保险环松开并向下移至适当位置固定，再选择和放好木块等支持物于主轴下，扳动进给手柄使主轴下降，直至与保险环接触后，最后将手柄 4 扳紧即可。

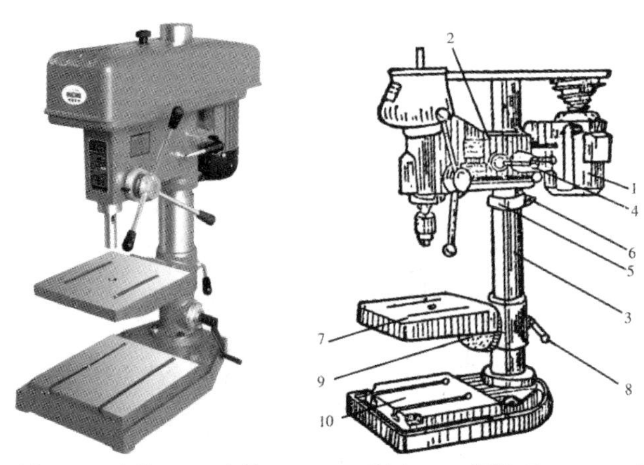

1—电动机；2—本体；3—立柱；4、8—手柄；5—保险环；6、9—螺钉；
7—工作台；10—底座

图5-2　台钻

钻小工件时，工件可放在工作台上；当工件较大或较高时，可将工作台转在旁边，直接将工件放在底座 10 上进行钻孔。

这种台钻的灵活性较大，可适用于各种场合下的钻孔需要，但它的最低转速较高(一般在 400r/min 以上)，不适用于锪孔和铰孔。

钻孔时由于钻头的刚性和精度都较差，故加工精度不高，一般为 IT10～IT9。表面粗糙度 $Ra \geqslant 12.5\mu m$。

2. 立式钻床

立式钻床简称立钻，分为圆柱立式钻床、方柱立式钻床和可调多轴立式钻床三个系列。图 5-3 为方柱立式钻床的布局形式图。

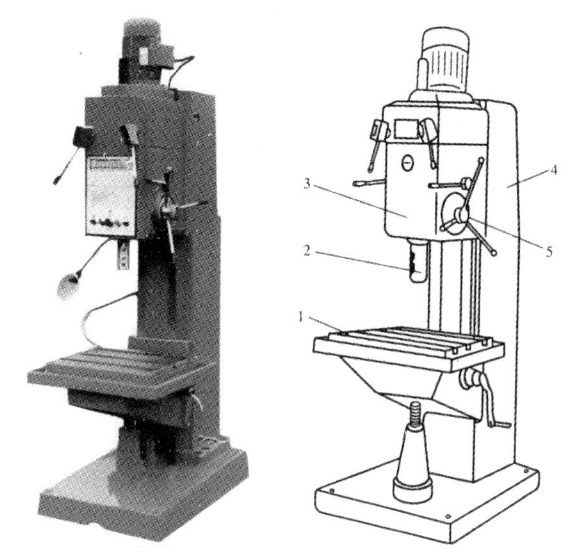

1—工作台；2—主轴；3—主轴箱；4—立柱；5—进给操纵机构

图5-3　方柱立式钻床

立式钻床的主轴是垂直布置的，并且其轴线位置在水平面上是固定的，被加工孔位置的找正必须通过工件的移动来完成。

立柱 4 是机床的基础件，立柱上有垂直的导轨，主轴箱 3 和工作台 1 上有垂直的导轨槽，可沿立柱 4 上下移动来调整它们的位置，以适应不同高度工件加工的需要。立式钻床的功用较简单，主轴转速和进给量的级数比较少，所以其主运动和进给运动的变速传动机构、主轴部件以及操纵机构等都装在主轴箱 3 中。钻削时，主轴随同主轴套筒在主轴箱中作直线移动以实现进给运动。

利用装在主轴箱上的进给操纵机构 5，可实现主轴的快速升降、手动进给以及接通和断开机动进给。

主轴回转方向的变换，靠电动机的正反转来实现。钻床的进给量是用主轴每转一转时，主轴的轴向位移来表示的，符号为 f，单位是 mm/r。

立式钻床工作时，工件置于工作台上。工作台在水平面内既不能移动，也不能转动，当钻头在工件上钻好一个孔后，必须移动工件的位置，才能加工第二个孔。因此，该种钻床的生产率不高，适用于单位小批量生产中的中、小型零件加工，钻孔直径一般为 16～80mm。常用的机床型号有 Z5125A、Z5132A 和 Z5140A。

在成批或大批生产中，钻削平行孔系时，为提高生产效率应考虑使用可调多轴立式钻床。这种机床加工时，全部钻头可一起转动，并同时进给，具有很高的生产效率。

3. 摇臂钻床

摇臂钻床的主轴可以很方便地在水平面上调整位置，使刀具对准被加工孔的中心，而工件则可以固定不动。因此，对于体积和质量都比较大的工件，可选用摇臂钻床加工。

摇臂钻床的钻孔直径一般在为 25～125mm，一般用于单件和中小批生产。常用的摇臂钻床型号有 Z3035B、Z3040×16、Z3063×20 等。

摇臂钻床的外形结构如图 5-4 所示。内立柱紧固在底座 1 的左边，外立柱 2 罩装于内立柱上，并可绕内立柱的轴线在水平面内作 360°转动；摇臂 3 套装在外立柱上，并可沿外立柱圆柱面作上下移动，以满足不同高度工件的加工需要；主轴箱 4 装在摇臂 3 上，并可沿摇臂 3 上的导轨作水平移动。为保证钻削时机床有足够的刚性和主轴箱位置稳定，当主轴箱在空间的位置完全调整好后，机床的夹紧机构可将立柱、摇臂和主轴箱快速夹紧。

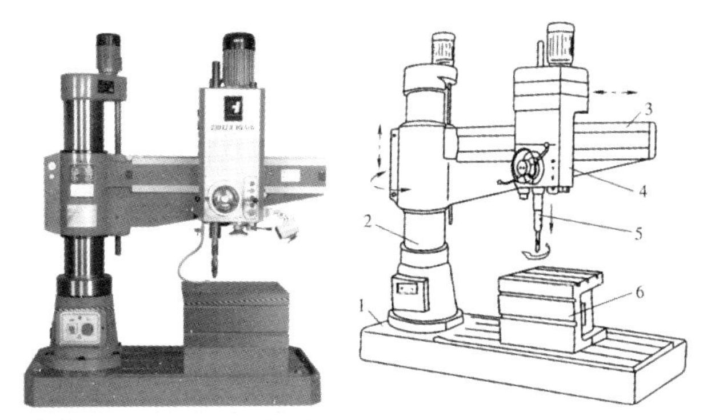

1—底座；2—立柱；3—摇臂；4—主轴箱；5—主轴；6—工作台

图5-4　摇臂钻床

加工任意方向和任意位置的孔或孔系时，可选用万向摇臂钻床。该类机床可在空间绕特定轴线作360°的回转，机床上端装有吊环，可将工件调放在任意位置，机床的钻孔直径为25～125mm。

4. 深孔钻床

深孔钻床是专门用于加工孔径比(*D*/*L*)为1/6以上的深孔的专业钻床，例如加工枪管、炮管和机床主轴零件的深孔。加工时通常由工件旋转来实现主运动，深孔钻头并不旋转，而只做直线进给运动。为了便于排屑及避免机床过于高大，深孔钻床通常为卧式布局。深孔钻床的钻头中心有孔，从中打入高压切削液，强制冷却及周期退刀排屑。深孔钻削加工如图5-5所示。

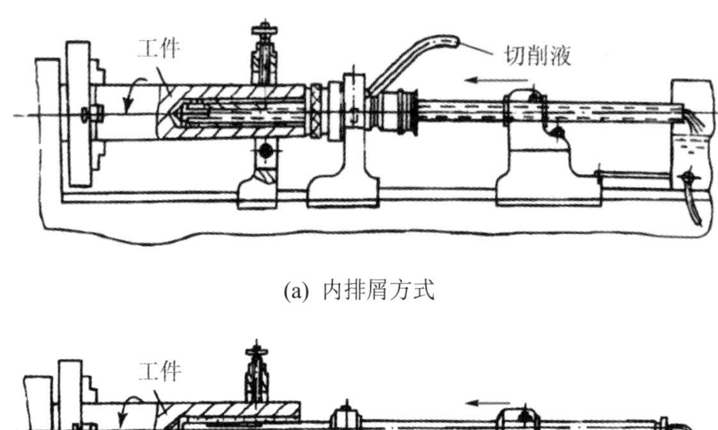

(a) 内排屑方式

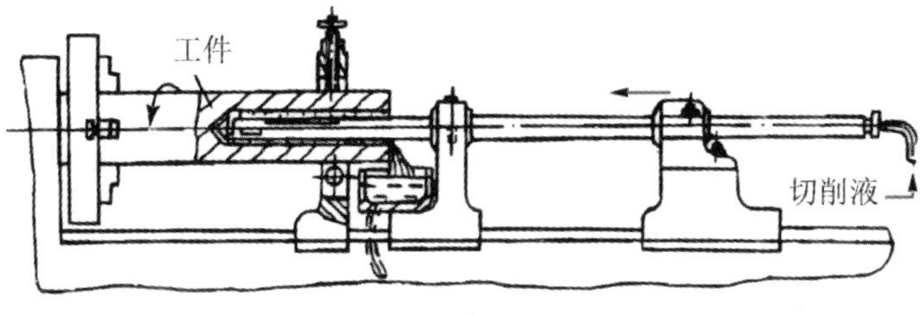

(b) 外排屑方式

图5-5　深孔钻削加工

二、钻床加工工艺范围

钻床是孔加工用机床，主要用来加工外形比较复杂、没有对称回转轴线的工件上的孔，如杠杆、盖板、箱体和机架等零件上的各种孔。在钻床上加工时，工件固定不动，刀具旋转做主运动，同时沿轴向移动做进给运动，钻床可完成钻孔、扩孔、铰孔、攻螺纹、锪埋头孔和锪端面等工作。钻床的加工范围及所需运动如图5-6所示。

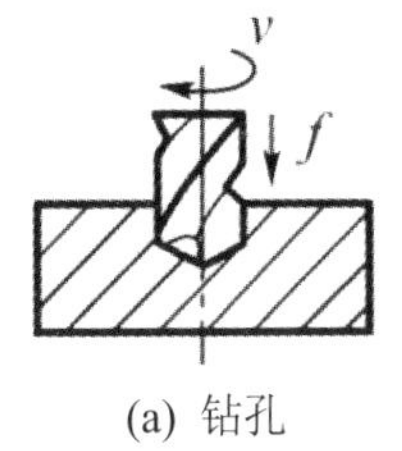

(a) 钻孔

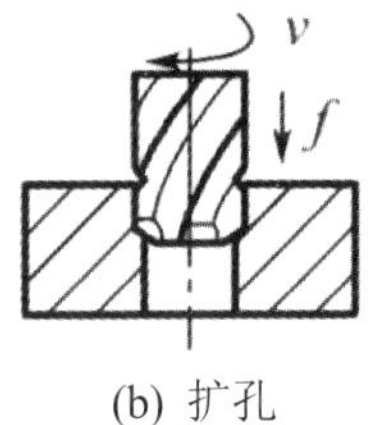

(b) 扩孔

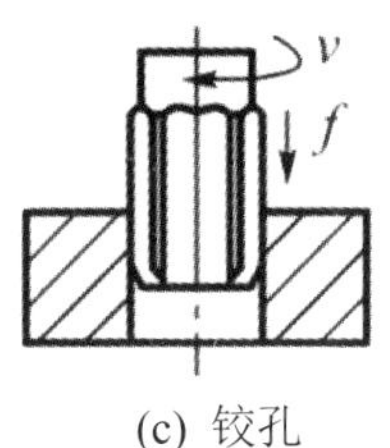

(c) 铰孔

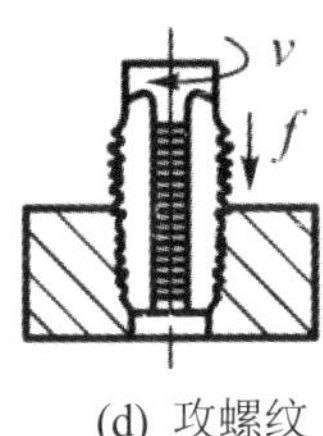

(d) 攻螺纹

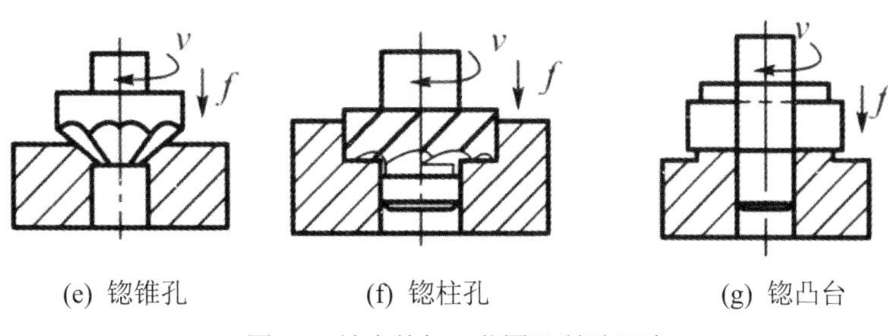

图5-6　钻床的加工范围及所需运动

任务实施

1. 小组协作与分工。每组 4～5 人，配备一台钻床进行实习，熟悉钻床结构组成，并讨论以下问题。

(1) 钻床有哪些分类？

____

____

(2) 钻床的加工工艺范围是什么？

____

____

(3) 摇臂钻床的结构有哪几部分？

____

____

2. 操作练习：钻头的装拆。

(1) 装拆直柄钻头用钻夹头夹持。先将钻头塞入钻夹头的三卡爪中央。其夹持长度一般不小于 15mm，然后用钥匙旋转外套，使环形螺母带动三只卡爪移动。做夹紧或放松动作，如图 5-7 所示。

图5-7　钻夹头夹持

(2) 装拆锥柄钻头用柄部的莫氏锥体直接与钻床主轴连接。连接时必须将钻头锥柄和主轴锥孔擦拭干净，且使矩形舌部的长向与主轴上的腰形孔中心线方向一致。利用加速冲力一

次装接(见图 5-8(a))，当钻头锥柄小于主轴锥孔时可配合用锥套(见图 5-8(b))来连接，装接牢固，且在旋转时径向跳动应最小。对套筒内的钻头和在钻床主轴上的钻头的拆卸，是用斜铁敲入的套筒或钻床主轴的腰形孔内，斜铁带圆弧的一边要放在上面，利用斜铁斜面的向下分力，使钻头与套筒或钻头与主轴分离(见图 5-8(c))。

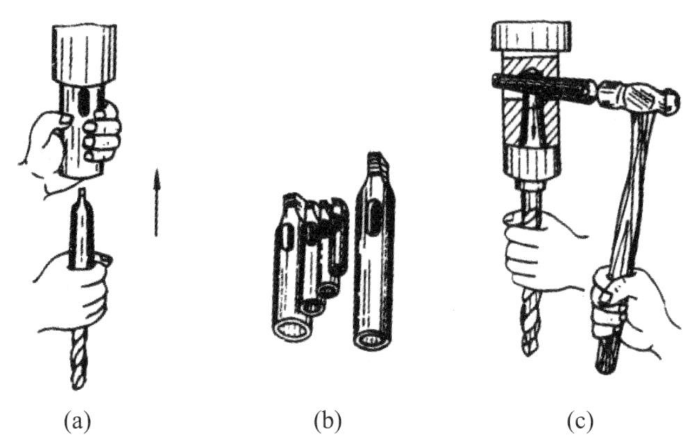

图5-8　锥柄钻头的装拆及锥套组合

任务十二　刃磨钻头

知识目标

1. 掌握麻花钻的结构与组成部分；
2. 掌握麻花钻的主要几何参数；
3. 掌握的麻花钻的刃磨方法。

能力目标

1. 能够正确认识麻花钻的结构与主要几何参数；
2. 能够按要求刃磨麻花钻并安装。

素质目标

1. 具有自主学习的意识和能力；
2. 具有严谨学习态度，养成认真仔细的好习惯。

任务描述

孔加工用的刀具种类很多，一般可分为两大类：一类是在实体材料上加工出孔的刀具，如麻花钻、中心钻、深孔钻等；另一类是对工件上已有孔进行再加工用的刀具，如扩孔钻、锪钻、绞刀及镗刀等。如图 5-9 所示为常用的孔加工刀具。本任务主要学习麻花钻的结构与组成部分，认识麻花钻的主要几何参数，学会麻花钻的刃磨。

图5-9　常用孔加工刀具

一、常用钻头种类

常用钻头按用途划分有麻花钻、扁钻、深孔钻、扩孔钻、锪钻等几种类型。

1. 麻花钻

孔加工微课

麻花钻是应用最广的孔加工刀具。通常直径范围为 0.25～80mm。它主要由工作部分和柄部构成。工作部分有两条螺旋形的沟槽，形似麻花，因而得名，如图 5-10 所示。

2. 扁钻

扁钻的切削部分为铲形，结构简单，制造成本低，切削液容易导入孔中，但切削和排屑性能较差。扁钻的结构有整体式和装配式两种。整体式主要用于钻削直径为 0.03～0.5mm 的微孔。装配式扁钻刀片可换，可采用内冷却，主要用于钻削直径为 25～500mm 的大孔，如图 5-11 所示。

图5-10　麻花钻

图5-11　扁钻

3. 深孔钻

深孔钻通常是指加工孔深与孔径之比大于 6 的刀具。常用的有枪钻、BTA 深孔钻、喷射钻、DF 深孔钻等。套料钻也常用于深孔加工，如图 5-12 所示。

4. 扩孔钻

如图 5-13 所示，扩孔钻有 3～4 个刀齿，其刚性比麻花钻好，用于扩大已有的孔并提高加工精度和光洁度。

图5-12　深孔钻

图5-13　整体硬质合金三刃扩孔钻

5. 锪钻

锪钻有较多的刀齿，以成形法将孔端加工成所需的外形，用于加工各种沉头螺钉的沉头孔或削平孔的外端面，如图 5-14 所示。

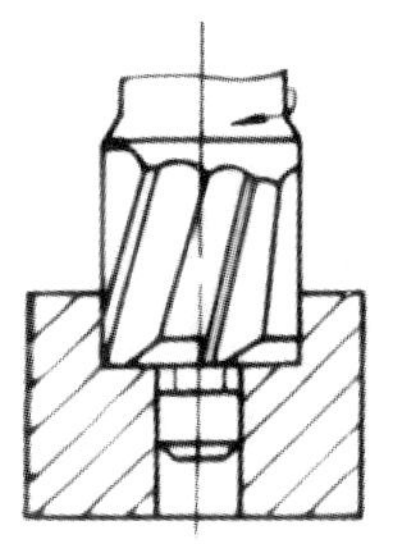

(a) 锪圆柱形沉孔

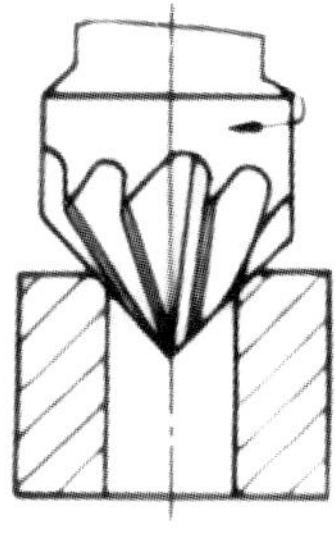

(b) 锪锥形沉孔

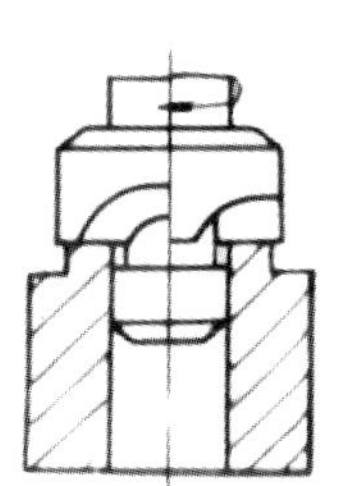

(c) 锪凸台平面

图5-14　锪钻加工

6. 中心钻

中心钻供钻削轴类工件的中心孔用，它实质上是由螺旋角很小的麻花钻和锪钻复合而成，故又被称为复合中心钻。

二、麻花钻的结构

麻花钻是孔加工中应用最广泛的刀具，它主要用来在实体材料上钻削精度较低和表面较粗糙的孔，或用来对加工质量要求较高的孔进行预加工，有时也把它作为扩孔钻使用。麻花钻的加工精度一般在 IT12 左右，表面粗糙度 *Ra* 为 6.3～12.5μm，钻孔直径一般为 0.1～80mm。

按刀具材料的不同，麻花钻可分为高速钢钻头和硬质合金钻头，高速钢麻花钻的种类很多。按柄部形状分类有直柄和锥柄，直柄一般用于小直径钻头，锥柄一般用于大直径钻头；按长度分类有基本型和短、长、加长、超长等各种钻头。

硬质合金麻花钻有整体式、镶片式和无横刃式三种，直径较大时还可采用可转位结构。

如图 5-15 所示，麻花钻的各组成部分名称及功能如下。

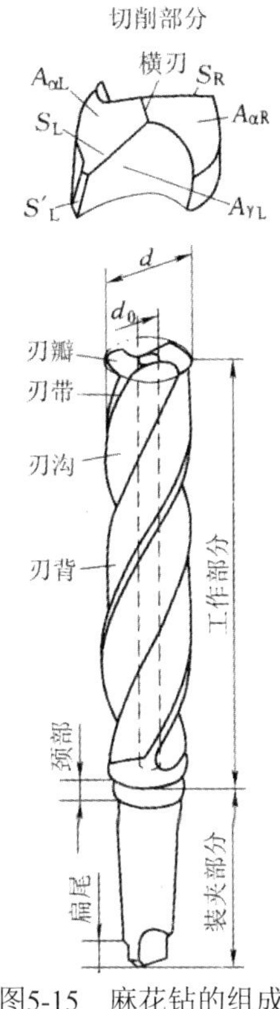

图5-15　麻花钻的组成

1. 装夹部分

装夹部分包括钻柄与颈部，用于与机床的连接并传递动力。直径在 12mm 以下的小直径钻头用圆柱柄；12mm 以上的做成莫氏锥柄，锥柄端部做成扁尾，用于传递转矩和使用楔铁将钻头从钻套中击出。颈部是柄部与工作部的连接部，其直径略小，可供磨削外径时砂轮退刀，上面印有厂标、规格等标记。

2. 工作部分

工作部分用于导向、排屑，也是切削部分的后备部分。外圆柱上有两条螺旋形棱边，也被称为刃带，可控制孔的轮廓形状，保持钻头进给方向。两条螺旋刃沟是排屑的通道。钻体心部称为钻心，连接两条刃瓣。

3. 切削部分

切削部分是指钻头前端有切削刃的部分。切削部分由两个前面、后面、副后面组成。前面是螺旋沟形成的螺旋面；后面的形状由刃磨机床或夹具的运动决定，一般用锥磨法刃磨夹具磨出的是圆锥面，有的钻头磨床磨出的是螺旋面，有些专用的或数控钻头磨床可生产复杂的运动磨出某些特殊的曲面，小钻头可用简单的夹具磨出平面形成后面；副后面就是刃带棱面。前后面相交为主切削刃，两主后面相交为横刃，两条刃沟与刃带棱面相交的两条螺旋线是副切削刃。

三、麻花钻切削部分的主要几何参数

如图 5-16 所示，麻花钻切削部分的主要几何参数如下。

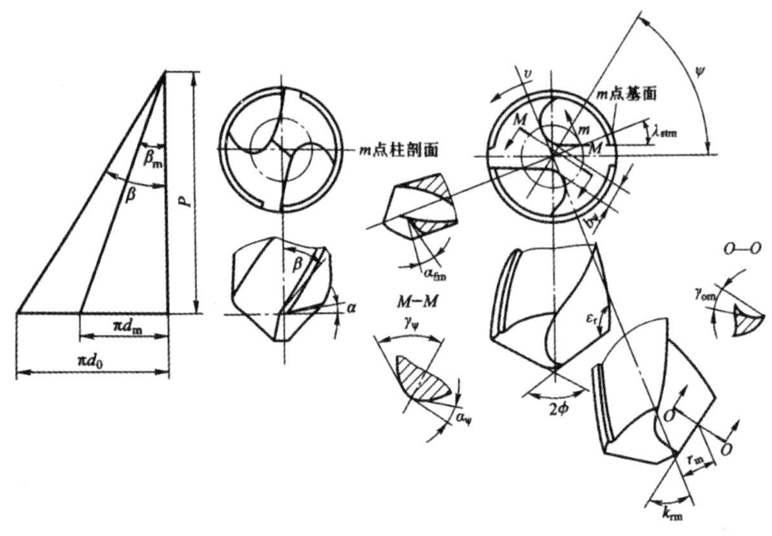

图5-16　麻花钻的主要几何参数

1. 螺旋角 β

螺旋角 β 指钻头刃带螺旋线上任一点的切线与钻头轴线之间的夹角。麻花钻不同直径处的螺旋角不同，钻头外沿处的螺旋角最大，越接近钻心，螺旋角越小。刃带处的螺旋角一般为 25°～32°。最大螺旋角可使前角增大，有利于排屑，使切削轻快，但钻头刚性变差。小直径钻头，为提高钻头刚性，螺旋角可取小些。钻削较软材料、铝合金时，为改善排屑效果，螺旋角可取大些。

2. 顶角 2ϕ

顶角 2ϕ 指两条主切削刃在与之平行的中心截面上的投影的夹角。顶角越小，则主切削刃越长，切削宽度增加，单位切削刃上的负荷减轻，轴向力减小，这对钻头轴向稳定性有利。顶角减小，则外缘处的刀尖角 ε_r 增大，有利于散热和刀具耐用度的提高。但顶角过小，钻尖强度减弱，切屑变薄，切屑变形增大，导致扭矩增大，钻头易折断。故当钻削强度和硬度较高的工件时，顶角不宜磨得太小，以免钻头发生折断。一般在钢和铸铁材料上钻孔时，顶角取 116°～120°。标准麻花钻的顶角 2ϕ 为 118°±2°。

3. 前角 γ_{om}

前角 γ_{om} 是正交平面 *O-O* 内前刀面与基面之间的夹角。由于前刀面是螺旋面，故主切削刃各点的前角是变化的，且变化值很大。从钻头外缘到钻心处，前角由＋30°减小到－30°。

4. 后角 α_{fm}

后角 α_{fm} 是在平行于进给运动方向上的假定工作平面(以钻头为轴心，过切削刃上选定点的圆柱面)中测量的后面与切削平面间的夹角，如图 5-17 所示。主切削刃上各点的后角由钻头外缘到钻心逐渐增大，外缘处后角为 4°～8°，近横刃处为 20°～25°。

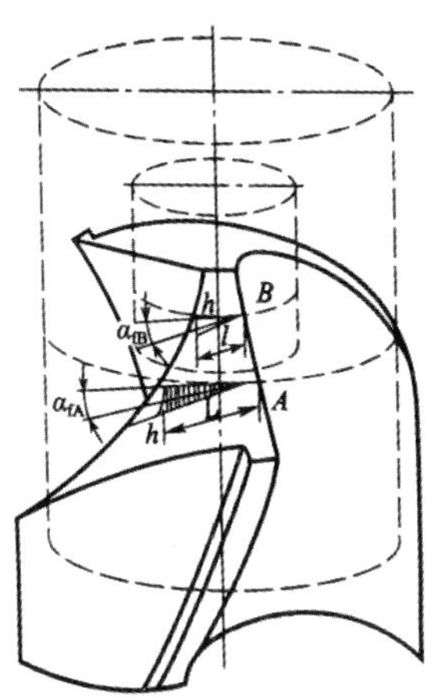

图5-17　麻花钻的后角

5. 横刃角度

包括横刃斜角 ψ、横刃前角 γ_ψ、横刃后角 α_ψ。

横刃斜角 ψ 是主切削刃与横刃在钻头端面上投影的夹角。当麻花钻后刀面磨成后，横刃斜角自然形成。顶角、后角刃磨正常的标准麻花钻横刃斜角 ψ=47°～55°。

横刃前角 γ_ψ 是在横刃剖面中前刀面与基面之间的夹角。由于横刃的基面位于刀具的实体内，故横刃前角为负值。

横刃后角 α_ψ 是在横刃剖面中后刀面与切削平面间的夹角。

由上述结构分析可以看出，麻花钻在结构上存在以下缺点：

(1) 横刃处很大的负前角，加工时挤刮金属，造成很大的轴向抗力，钻孔时钻头易弯曲引偏。对于直径较大的麻花钻，一般均需修磨横刃以减小轴向力。

(2) 麻花钻的主切削刃上各点的前角、后角是变化的，外缘处前角约为 30°，而靠近横刃处的前角约为−30°，外缘处前角大、刃口很弱，容易磨损，靠近钻心处为负前角，切削条件差，切削变形和切削力大。

(3) 主切削刃长，切削宽度大，不易卷曲排屑等。

三、标准麻花钻的刃磨与群钻

1. 标准麻花钻的刃磨方法

1) 刃磨要求

标准麻花钻的刃磨要求如图 5-18 所示。

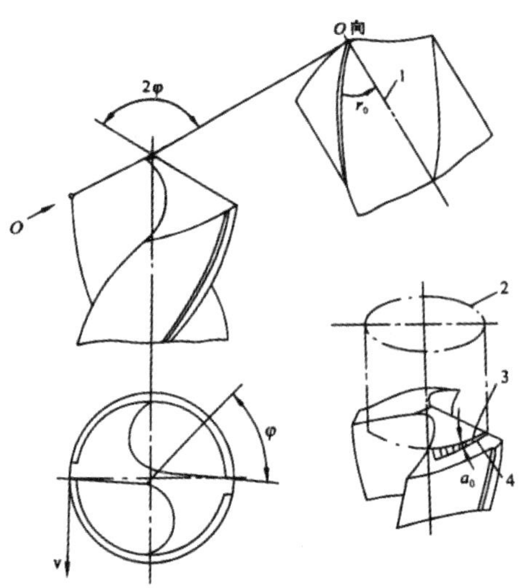

图5-18　钻头的角度

(1) 顶角 2φ 为 118°±2°。

(2) 外缘处后角 α_0 为 10°～14°。

(3) 横刃斜角 ψ 为 50°～55°。

(4) 两主切削刃长度以及和钻头轴线组成两个 φ 角相等。

2) 刃磨质量对加工孔的影响

影响刃磨质量的因素如图 5-19 所示。

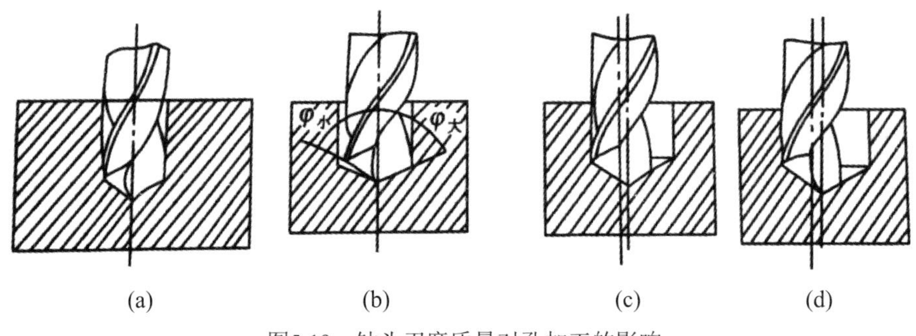

图5-19　钻头刃磨质量对孔加工的影响

图 5-19(a)为刃磨正确的情况；图 5-19(b)为两个 φ 角刃磨不对称对孔加工的影响；图 5-19(c)为主切削刃刃磨的长度不一致对孔加工的影响；图 5-19(d)为两个 φ 角刃磨不对称，且主切削刃长度也不一致，在钻孔时钻出的孔孔径扩大或歪斜。同时，由于两主切削刃所受的切削抗力不均衡，造成钻头振摆，磨损加剧。

3) 钻头横刃的修磨

标准麻花钻的横刃较长，且横刃处的前角存在较大的负值。因此在钻孔时，横刃处的切削为挤刮状态，轴向抗力较大，同时，横刃长定心作用不好，钻头容易发生抖动。

把横刃磨短成 b=0.5～1.5mm，修磨后形成内刃，并使内刃斜角 τ=20°～30°。内刃处前角 γ_τ=0°～15°，如图 5-20 所示。

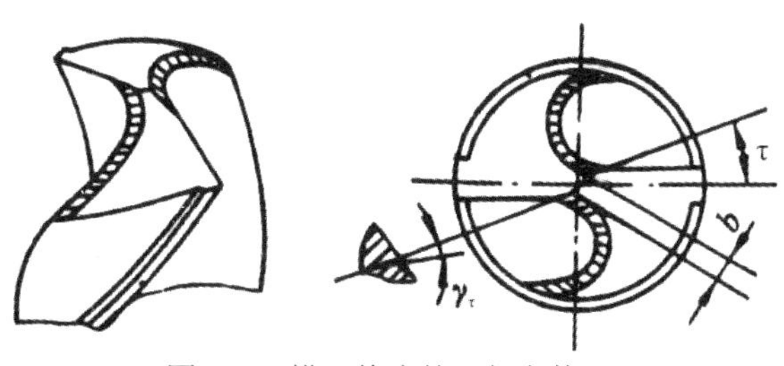

图5-20　横刃修磨的几何参数

4) 修磨时钻头与砂轮的相对位置

钻头在水平面内与砂轮侧面左倾约 15°夹角，在垂直平面内与磨点的砂轮半径方向约成 55°下摆角，如图 5-21 所示。

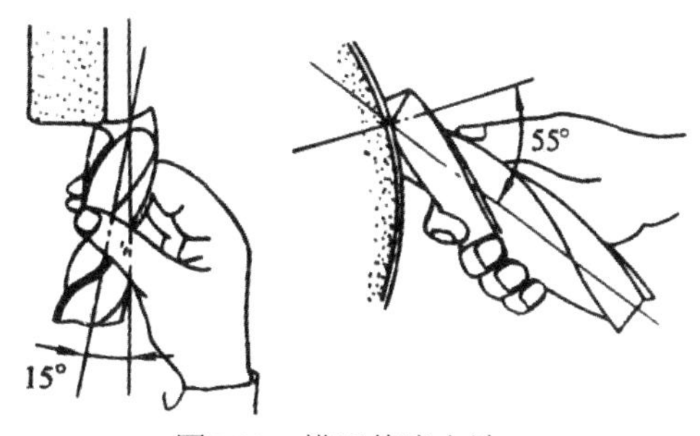

图5-21　横刃修磨方法

2. 群钻

图 5-22 是通过修磨后得到的先进钻形——群钻。群钻共有七条主切削刃，外形上呈现出三个尖。外缘处磨出较大顶角形成直刃，中段磨出内凹圆弧刃，钻心修磨横刃形成内直刃。直径较大的钻头在一侧外刃上再开一条或两条分屑槽。因此，群钻的刃形特点是：三尖七刃锐当先，月牙弧槽分两边，一侧外刃开屑槽，横刃磨低窄又尖。

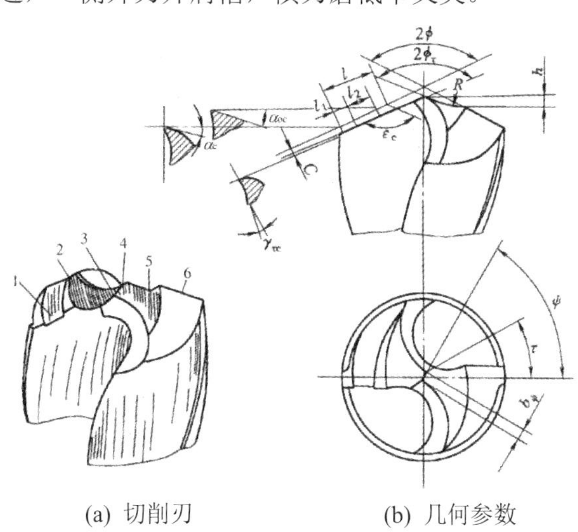

(a) 切削刃　　(b) 几何参数

1—分屑槽；2—月牙槽；3—横刃；4—内直刃；5—圆弧刃；6—外直刃

图5-22　基本型群钻的几何参数

与普通钻头相比，群钻有以下特点：

(1) 群钻的横刃长度只有普通钻头的 1/5，主刃上前角平均值增大，进给抗力下降 35%～50%，转矩下降 10%～30%，因此群钻的进给量比普通钻头提高了约 3 倍，钻孔效率大大提高，而寿命也提高了 2～3 倍。

(2) 群钻的定心作用好，故钻孔的形位公差与加工表面粗糙度值也较小。

(3) 群钻加工的适应性强，在对铜、铝、有机玻璃等材料的加工中，或加工薄板、斜面、扩孔时，通过选用不同的钻形均可改善钻孔质量，取得满意效果。

钻研与创新——“三尖七刃”钻头

1953 年，当倪志福还是北京永定机械厂一名钳工时，他针对普通麻花钻钻不动抗美援朝中破损装甲车特种钢板的难题，经过反复试验，发明了高效、长寿、优质（加工精度高）的“三尖七刃”钻头。用倪志福革新后的钻头钻削钢件时，轴向力和扭矩分别比标准麻花钻降低 30%～50%和 10%～30%，切削时产生的热量显著减少。此外，革新后的钻头三个尖顶，可改善钻削时的定心性，提高钻孔精度。“倪志福钻头”比当时国际标准钻头寿命延长 3.4 倍，效率约高 1 倍。但倪志福谦虚地把“倪志福钻头”称为“群钻”，意思是群众参与了改进和完善。但是由于当时我国没有专利制度，倪志福公布了技术成果而丧失了专利申请权，这一发明一直在全世界范围内被无偿使用。1965 年，当时的科委主任聂荣臻为倪志福颁发了“发明证书”，1986 年联合国世界知识产权组织也因此为倪志福颁发了金质奖章和证书。

任务实施

1. 结合图 5-23，填写表 5-1 中标准麻花钻的组成部分及结构。

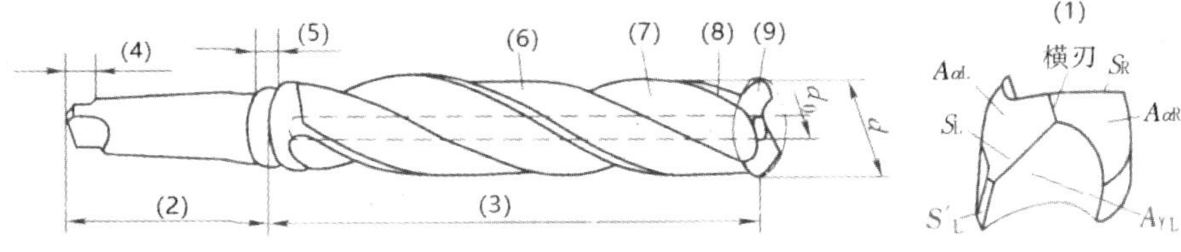

图5-23　标准麻花钻结构

表5-1　标准麻花钻的结构名称

图中编号	名称	图中编号	名称
(1)		(5)	
(2)		(6)	
(3)		(7)	
(4)		(8)	

2. 在图 5-24 中标出麻花钻的螺旋角 β、顶角 2ϕ、前角 γ_{om}、后角 α_{fm}、横刃斜角 ψ、横

刃前角 γ_{ψ}、横刃后角 α_{ψ}。

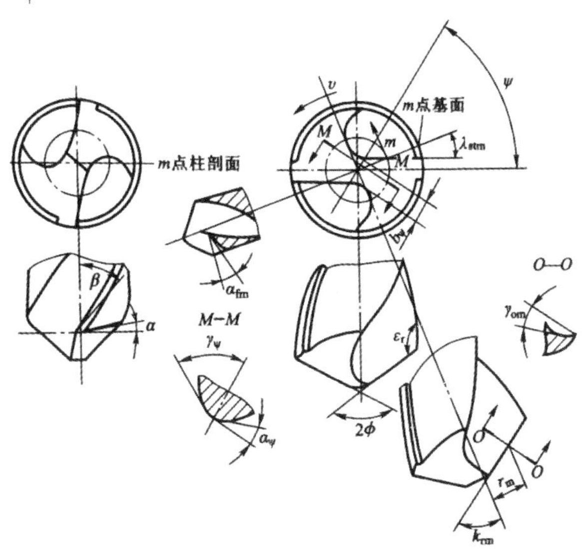

图5-24　标出麻花钻的几何参数

3. 麻花钻刃磨

(1) 针对实物及钻头模型掌握麻花钻切削部分的构成。

(2) 对 ϕ 12 标准麻花钻进行刃磨，要求切削角度如下：

顶角 2ϕ=118°±2°，外缘后角 α_o=10°～14°，横刃斜角 ψ=50°～55°，两主切削刃长度以及和钻头轴线组成的两个角相等。

(3) 对麻花钻的切削角度进行检验，并进行试钻检验切削效果。

任务十三　用钻床加工零件

知识目标

1. 掌握钻削工艺的特点；
2. 掌握钻削用量的选择；
3. 了解钻床夹具的种类，掌握常用的装夹方法。

能力目标

1. 严格按照钻床操作规范，操作钻床；
2. 能够根据零件加工要求选择合适的切削用量；
3. 能够加工简单的孔。

素质目标

1. 具有安全文明生产和环境保护意识；
2. 具有严谨认真和精益求精的职业素养。

任务描述

孔是盘类、套类和支架类、箱体类零件的重要表面之一。根据零件在机械产品中的作用不同，内孔有不同的尺寸精度和表面质量要求，同时有不同的结构尺寸，如通孔、盲孔、阶梯孔、深孔、大直径孔、小直径孔等。钻孔是用钻头在实体材料上加工孔的方法。钻孔常用的刀具是麻花钻，用麻花钻钻孔精度较低，一般为IT11～IT13，表面粗糙度 *Ra* 为12.5μm。因此，钻孔主要用于粗加工，例如精度和粗糙度要求不高的螺钉孔、油孔；一些螺纹在攻丝之前进行钻孔；要求精度较高和表面粗糙度数值较低的孔，也要以钻孔作为预加工工序。本任务主要学习如何选择钻削用量、钻削加工中常用的装夹方法，并学习孔的钻削方法。

知识链接

一、钻削工艺特点

钻削加工是以钻头或工件的旋转为主运动，两者的相对轴向运动为进给运动，对实体工件进行孔加工的切削加工方法。位于钻头端部的切削部分主切削刃切除工件上的材料，形成所要求的内孔。

钻削工艺特点视频

1. 钻削工艺特点

(1) 钻削时，钻头的工作部分大都处于已加工表面的包围中，切削部分始终处于一种半封闭状态，切削产生的热量不能及时散发，切削区特别是工件的温度高。

(2) 由于切削液最先接触的是正在排出的热切屑，达到切削区的切削液量有限，且温度已显著升高，因此冷却效果不好。

(3) 切屑只能沿已加工孔与钻头之间的螺旋槽流出，容屑空间小，排屑比较困难。

(4) 钻头的直径尺寸受孔径的限制，同时还要开出用于排屑的螺旋槽，导致钻头本身的强度及刚度比较差，在径向切削力的作用下，钻削过程中导向性差，易引偏。

由于上述原因，钻削加工出的孔尺寸精度较低，表面质量较差，精度等级一般为IT13～IT11，表面粗糙度 *Ra* 为50～12.5μm，常用于孔的粗加工。

2. 工艺措施

为保证孔的加工质量，冷却、排屑和导向定心是钻削加工必须重视的问题。实际应用中在钻头结构、工艺装配、切削条件等方面采取的措施都是围绕这三个方面的问题而提出的。针对钻削加工中存在的问题，常采取的工艺措施如下。

1) 导向定心问题

(1) 预钻锥形定心孔，即先用小顶角、大直径短麻花钻或中心钻钻一个锥形坑，再用所需尺寸的麻花钻钻孔。

(2) 刃磨钻头应尽可能使两主切削刃对称，使径向切削力互相抵消，减小径向引偏。

(3) 对于大直径孔(直径大于 30mm)，常采用在钻床上分两次钻孔的方法，即第二次按要求尺寸 d 钻孔，由于横刃未参加工作，因而钻头不会出现由此引起的弯曲。对于小孔和深孔，为避免孔的轴线偏斜，尽可能在车床上钻削。

(4) 在钻头上设计导向结构或利用夹具上的钻套提高钻头的刚性，起到导向作用。

2) 冷却问题

在实际生产中，可根据具体的加工条件，采用大流量冷却或压力冷却的方法，保证冷却效果。在普通钻削加工中，常采用分段钻削、定时退出的方法对钻头和钻削区进行冷却。另外还可以从钻头的结构入手提高冷却效果。

3) 排屑问题

在普通钻削加工中，常采用定时回退的方法排除切屑；在深孔加工中，要通过钻头的结构和冷却措施结合，由压力冷却液把切屑强制排除。在主切削刃上开分屑槽，减小切屑宽度，使切屑便于卷曲，也是改善排屑效果的方法。

大国工匠 ——戎鹏强

炮管，作为火炮的重要组成部分，它的好坏直接决定了火炮的射击精度和性能威力。当炮弹发射时，炮膛内的温度会瞬间上升到 3000℃以上，压强上升到 600MPa 以上，相当于在指甲盖大小的面积上施加 6t 的压力，所以，用来制造火炮炮管的特殊钢材，因其超高的强度，一直被称为“钢中之王”。火炮炮管的制造属于深孔加工工业，就是在强度超高的合金钢上打孔，这道特殊的工艺也被称为深管镗孔，在所有的加工技术当中属于较难掌握的工艺之一，所以，要想给“钢中之王”打孔，可不是谁都能做到的，这样的加工要求丝毫不差。中国兵器工业集团内蒙古北方重工业集团有限公司全国劳模戎鹏强 38 年来练成以手为眼绝技的秘诀，都藏在他加工的深孔之中。戎鹏强说“深孔加工，讲究的一个是要‘正’，一个是要‘直’。这么多年，这两个字一直是我追求的。深孔和人生一样，不能走偏。”

二、钻削用量选择

1. 钻削过程的特点

钻削加工中，钻心处的切削刃前角为负，特别是横刃切削时产生的刮削挤压，切削呈粒状并被压碎。钻心处直径几乎为零，但仍有进给运动，使钻心横刃处工作后角为负，相当于用楔角为 $\beta_{0\psi}$ 的凿子劈入工件，称楔劈挤压。这是导致钻削轴向力增大的主要原因。

主切削刃各点前角、刃倾角不同，使切削变形、卷曲、流向也不同。又因排屑受到螺旋槽的影响，故切削韧性材料时，切屑卷成圆锥螺旋形，断屑比较困难。

钻头韧带无后角，与孔壁摩擦严重，加工塑性材料时易产生切屑瘤，从而影响加工质量。

2. 钻削用量及其选择

钻削用量包括背吃刀量(钻削深度)a_p、进给量f、切削速度v_c三要素。

1) 切削速度v_c

指钻头外圆(缘)处的线速度(单位为m/min)。

$$v_c = \frac{\pi dn}{1000}$$

式中，d——钻头直径，mm；

n——钻头或工件的转速，r/min。

高速钢钻头的切削速度推荐按表5-2的数值选用，也可参考有关手册、资料选取。

表5-2 高速钢钻头切削速度

加工材料	低碳钢	中高碳钢	合金钢、不锈钢	铸铁	铝合金	铜合金
钻削速度v_c/(m/min)	25～30	20～25	15～20	20～25	40～70	20～40

2) 进给量

钻削加工的进给量有每转进给量f(单位为mm/r)、每齿进给量f_z(单位为mm/z)、进给速度v_f(单位为mm/min)三种形式，三者的关系是

$$v_f = nf = znf_z$$

式中，z——钻头的齿数(刀刃数)，标准麻花钻z=2，扩钻孔z=3或4。

进给量的选择一般受钻头刚性与强度限制，当使用大直径钻头时才受机床进给机构动力与工艺系统刚性的限制。普通钻头进给量可按下列公式估算：

$$f=(0.01\sim0.02)d \tag{5-1}$$

若钻头修磨的较合理，可选f=0.03d，直径d<3～5mm的钻头，常用手动进给。

3) 背吃刀量a_p

钻削加工时，钻头直径由工艺尺寸决定，因此钻头的半径就是钻削的背吃刀量a_p，即a_p=d/2。钻削加工的孔应尽可能一次钻出，当机床性能不能满足要求时，采用先钻孔再扩孔的工艺。采用扩孔工艺时，钻孔直径取孔径的50%～70%。

钻削时的轴向力、转矩及功率的计算公式如表5-3所示。

表5-3 钻削时的轴向力、转矩及功率的计算公式

计算公式			
名称	进给力/N	转矩/(N·m)	功率
计算公式	$F_f = C_{Ff} d^{zFf} f^{yFf} K_{Ff}$	$M_c = C_{M_c} d^{zMc} f^{yMc} K_{Mc}$	$P_c = \frac{M_c v_c}{30d}$

公式中的系数和指数							
加工材料	刀具材料	系数和指数					
		轴向力			转矩		
		C_{Ff}	z_{Ff}	y_{Ff}	C_{M_c}	z_{M_c}	y_{M_c}

(续表)

计算公式							
名称	进给力/N	转矩/(N·m)			功率		
钢 σ_b=650MPa	高速钢	600	1.0	0.7	0.305	2.0	0.8
不锈钢(1Cr18Ni9Ti)	高速钢	1400	1.0	0.7	0.402	2.0	0.7
灰铸铁(硬度 190HBW)	高速钢	420	1.0	0.8	0.206	2.0	0.8
	硬质合金	410	1.2	0.75	0.117	2.2	0.8
可锻铸铁(硬度 150HBW)	高速钢	425	1.0	0.8	0.206	2.0	0.8
	硬质合金	320	1.2	0.75	0.098	2.0	0.8
中等硬度非均质铜合金(硬度 100～140 HBW)	高速钢	310	1.0	0.8	0.117	2.0	0.8

三、钻床夹具

在钻床上进行孔的钻、扩、铰、锪、攻螺纹等加工所用的夹具称为钻床夹具，也称钻模。钻模一般由钻模板、钻套、定位元件、夹紧装置和夹具体等组成。

1. 钻套

钻床夹具视频

钻套和钻模板是钻床夹具的特殊元件。钻套装配在钻模板上，作用是确定被加工孔的位置和引导刀具加工。按钻套的结构和使用情况，可分为以下类型。

1) 固定钻套

如图 5-25(a)所示，固定式钻套分为 A、B 型两种。钻套与钻模板的配合为 H7/n6 或 H7/R6。固定钻套结构简单，钻孔精度高，适用于单一钻孔工序和中、小批生产。

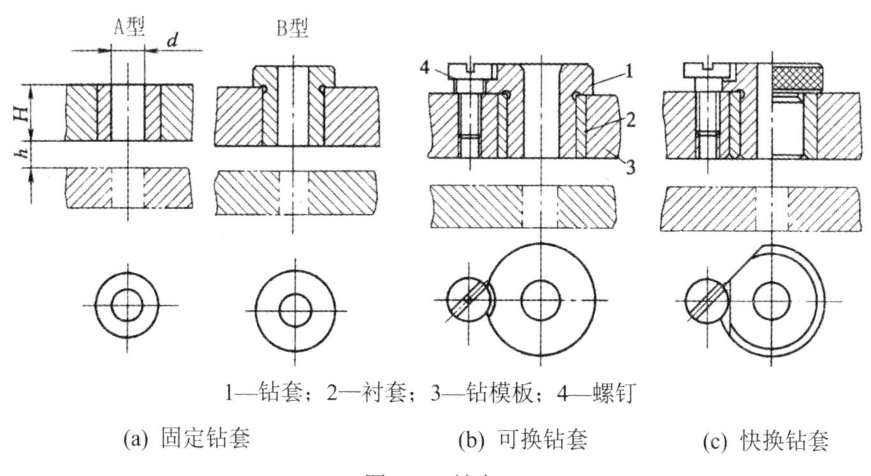

1—钻套；2—衬套；3—钻模板；4—螺钉

(a) 固定钻套　(b) 可换钻套　(c) 快换钻套

图5-25　钻套

2) 可换钻套

如图 5-25(b)所示，在大批量生产的单一钻孔工步中，为便于更换磨损的钻套，应选用可换钻套。可换钻套与衬套之间采用 H7/g6 或 H7/h6 配合，衬套与钻模板之间采用 H7/R6 配合。当钻套磨损后，可卸下螺钉，更换新的钻套。螺钉能防止加工时钻套转动和退刀时随刀具拨出。

3) 快换钻套

如图 5-25(c)所示，当工件需钻、扩、铰多工步加工时，为能快速更换不同孔径的钻套，应选用快换钻套。快换钻套的有关配合与可换钻套相同。更换钻套时，将钻套削边转至螺钉处，即可取出钻套。钻套的削边方向应考虑刀具的旋向，以免钻套随刀具自行拨出。

以上三类钻套已标准化，其结构参数、材料、热处理方法等，可查阅有关手册。

2. 钻模板

钻模板用于安装钻套并确定不同孔的钻套之间的相对位置。按其与夹具的具体连接方式可分为固定式、铰链式、可卸式及悬挂式等几种。图 5-26 中，图(a)为固定式钻模板，图(b)为铰链式钻模板，图(c)为可卸式钻模板。下面以固定式钻模板与铰链式钻模板为例进行说明。

1) 固定式钻模板

钻模板和夹具体或支架的固定方法一般采用两个圆锥销和几个螺钉装配连接；对于简单的结构也可采用整体的铸造或焊接结构，如图 5-26(a)所示。采用螺钉和圆锥销连接的钻模板可在装配时调整位置，钻孔精度较高，因而使用较广泛。

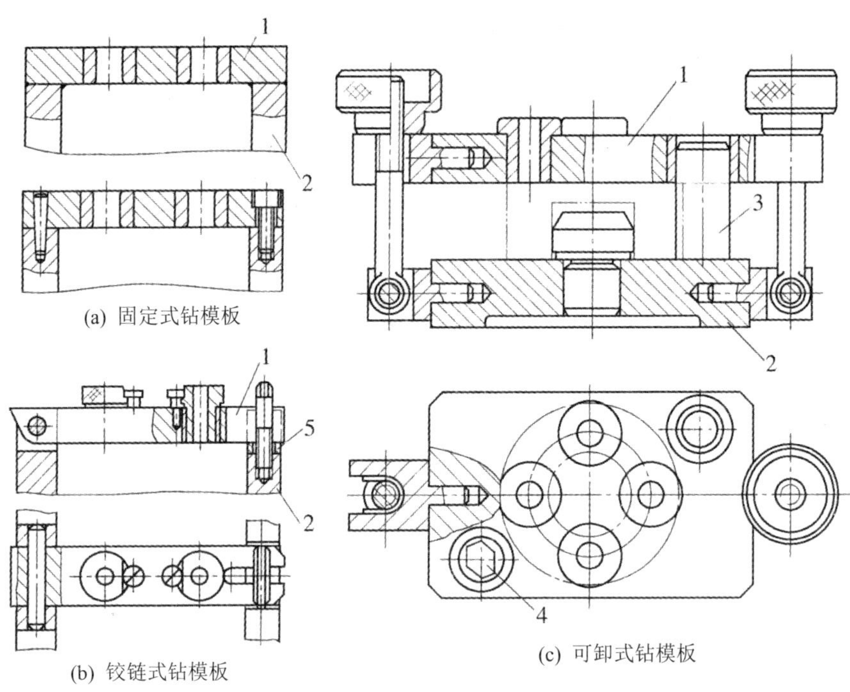

(a) 固定式钻模板

(b) 铰链式钻模板

(c) 可卸式钻模板

1—钻模板；2—夹具体(支架)；3—圆柱销；4—菱形销；5—垫片

图5-26 钻模板的类型

2) 铰链式钻模板

当钻模板妨碍工件装卸或钻孔后需攻螺纹时，可采用如图 5-26(b)所示的铰链式钻模板。

铰链销与钻模板的销孔采用 G7/h6 配合，与铰链座的销孔采用 N7/h6 配合。钻模板与铰链座凹槽一般采用 H8/g7 配合，精度要求高时应配作，间隙控制在 0.01～0.02mm。钻套导向孔与夹具安装面的垂直度，可通过调整垫片或修磨支承件的高度予以保证。由于铰链销孔之间存在配合间隙，所以该类型钻模板的加工精度比固定式钻模板低。

3. 几种典型的钻床夹具

钻床夹具的类型较多，一般分为固定式、回转式、翻转式、盖板式和滑柱式等几种类型。

钻床夹具—固定式钻模动画

1) 固定式钻模

使用过程中在机床上的位置固定不变的钻模称为固定式钻模。固定式钻模的加工精度较高，主要用于在立式钻床上加工较大的单孔或在摇臂钻床上加工平行孔系。在立式钻床上安装钻模时，一般先将装在主轴上的定尺寸刀具(精度要求高时用心轴)伸入钻套中，以确定钻模的位置，然后将其紧固。图 5-27(a)所示为加工图 5-27(b)工件上 ϕ12H8 孔的固定式钻模。这类钻模加工精度较高。

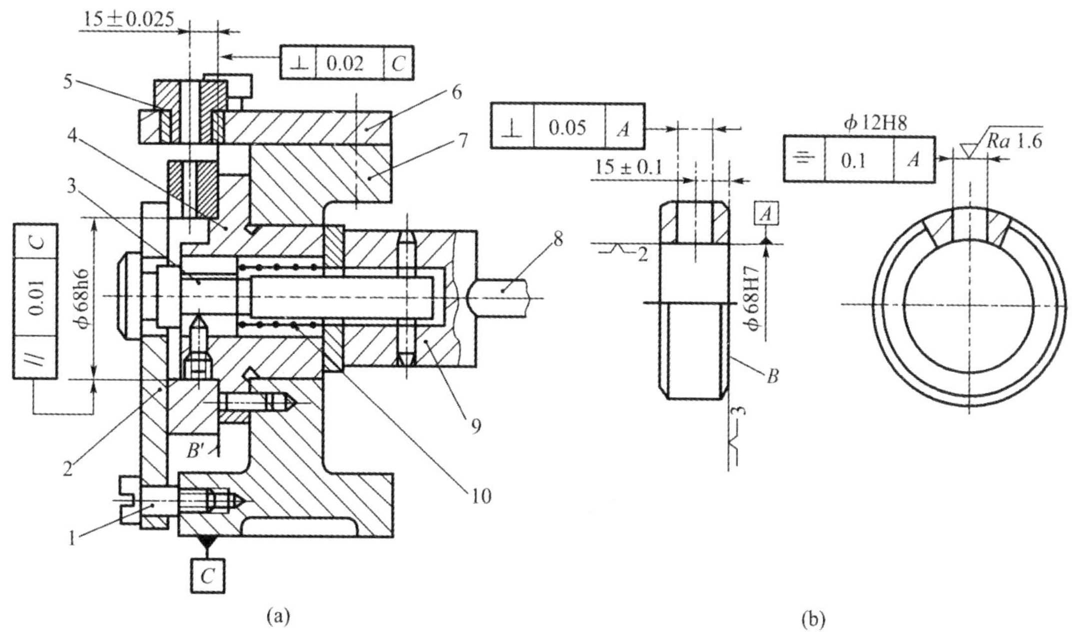

1—螺钉；2—开口垫圈；3—拉杆；4—定位法兰；5—快换钻套；6—钻模板；7—夹具体；8—手柄；9—偏心轮；10—弹簧

图5-27　固定式钻模

2) 回转式钻模

这种钻模带有分度装置，一般适用于加工同一圆周上的平行孔系或同一截面内或同一直线上的等距孔系。加工过程中钻套一般固定不动，分度装置带动工件实现预定的回转或移动。图 5-28 为回转式钻模的实例。

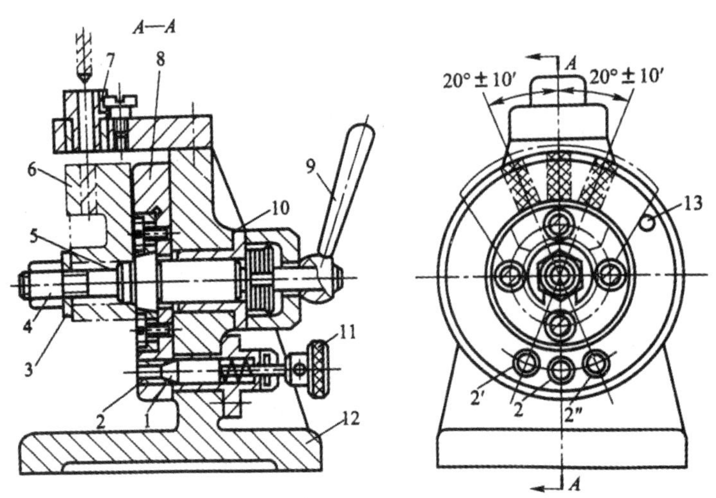

1、5—定位销；2—定位套；3—开口垫圈；4—螺母；6—工件；7—钻套；8—分度盘；9—手柄；10—衬套；11—捏手；12—夹具体；13—挡销

图5-28　回转式钻模

3）翻转式钻模

一般用于加工小型工件上分布在不同表面上的孔，这类夹具的外形为箱型或多面体结构，使用过程中可在工作台上翻转，实现加工表面的转换。可减少工件安装次数，保证孔的位置精度。该类夹具多用于批量不大的生产中，且夹具连同工件的总质量一般不超过 10kg。图 5-29 所示为加工套筒四个径向孔的翻转式钻模。

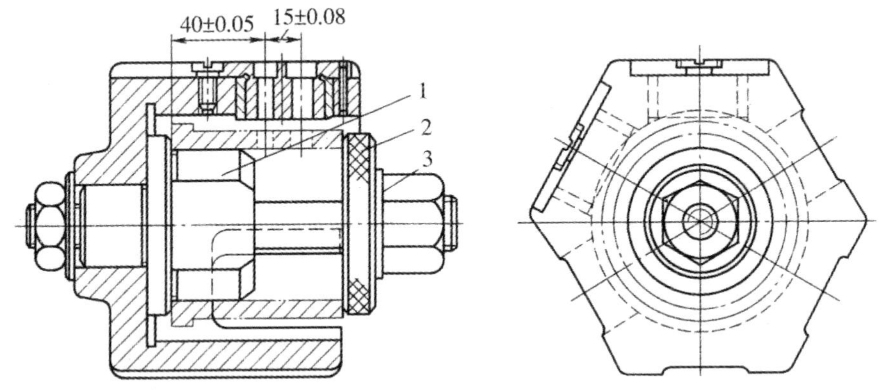

1—定位销；2—快换垫圈；3—螺母

图5-29　翻转式钻模

4）盖板式钻模

这类钻模没有夹具体，钻套定位元件和夹紧装置一般都安装在钻模板上，将它放在工件上即可进行加工。盖板式钻模结构简单，一般多用于加工大型工件上的小孔。因夹具在使用时经常搬动，故需设置手把或吊耳，并尽可能减轻重量。图 5-30 为加工车床溜板箱上多个小孔的盖板式钻模。

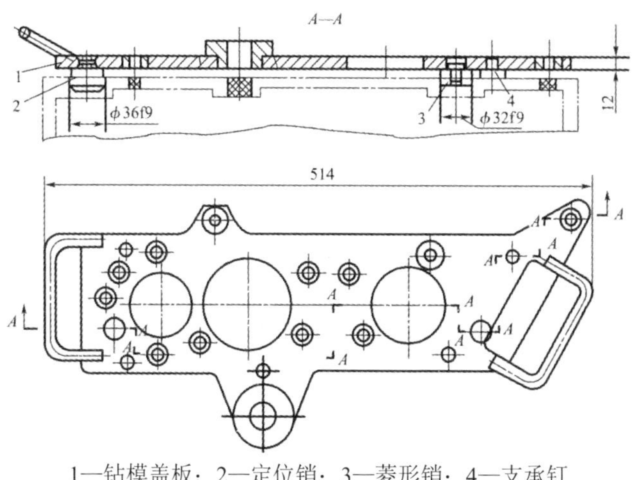

1—钻模盖板；2—定位销；3—菱形销；4—支承钉

图5-30　盖板式钻模

5) 滑柱式钻模

滑柱式钻模是一种带有升降模板的通用可调夹具，其结构已通用化，有手动、气动两种。图 5-31 所示为加工杠杆零件大端孔的手动滑柱式钻模。用上、下锥形定位套 3 和 5 定位并夹紧大端面外圆，保证孔壁厚均匀。小端柄部嵌入挡块 4 的凹槽，以防止钻孔时工件转动。操纵手柄 6 使钻模板下降，上、下锥形定位套 3 和 5 一起实现定心夹紧工件。手动滑柱式钻模板利用钻模板的升降实现工件的夹紧和放松，因此必须有相应的自锁机构使其有良好的自锁性。

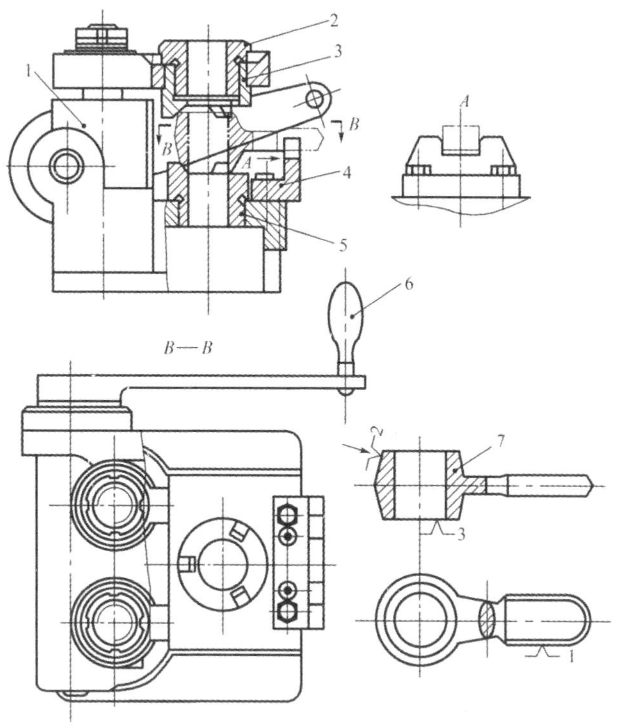

1—底座；2—钻套；3—上锥形定位套；4—挡块；5—下锥形定位套；6—手柄；7—工件

图5-31　滑柱式钻模

手动滑柱钻模的机械效率较低，夹紧力不大。此外，由于滑柱钻模和导孔之间为间隙配合(一般为 H7/f7)，因此被加工孔的垂直度和孔的位置尺寸精度都较低。但是其自封性能可靠，结构简单，操作方便，具有通用可调的优点，所以被广泛应用在各种生产类型中，特别适用于加工中、小型零件。

四、常用的装夹方法

工件钻孔时要根据工件的不同形体以及钻削力的大小(或钻孔的直径大小)等情况，采用不同的装夹方法，以保证钻孔的质量和安全。

1. 平整的工件用平口钳装夹

直径大于 8mm 时，平口钳须用螺栓、压板固定。钻通孔时，工件底部应垫上垫铁，空出落钻部位，如图 5-32 所示。

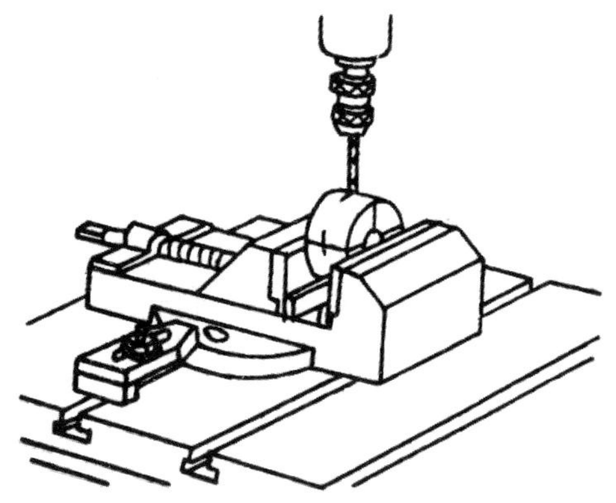

图5-32　平整工件装夹

2. 圆柱形的工件用 V 形架装夹

钻孔时应使钻头轴心线位于 V 形架的对称中心，如图 5-33 所示。

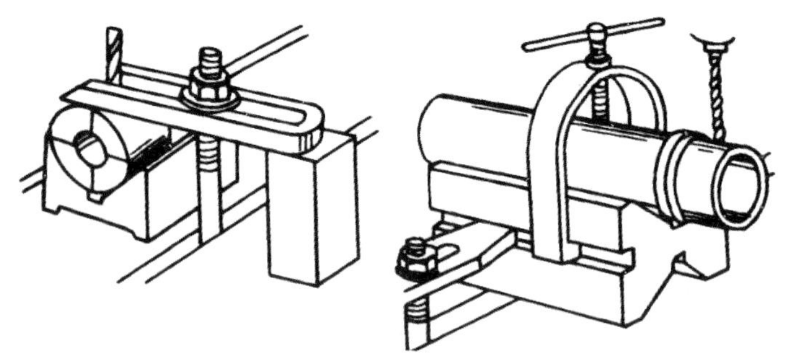

图5-33　圆柱形工件装夹

3. 压板装夹

对钻孔直径较大或不便用平口钳装夹的工件，可用压板夹持，如图 5-34 所示。

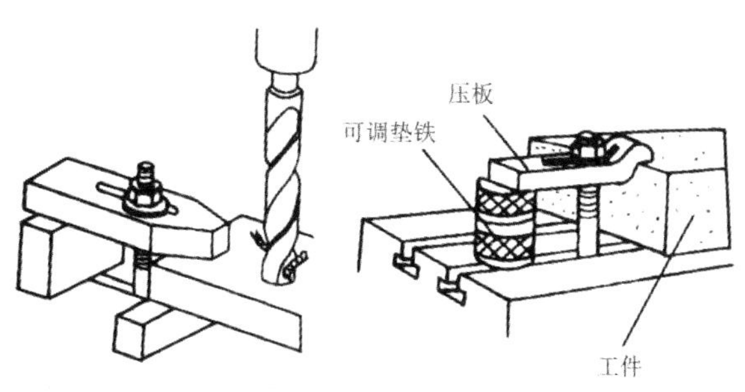

图5-34　用压板装夹工件

4. 卡盘装夹

方形工件钻孔，用四爪单动卡盘装夹，如图 5-35(a)所示；圆形工件端面钻孔，用三爪自定心卡盘装夹，如图 5-35(b)所示。

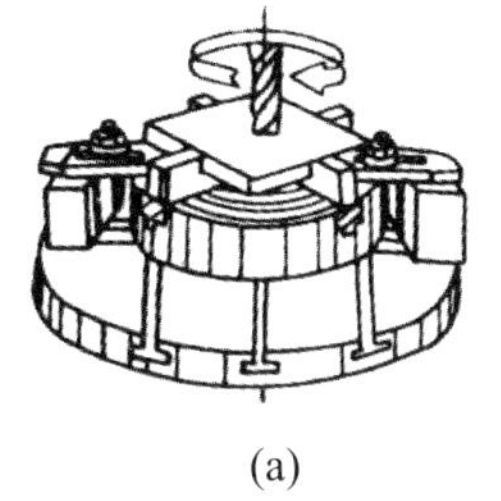

(a)

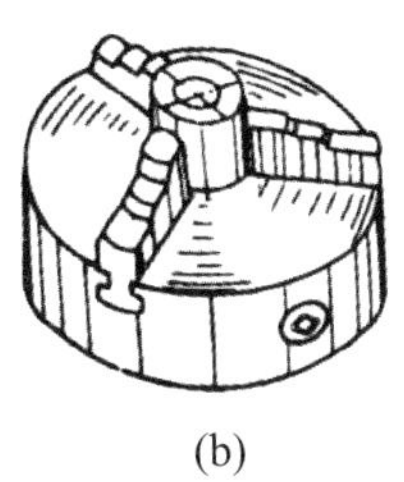

(b)

图5-35　卡盘装夹

5. 角铁装夹

底面不平或加工基准在侧面的工件用角铁装夹，如图 5-36 所示。

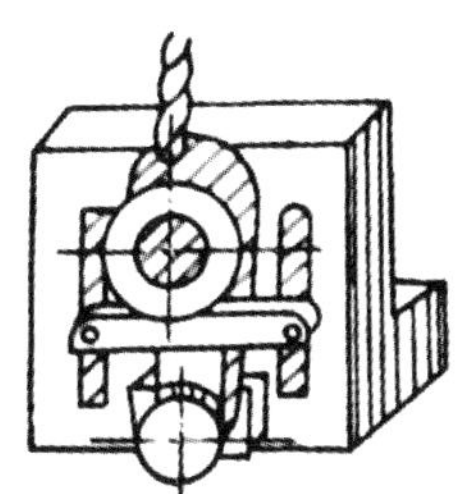

图5-36　角铁装夹

6. 手虎钳装夹

在小型工件或薄板件上钻小孔时，用手虎钳装夹，如图 5-37 所示。

图5-37　手虎钳装夹

任务实施

1. 小组协作与分工。每组 4～5 人，配备一台钻床进行实习，熟悉钻床加工的运动过程及常用的装夹方法，并讨论以下问题。

(1) 简述钻削工艺特点。

____

____

(2) 钻削加工常用的装夹方法有哪些？

____

____

(3) 钻床的通用夹具有哪些？分别适用于哪些零件？

____

____

(4) 针对钻削加工中存在的问题，常采取的工艺措施有哪些？

____

____

2. 钻孔练习。

(1) 完成麻花钻的刃磨练习。

① 由教师作刃磨示范。

② 用废旧钻头进行刃磨练习(钻头直径为 12～15)。

③ 完成练习件用钻头的刃磨。

(2) 在练习件上钻孔。

① 由教师作钻孔全过程的示范操作。

② 学生作钻床空车操作，并作钻床转速主轴头架和工作台升降等的调整练习。

③ 在练习件上进行划线，钻孔达到图样要求。

(3) 注意事项。

① 钻头的刃磨必须不断练习，做到刃磨的姿势、动作以及钻头几何形状和角度正确。

② 用钻夹头装夹钻头时要用钻夹头钥匙，不可用偏铁和手锤敲击，以免损坏夹头和影响钻床主轴精度。工件装夹时必须做好装夹面的清洁工作。

③ 钻孔时进给压力应根据钻头的工作情况，以目测和感觉进行控制，在实习中应注意掌握。

④ 钻头用钝后必须及时修磨锋利。

⑤ 注意操作安全。

能力拓展

钻削加工常见质量缺陷与预防如表 5-4 所示。

表5-4　钻削加工常见质量缺陷与预防

质量缺陷	产生原因	预防方法
钻头工作部分折断	1. 用钝钻头钻孔； 2. 进给量太大； 3. 切屑塞住钻头螺旋槽，未及时排出； 4. 孔快钻通时，进给量突然增大； 5. 工件松动； 6. 钻孔产生歪斜，仍继续工作	1. 把钻头磨锋利； 2. 正确选择进给量； 3. 钻头应及时退出，排出切屑； 4. 孔快钻通时，减少进给量； 5. 将工件装稳紧固； 6. 纠正钻头位置，减少进给量
切削刃迅速磨损	1. 切削速度过高，切削液不充分； 2. 钻头刃磨角度与工件硬度不适应	1. 降低切削速度，充分冷却； 2. 根据工件硬度选择钻头刃磨角度
孔径大	1. 钻头两切削刃长度不等，角度不对称； 2. 钻头产生摆动	1. 正确刃磨钻头； 2. 重新装夹钻头，消除摆动
孔呈多角形	1. 钻头后角太大； 2. 钻头两切刚刃长度不等，角度不对称	正确刃磨钻头，检查顶角、后角和切削刃
孔歪斜	1. 工件表面与钻头轴线不垂直； 2. 进给量太大，钻头弯曲； 3. 钻头横刃太长，定心不良	1. 正确装夹工件； 2. 选择合适的进给量； 3. 磨短横刃
孔壁粗糙	1. 钻头不锋利； 2. 后角太大； 3. 进给量太大； 4. 冷却不足，切削液润滑性能差	1. 刃磨钻头，保持切削刃锋利； 2. 减小后角； 3. 减少进给量； 4. 选用润滑性能好的切削液
钻孔位偏移	1. 划线或样冲眼中心不准； 2. 工件装夹不准； 3. 钻头横刃太长，定心不准	1. 检查划线尺寸和样冲眼位置； 2. 工件要装稳夹紧； 3. 磨短横刃

项目六

磨削加工技术

任务十四　认识磨削加工

知识目标

1. 了解磨床的分类、结构及其附件；
2. 掌握砂轮的结构及特性要素；
3. 掌握磨削加工的类型与方法。

能力目标

1. 能够认识磨床结构及常用砂轮；
2. 能够磨削简单的轴类零件。

素质目标

1. 具有安全文明生产和环境保护意识；
2. 具有严谨认真和精益求精的职业素养。

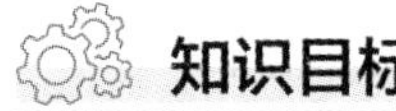

任务描述

磨削加工是指用带有磨粒的工具(砂轮、砂带、油石等)以给定的背吃刀量(或称切削深度)，对工件进行加工，如图 6-1 所示。磨削是用于零件精加工和超精加工的切削方法，可以完成内外圆柱面、平面、螺旋面、花键、齿轮、导轨和成形面等各种表面的精加工。它除能磨削普通材料外，尤其适用于一般刀具难以切削的高硬度材料的加工，如淬硬钢、硬质合金和各种宝石等。磨削加工精度可达 IT6～IT4，表面粗糙度可达 *Ra*1.25～0.02μm。通过本任务的学习，了解磨床的基本结构，掌握磨削加工的特点，能够根据工件的形状、材料、精度等方面的要求，合理地选择磨削方法。

图6-1　磨削加工

知识链接

一、磨削加工工艺特点

磨削加工类型与应用视频

磨削加工是指用带有磨粒的工具(砂轮、砂带、油石等)以给定的背吃刀量(或称切削深度)，对工件进行加工。常见的磨削加工的种类如图 6-2 所示。

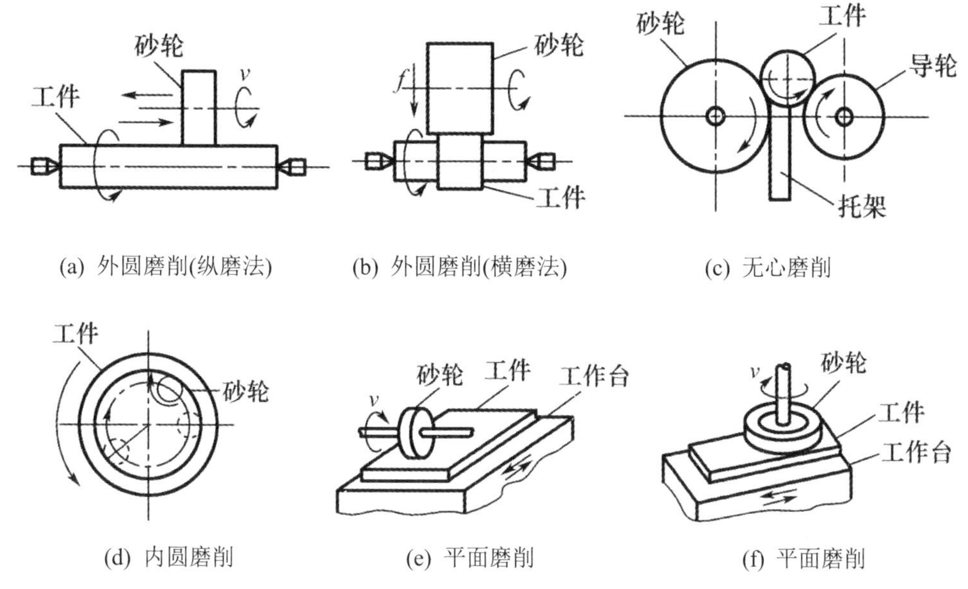

图6-2　常见的磨削加工种类

1. 磨削加工特点

(1) 背吃刀量小、加工质量高。切削厚度可以小到数微米，有利于形成光洁的表面。

(2) 砂轮有自锐作用。磨削过程中，磨钝了的磨粒会自动脱落而露出新鲜锐利的磨粒。

(3) 磨削速度快、温度高，必须使用充足的切削液。磨削时的切削速度高，砂轮本身的传热性差，在磨削区易形成瞬时高温，切削液起冷却、润滑作用，还可以冲掉细碎的切屑和碎裂及脱落的磨粒，避免堵塞砂轮空隙，提高砂轮的寿命。

(4) 磨削的背向力大(径向磨削分力大)，使工件产生水平方向的弯曲变形，直接影响工件的加工精度。磨削加工通常用来磨削外圆表面、内孔、平面及凸轮、螺纹、齿轮等成形面。

磨削加工工艺范围动画

2. 磨削的加工范围

磨床广泛用于零件的精加工，尤其是淬硬钢件、高硬度特殊材料及非金属材料(如陶瓷)的精加工，常见的磨削加工范围如图 6-3 所示。

(a) 曲轴磨削

(b) 外圆磨削

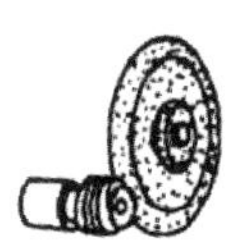
(c) 螺纹磨削

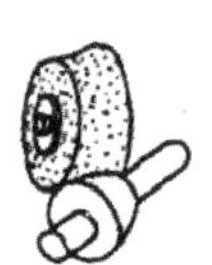
(d) 成形磨削

(e) 花键磨削

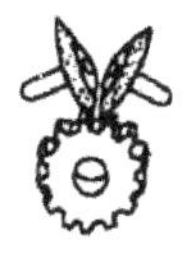
(f) 齿轮磨削

(g) 内圆磨削

(h) 圆锥磨削

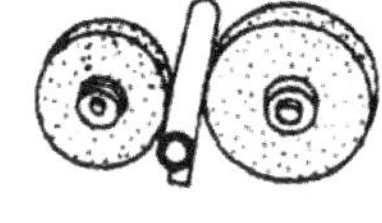
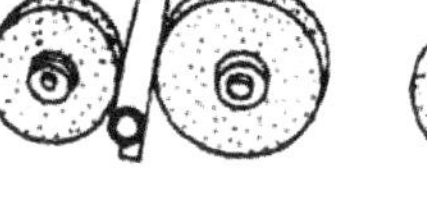
(i) 无心外圆磨削

(j) 刀具刃磨

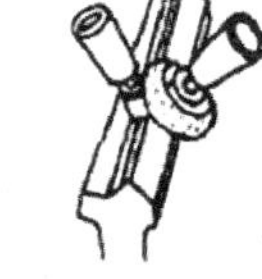
(k) 导轨磨削

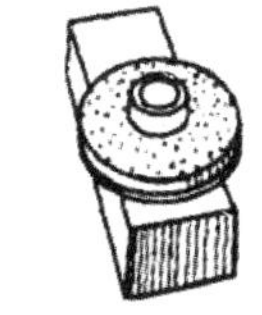
(l) 平面磨削

图6-3　常见的磨削加工范围

二、磨床种类

磨床的种类很多，按用途和采用的工艺方法不同，大致可以分为以下几类：

(1) 外圆磨床如图 6-4 所示，主要用于磨削圆柱形和圆锥形外表面，包括普通外圆磨床、万能外圆磨床、半自动宽砂轮外圆磨床、端面外圆磨床和无心外圆磨床等。

(2) 内圆磨床如图 6-5 所示，主要用于磨削圆柱形和圆锥形内表面，包括普通内圆磨床、无心内圆磨床及行星内圆磨床等。

图6-4　外圆磨床

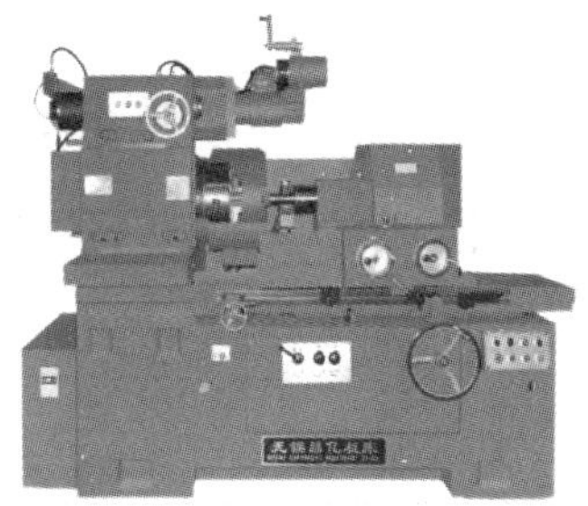
图6-5　内圆磨床

(3) 平面磨床如图 6-6 所示，用于磨削各种平面，包括卧轴矩台平面磨床、立轴矩台平面磨床、卧轴圆台平面磨床及立轴圆台平面磨床等。

(4) 工具磨床如图 6-7 所示，用于磨削各种工具，如样板、卡板等，包括工具曲线磨床、钻头沟槽磨床、卡板磨床及丝锥沟槽磨床等。

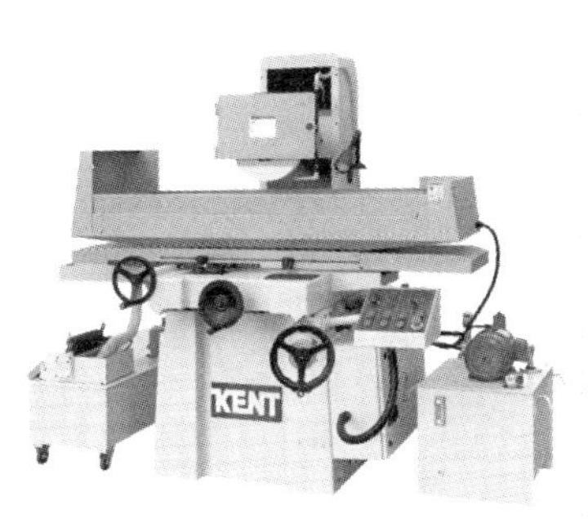

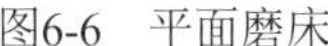

图6-6　平面磨床

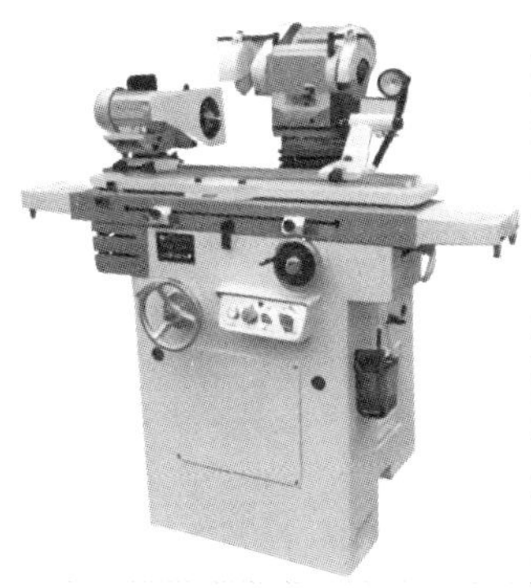

图6-7　工具磨床

(5) 刀具刃具磨床用于磨削各种切削刀具，包括万能工具磨床(能刃磨各种常用刀具)、拉刀刃磨床及滚刀刃磨床等。

(6) 专门化磨床专门用于磨削一类零件上的一种表面，包括曲轴磨床(图 6-8)、凸轮轴磨床、花键轴磨床、活塞环磨床、球轴承套圈沟磨床及滚子轴承套圈滚道磨床等。

(7) 研磨机如图 6-9 所示，以研磨剂为切削工具，对工件进行光整加工，以获得很高的精度和很小的表面粗糙度值。

(8) 其他磨床包括珩磨机、抛光机、超精加工机床及砂轮机等。

图6-8　曲轴磨床

图6-9　研磨机

三、磨床的结构组成

磨床的结构及组成视频

1. 磨床的结构

磨床主要由床身、工作台、砂轮架等部件组成，不同组系的磨床，各有其结构特点。以常见的 M1432A 型万能外圆磨床为例，图 6-10 所示为 M1432A 型万能外圆磨床的外形图。它的主要组成部分的名称及作用如下：

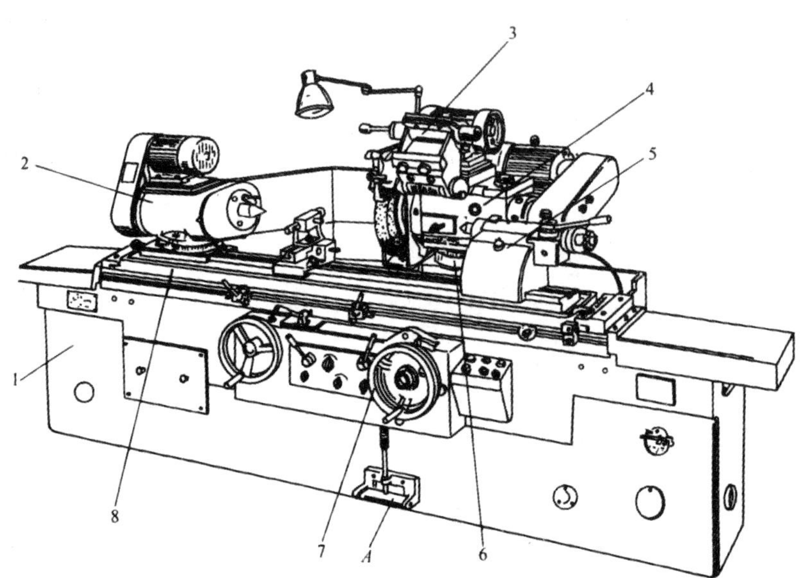

1—床身；2—头架；3—内圆磨具；4—砂轮架；5—尾架；6—床鞍；7—横向进给手轮；8—工作台

图6-10 M1432A型万能外圆磨床外形

1) 床身

床身用于支承和连接各部件。其上部装有工作台和砂轮架，内部装有液压传动系统。床身上有纵向导轨和横向导轨。

2) 工作台

工作台由液压驱动，沿床身的纵向导轨作直线往复运动，实现工件纵向进给。在工作台前侧面的 T 形槽内，装有两个换向挡块，用以控制工作台的纵向移动的距离并实现自动换向。工作台也可以通过转动手轮实现手动移动。工作台分上下两层，上层可在水平面内偏转一个较小的角度，用于磨削圆锥面。

3) 头架

头架上装有头架主轴，头架主轴前端有莫氏 4 号锥孔，可以安装顶尖和卡盘，以便装夹工件。头架上有单独的电动机产生动力，通过带传动机构传递运动并变速，带动拨盘旋转。头架可在水平面内偏转一定的角度。

4) 砂轮架

砂轮架上安装主轴，由主电动机通过带传动直接带动旋转。砂轮安装在主轴上。砂轮架沿床身后部的导轨作横向移动。砂轮架可在水平面内旋转。

5) 内圆磨具

内圆磨具是磨削内圆表面用的，主轴上安装内圆磨削砂轮，由单独的电动机带动。内圆磨头绕支架旋转，使用时翻下，不用时翻向砂轮架上方。

6) 尾座

尾座的套筒内安装顶尖，用来支承工件。尾座在工作台上的位置，可根据工件长度的不同进行调整。扳动尾座上的手柄，顶尖套筒可伸缩以便装卸工件。

2. M1432A 型万能外圆磨床的典型结构

1) 砂轮架

砂轮架由壳体、主轴及其轴承、传动装置等组成。砂轮主轴及其支承部分的结构直接影响工件的加工精度和表面粗糙度，是砂轮架部分的关键部分，它应保证砂轮主轴具有较高的旋转精度、刚度、抗振性和耐磨性。

图 6-11 所示的砂轮架中，砂轮主轴 5 前、后支承均采用“短三瓦”动压滑动轴承，每个轴承由均布在圆周上的三块扇形轴瓦 19 组成，每块轴瓦都支承在球头螺钉 20 的球形端头上。由于球头中心在周向偏离轴瓦对称中心，当主轴高速旋转时，在轴瓦与主轴颈之间形成三个楔形缝隙，于是在三块轴瓦处形成三个压力油楔，砂轮主轴在三个油楔压力作用下，悬浮在轴承中心而呈纯液体摩擦状态。调整球头螺钉的位置，即可调整主轴轴颈与轴瓦之间的间隙。通常间隙为 0.01～0.02mm。调整好后，用螺套 21 和锁紧螺钉 22 保持锁紧，以防止球头螺钉 20 松动而改变轴承间隙，最后用封口螺钉 23 密封。

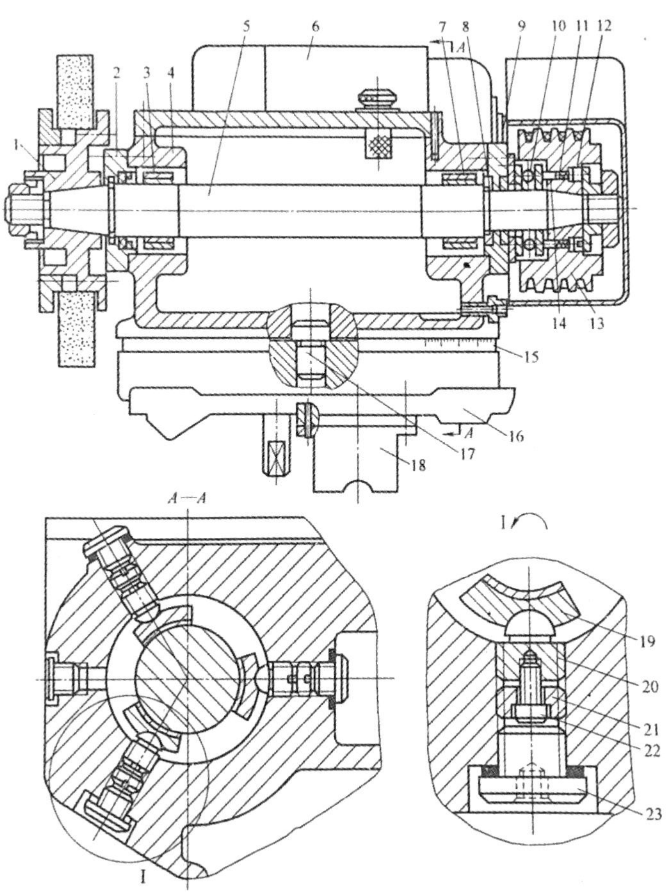

1—压盘；2、9—轴承盖；3、7—动压滑动轴承；4—壳体；5—砂轮主轴；6—主电动机；8—止推环；10—推力球轴承；11—弹簧；12—调节螺钉；13—带轮；14—销；15—刻度盘；16—床鞍；17—定位轴销；18—半螺母；19—扇形轴瓦；20—球头螺钉；21—螺套；22—锁紧螺钉；23—封口螺钉

图6-11　M1432A型外圆磨床砂轮架

砂轮主轴 5 的两端有锥体，其中前端锥体用于砂轮安装定位，并通过压盘 1 把砂轮压紧，后端锥体用于带轮 13 的安装定位。砂轮主轴 5 由止推环 8 和推力球轴承 10 进行轴向定位，并承受左、右两个方向的轴向力。推力球轴承的间隙由装在带轮内的六根弹簧 11 通过销 14 自动消除。

砂轮壳体 4 内装润滑油以润滑主轴轴承，油面高度可通过油标观察。主轴两端采用橡胶油封密封。

砂轮架壳体用 T 形螺钉紧固在床鞍 16 上，它可绕滑板上的定位轴销 17 回转一定的角度，以磨削锥度大的短锥体。磨削时，通过横向进给机构和半螺母 18，使滑板带着砂轮架沿横向滚动导轨做横向进给运动或快速进退移动。

2) 内圆磨削装置

如图 6-12 所示，内圆磨削装置通常以铰链连接方式装在砂轮架的前上方，使用时翻下，不用时翻向上方。为了保证工作安全，机床上设有电气连锁装置，当内圆磨削装置翻下时，压下相应的行程开关并发出电气信号，使砂轮架不能前后快速移动，且只有在这种情况下才能启动内圆磨削装置的电动机，以防止工作过程中因误操作而发生意外。

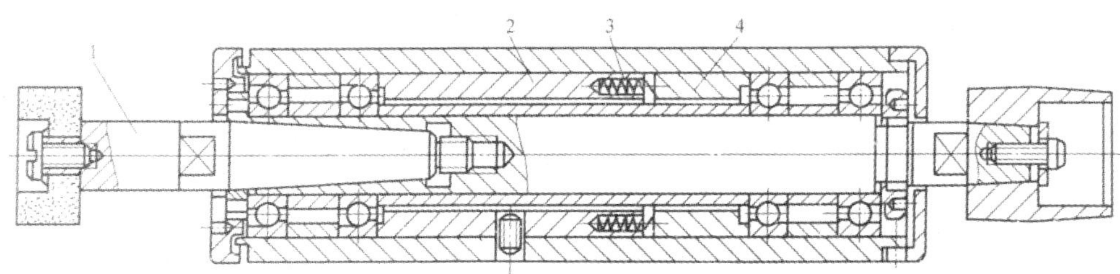

1—接长轴；2、4—套筒；3—弹簧

图6-12　内圆磨削装置

内圆磨削装置是磨削内孔用的砂轮主轴部件，它做成独立的部件，安装在支架的孔中，可以很方便地进行更换。通常每台万能外圆磨床备有几套尺寸与极限工作转速不同的内圆磨削装置，供磨削不同直径的内孔时选用。内圆磨削装置中，主轴前、后支承各为两个角接触球轴承，均匀分布的八个弹簧 3 的作用力通过套筒 2 和 4 顶紧轴承外圈。当轴承磨损产生间隙或主轴受热伸长时，由弹簧自动调整补偿，从而保证主轴轴承的高刚度和稳定的预紧力。主轴的前端有一莫式锥孔，可根据磨削孔的深度安装不同的接长轴；后端有一处外锥面，以安装平带轮，由电动机通过平带直接传动主轴。

3) 工件头架

工件头架如图 6-13 所示，头架主轴和前顶尖根据不同的加工情况，可以转动或固定不动。

(1) 工件支承在前、后顶尖上拨盘 9 的拨杆 7 拨动工件夹头(图 6-13(a))，使工件旋转，这时头架主轴和前顶尖固定不动。固定主轴的方法是拧紧螺杆 2，使摩擦环 1 顶紧主轴后端，则主轴及前顶尖固定不动，避免了主轴回转紧精度误差对加工精度的影响。

(2) 自磨主轴顶尖。此时将主轴放松，把主轴顶尖装入主轴锥孔，同时用拨块 19 将拨盘 9 和主轴相连(图 6-13(b))，使拨盘 9 直接带动主轴和顶尖旋转，依靠机床自身修磨来提高工件的定位精度。壳体 14 可绕底座上的轴销 16 转动，调整头架角度位置的范围为 0°～90°。

(3) 用自定心卡盘或单动卡盘装夹工件。这时，在头架主轴前端安装卡盘(图 6-13(c))，卡盘固定在法兰盘 22 上，法兰盘 22 装在主轴的锥孔中，并用拉杆 20 拉紧。运动由拨盘 9 经拨销 21 传递，带动法兰盘 22 及卡盘旋转，于是，头架主轴由法兰盘 22 带着一起转动。

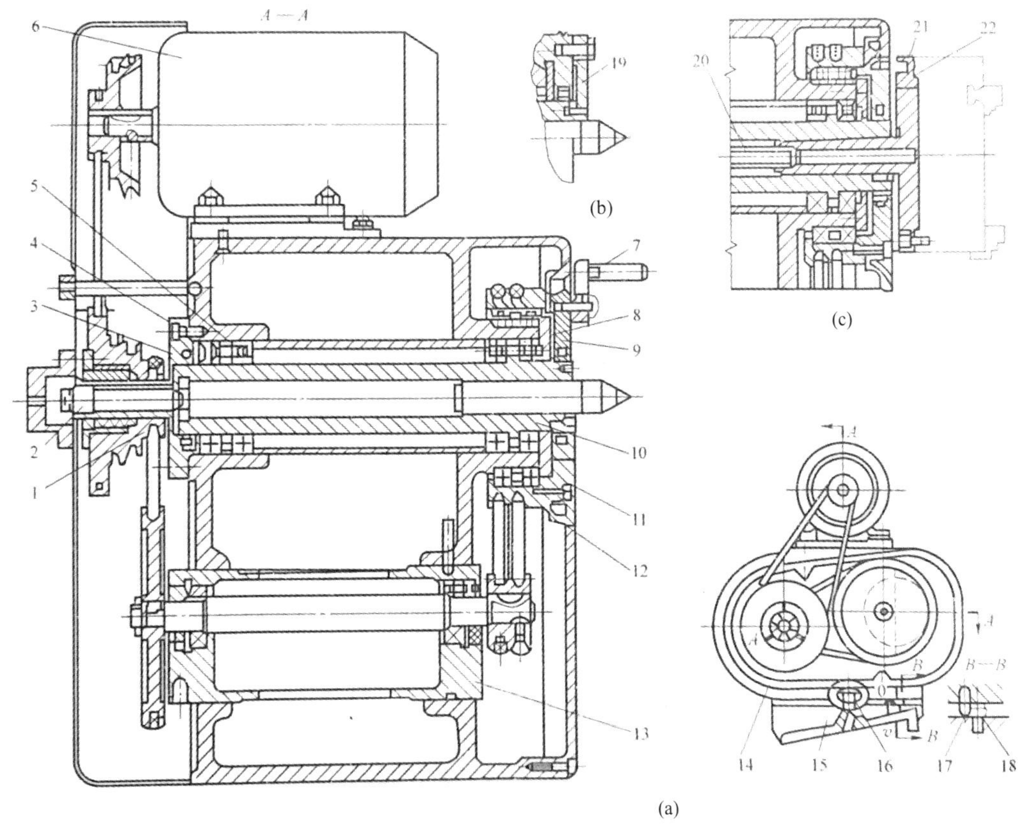

1—摩擦环；2—螺杆；3、11—轴承盖；4、5、8—隔套；6—电动机；7—拨杆；9—拨盘；10—头架主轴；12—带轮；13—偏心套；14—壳体；15—底座；16—轴销；17—销；18—固定销；19—拨块；20—拉杆；21—拨销；22—法兰盘

图6-13　工件头架结构

4) 尾座

尾座的功用是利用安装在尾座套筒上的顶尖(后顶尖)与头架主轴上的前顶尖一起支承工件，使工件实现准确定位。有些外圆磨床的尾座可沿横向做微量位移调整，以便精确地控制工件的锥度，如图 6-14 所示。

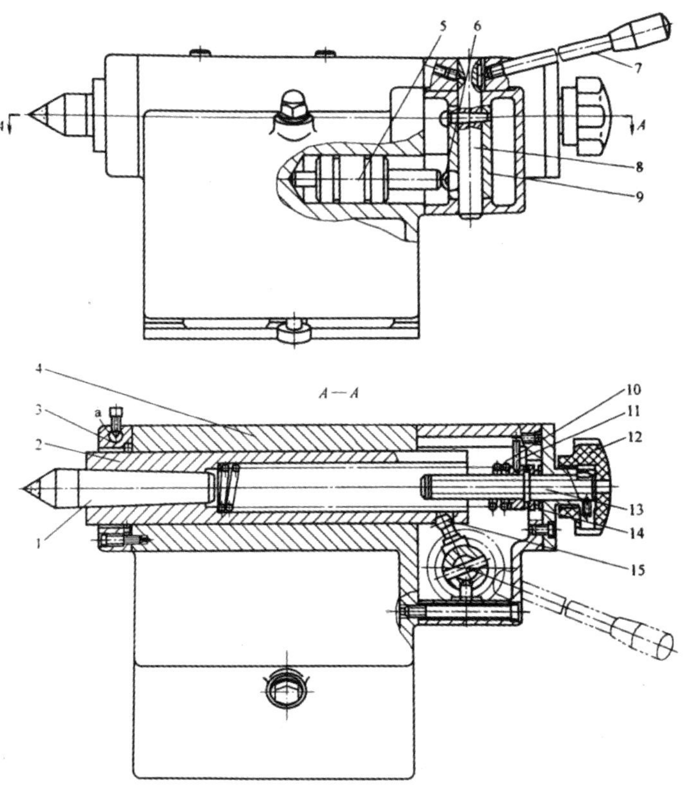

1—顶尖；2—尾座套筒；3—密封盖；4—壳体；5—活塞；6—下拨杆；7—手柄；8—轴；9—轴套；10—弹簧；11—销；12—手把；13—丝杠；14—螺母；15—上拨杆；a—斜孔

图6-14 尾座

3. 磨床附件

1) 砂轮的检查、安装、平衡和修整工具

砂轮因在高速下工作，因此安装前必须经过外观检验，不应有裂纹。

安装砂轮时，要求将砂轮不松不紧地套在轴上。在砂轮和法兰盘之间垫 1～2mm 厚的弹性垫板(皮革或橡胶所制)，如图 6-15 所示。

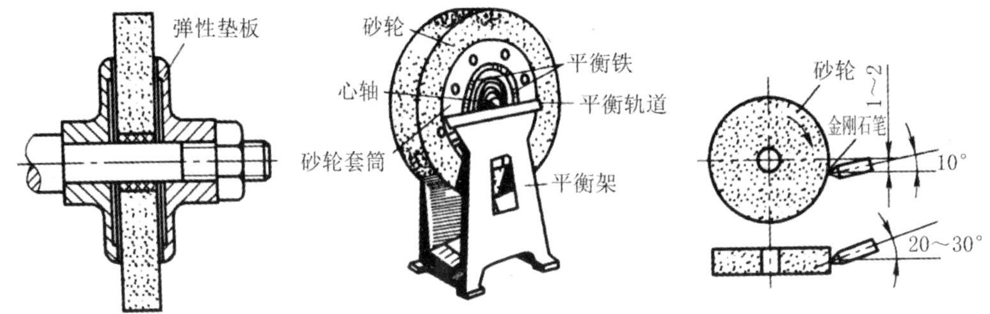

图6-15 砂轮的安装、平衡、修整工具

为了使砂轮平稳地工作，须对砂轮静平衡。砂轮静平衡的过程是：将砂轮装在心轴上，放在平衡架轨道的刀口上。如果不平衡，较重的部分总是转到下面，这时可移动法兰盘端面环形槽(平衡轨道)内的平衡铁进行平衡。这样反复进行，直到砂轮可以在刀口上的任意位置都能静止，这就说明砂轮各部分重量均匀。这种方法称为静平衡。一般直径大于 125mm 的砂轮都应进行静平衡。

2) 磁力吸盘

磁力吸盘按磁力来源分为电磁吸盘和永磁吸盘两类。

电磁吸盘：内装多组线圈，通入直流电产生磁场，吸紧工件；切断电源，磁场消失，松开工件，如图 6-16 所示。

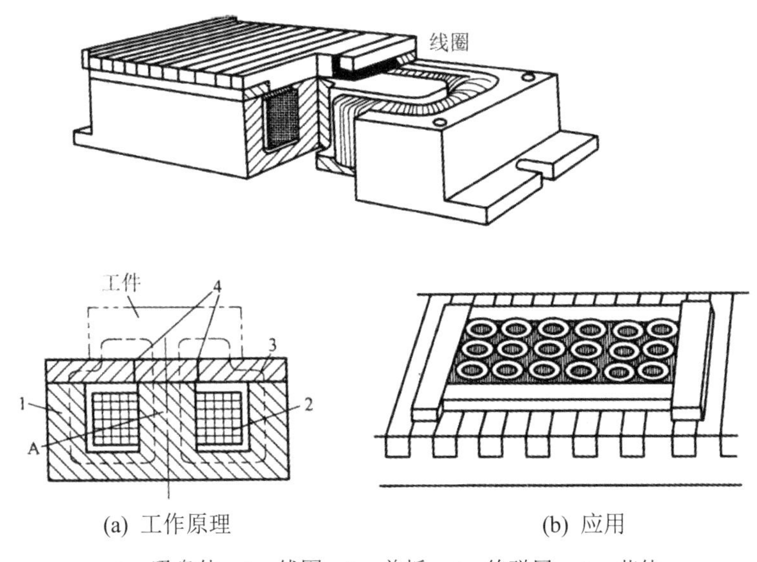

(a) 工作原理　　(b) 应用

1—吸盘体；2—线圈；3—盖板；4—绝磁层；A—芯体

图6-16　电磁吸盘工作原理及应用

电磁吸盘的工作原理如图 6-16 所示。1 为钢制吸盘体，在它的中部凸起的芯体 A 上绕有线圈 2，钢制盖板 3 被绝缘层 4 隔成一些小块。当线圈 2 中通过直流电时，芯体 A 被磁化，磁力线由芯体 A 经过盖板 3、工件、盖板、吸盘体 1、芯体 A 而闭合(图中用虚线表示)，工件被吸住。绝缘层由铅、铜或巴氏合金等非磁性材料制成。它的作用是使绝大部分磁力线都能通过工件再回到吸盘体，而不能通过盖板直接回去，这样才能保证工件被牢固地吸在工作台上。

内装整齐排列并被绝缘板隔开的强力永久磁铁，在磨削中小型工件的平面时常采用永磁吸盘工作台吸住工件，如图 6-17 所示。

当磨削键、垫圈、薄壁套等尺寸小而壁厚较薄的零件时，因零件与工件台接触面积小，吸力弱，容易被磨削力弹出而造成事故。因此安装这类零件时，须在工件四周或左右两端用挡铁围住，以免工件移动。

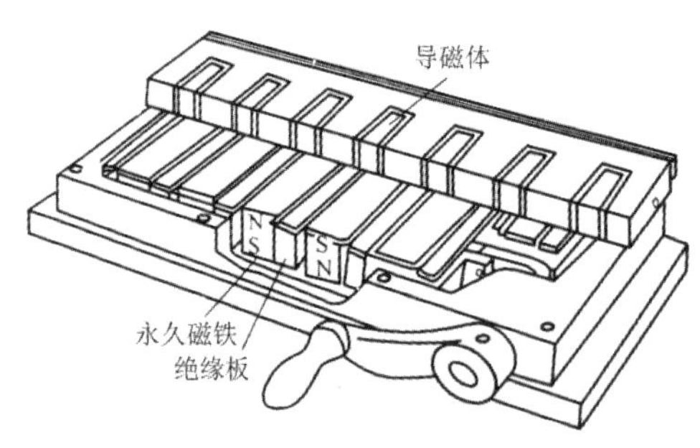

图6-17　永磁吸盘

3) 磨床用卡盘

磨削内圆时，工件大多数是以外圆和端面作为定位基准的，通常采用自定心卡盘、单动卡盘、花盘及弯板等夹具安装工件。其中，最常见的是用单动卡盘通过找正装夹工件，如图 6-18 所示。

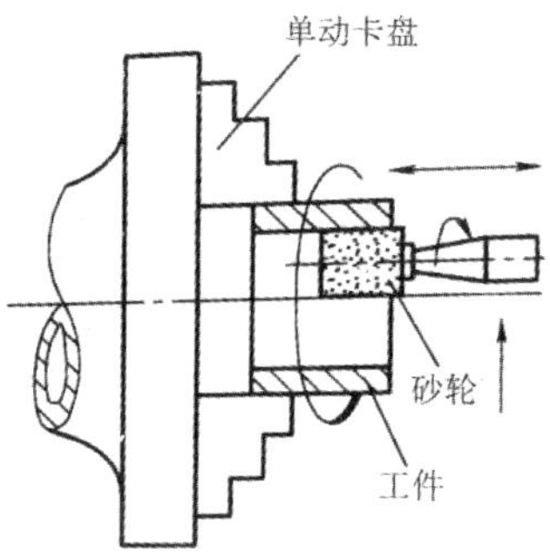

图6-18　单动卡盘安装工件

4) 顶尖

用横磨法磨削工件时，可以用顶尖(图 6-19)与鸡心夹头组合来装夹工件，如图 6-20 所示。

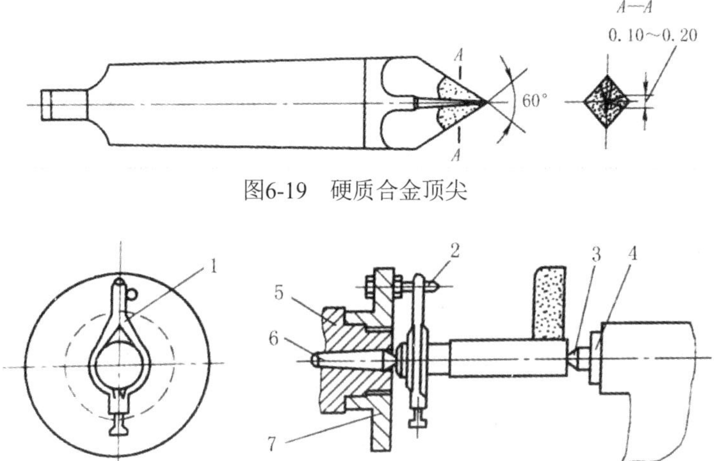

图6-19　硬质合金顶尖

1—鸡心夹头；2—拨杆；3—顶尖；4—尾座套筒；5—连接盘；6—前顶尖；7—拨盘

图6-20　用顶尖及鸡心夹头安装工件

四、砂轮

1. 砂轮的结构

砂轮是特殊的刀具，又称磨具，其制造过程也比较复杂。以陶瓷砂轮为例，将砂轮的磨料和结合剂以适当比例混料成形后，再经过干燥、烧结、整形、静平衡、硬度测定、最高工作线速度试验等程序而制成。成形砂轮在900℃的电热隧道窑中烧结时，有硅酸盐矿物生成，结合剂与刚玉表面相互浸溶形成多孔网状玻璃组织，如图6-21(a)所示。磨料依靠结合剂粘接在一起，如图6-21(b)所示，在磨削时直接起切削作用，而不至于过早地脱落。结合剂像桥一样将磨料连接起来，并构成网状空隙。砂轮的网状空隙起容纳磨屑和散热的作用。磨料、结合剂、空隙构成砂轮结构的三要素。

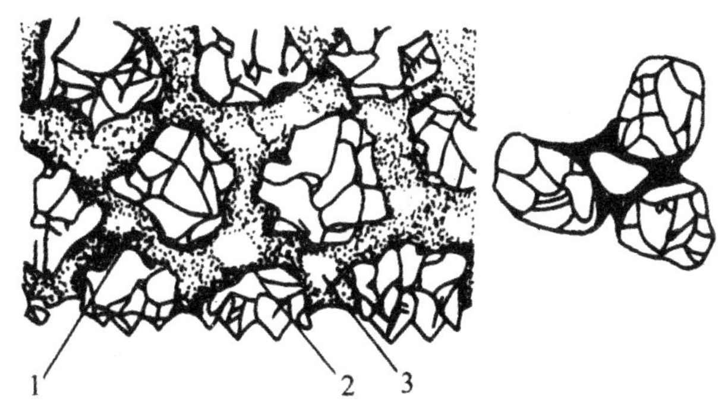

(a) 结构三要素　　(b) 三颗磨粒的连接

1—结合剂；2—磨粒；3—空隙

图6-21　砂轮的结构

2. 砂轮的特性要素

砂轮的特性要素主要由七个要素衡量：磨料、粒度、结合剂、硬度、组织、形状和尺寸、最高工作线速度。各种特性的砂轮，都有其适用的范围，须按照具体的磨削要求合理选择。

1) 磨料

磨料即砂粒，是砂轮的基本材料，直接担负切削工作，故应具有很高的硬度、耐磨性、耐热性和韧性，还必须锋利。目前主要使用的是人造磨料，其性能和适用范围见表6-1。

表6-1　砂轮组成要素、代号、性能和适用范围

系别	名称	代号	性能	适用磨削性能
刚玉	棕刚玉	A	棕褐色，硬度较低，韧性较好	碳钢、合金钢、铸铁
	白刚玉	WA	白色，较A硬度高，磨粒锋利，韧性差	淬火钢、高速钢、合金钢
	铬刚玉	PA	玫瑰红色，韧性较WA好	高速钢、不锈钢、刀具刃磨
碳化物	黑碳化硅	C	黑色带光泽，比刚玉类硬度高，导热性好，韧性差	铸铁、黄铜、非金属材料
	绿碳化硅	GC	绿色带光泽	硬质合金、宝石、光学玻璃

(续表)

系别	名称	代号	性能	适用磨削性能
超硬磨料	人造金刚石	MBD、RVD 等	白色、淡绿、黑色，硬度最高，耐热性较差	硬质合金、宝石、光学玻璃、陶瓷
	立方氮化硼	CBN	棕黑色，硬度仅次于 MBD，韧性较 MBD 等好	高速钢、不锈钢、耐热钢

2) 粒度

粒度是指磨料尺寸的大小。粒度有两种表达方法：对于用筛分法来区分的较大磨料，以每英寸筛网长度上筛孔的数目来表示，如 46#粒度表示磨料刚可通过每英寸长度上有 46 个孔眼的筛网；对于用显微镜测量来区分的微细磨料(又称微粉)，是以其最大尺寸(单位为 μm)前面加 W 来表示，如某微粉的实际尺寸为 8μm 时，其粒度号标为 W8。常用砂轮粒度号及其使用范围见表 6-2。

表6-2 常用砂轮粒度号及其使用范围

类别		粒度号	适用范围
磨粒	粗粒	8#、10#、12#、14#、16#、20#、22#、24#	荒磨
	中粒	30#、36#、40#、46#	一般磨削加工表面粗糙度可达 *Ra*0.8μm
	细粒	54#、60#、70#、80#、90#、100#	半精磨、精磨和成形磨削。加工表面粗糙度可达 *Ra*0.1～0.8μm
	微粒	120#、150#、180#、220#、240#	精磨、精密磨、超精磨、成形磨、刀具刃磨、珩磨
微粉	W60、W50、W40、W28、W20、W14、W10、W7、W5、W3.5、W2.5、W1.5、W1.0、W0.5		精磨、精密磨、超精磨珩磨、螺纹磨、镜面磨、精研。加工表面粗糙度可达 *Ra*0.05～0.1μm

3) 结合剂

把磨料粘在一起的物质称为结合剂。结合剂的性能决定了砂轮的强度、耐冲击性、耐腐蚀性和耐热性。此外，它对磨削强度和磨削的表面质量也有一定的影响。表 6-3 为常用结合剂的性能及适用范围。

表6-3 常用结合剂的性能及适用范围

结合剂	代号	性能	适用范围
陶瓷	V	耐热、耐蚀，气孔率大、易保持廓形，弹性差	最常用，适用于各类磨削加工
树脂	B	强度较 V 高，弹性好，耐热性差	适用于高速磨削、切断、开槽等
橡胶	R	强度较 B 高，更富有弹性，气孔率小，耐热性差	适用于切断、开槽及作无心磨的导轮
金属	M	常用青铜(Q)，其强度最高，导电性好，磨耗少，自锐性差	适用于金刚石砂轮

4) 硬度

砂轮的硬度是指磨料在磨削力的作用下，从砂轮表面脱落的难易程度，它反映结合剂固结磨料的牢固程度。砂轮硬是指磨料不易脱落，砂轮软则与之相反。砂轮的硬度与磨料的硬度是两个不同的概念，同一磨料可以制成不同硬度的砂轮。

砂轮硬度对磨削过程影响较大。如果砂轮太硬，磨钝了的磨料不能脱落，会使切削力和切削热增加，切削效率下降，工件表面粗糙甚至会烧伤工件表面。如果砂轮太软，磨料未磨钝已从砂轮上脱落，砂轮损耗大，形状不易保持，影响加工质量。砂轮的硬度合适，磨料磨钝后因磨削力增大而自行脱落，使新的锋利的磨料露出。砂轮具有自锐性，磨削效率高，工件表面质量好，砂轮的损耗也小。砂轮的硬度等级见表 6-4。

表6-4　砂轮的硬度等级

等级	超软			软			中软		中		中硬			硬		超硬
代号	D	E	F	G	H	J	K	L	M	N	P	Q	R	S	T	Y
选择	磨未淬硬钢选用 L～N，磨淬火合金钢选用 H～K，高表面质量磨削时选用 K～L，刃磨硬质合金刀具选用 H～L															

5) 组织

组织表示砂轮中的磨料、结合剂和气孔间的体积比例，它反映砂轮结构的松紧程度。根据磨料在砂轮中占有的体积百分数(称磨粒率)，砂轮可分为 0～14 组织号，见表 6-5。组织号从小到大，磨粒率由大到小，气孔率由小到大。组织号大，砂轮不易堵塞，切削液和空气容易带入切削区域，可降低磨削区域的温度，减少工件的热变形和烧伤，还可以提高磨削效率。但组织号大，不易保持砂轮轮廓形状，影响磨削工件的精度和表面质量。

表6-5　砂轮的组织号

组织号	0	1	2	3	4	5	6	7	8	9	10	11	12	13	14
磨粒率/%	62	60	58	56	54	52	50	48	46	44	42	40	38	36	34

6) 形状和尺寸

根据机床规格及加工零件形状和尺寸要求，将砂轮的形状和尺寸都进行了标准化制造。按国标(GB2485—1984)规定，表 6-6 为常用砂轮的名称、代号及用途，可供磨削时参考使用(还可参考砂轮代号 GB/T2428—1994)。

砂轮形状、代号为汉语拼音字母，识读时需注意。如平行砂轮用“平”的汉语拼音字母的字头“P”表示。

表6-6　砂轮、砂瓦的形状代号及用途

名称	代号	断面图	基本用途
平行砂轮	P		用于内圆、外圆、平面无心、刃磨、螺纹磨削

（续表）

名称	代号	断面图	基本用途
双斜边一号砂轮	PSX_1		用于磨齿轮齿面和磨单线螺纹
双斜边二号砂轮	PSX_2		用于磨外圆端面
单斜边一号砂轮	PDX_1		45°单斜边砂轮，多用于磨削各种锯齿
单斜边二号砂轮	PDX_2		小角度单斜边砂轮，多用于磨削铣刀、铰刀、插齿刀等
单面凹砂轮	PDA		多用于内圆磨削，外径较大者都用于外圆磨削
双面凹砂轮	PSA		主要用于外圆磨削和刃磨刀具，还用作无心磨的导轮磨削轮
单面凹带锥砂轮	PZA		磨外圆和端面时采用
双面凹带锥砂轮	PSZA		磨外圆和两端面时采用
薄片砂轮	PB		用于切断和开槽等
筒形砂轮	N		用在立式平面磨床
杯形砂轮	B		刃磨铣刀、铰刀、拉刀等
碗形砂轮	BW		刃磨铣刀、铰刀、拉刀、盘形车刀等
碟形一号砂轮	D_1		适用于磨铣刀、铰刀、拉刀和其他刀具，大尺寸的一般用于磨齿轮齿面
碟形二号砂轮	D_2		主要用于磨锯齿
碟形三号砂轮	D_3		主要用于双砂轮磨齿机上磨齿轮
磨量规砂轮	JL		用于磨外径量规和游标卡尺的两个内测量端面

(续表)

名称	代号	断面图	基本用途
平行砂瓦	WP		由数块砂瓦拼装起来用于立式平面磨削
扇形砂瓦	WS		
凸平行砂瓦	WTP		
平凸形砂瓦	WPT		
梯形砂瓦	WT		

7) 最高工作线速度

砂轮高速旋转时，砂轮上任一部分都受到很大的离心力作用。如果砂轮没有足够的回转强度，砂轮就会爆裂而引起严重事故。砂轮上的离心力与砂轮的线速度的平方成正比，所以当砂轮线速度增大到一定数值时，离心力就会超过砂轮回转强度允许的范围，砂轮就会爆裂。因此，砂轮的最大工作线速度，必须标注在砂轮上，以防止使用时发生事故。按国标GB2494—1984《磨具安全规则》中的磨具最高工作线速度规定，一般为35m/s。一般磨削用砂轮的最高工作线速度如表6-7所示。

表6-7　各种砂轮的最高工作线速度

砂轮名称	最高线速度(m/s)		
	陶瓷结合剂	树脂结合剂	橡胶结合剂
平行砂轮	35	40	35
磨钢锭用平行砂轮	40	45	
双斜边砂轮	35	40	
单斜边砂轮	35	40	
单面凹带锥砂轮	35	40	
单面凹砂轮	35	40	
双面凹砂轮	35	40	35
双面凹带锥砂轮	35	40	
薄片砂轮	35	50	50
碗形砂轮	30	35	
杯形砂轮	30	35	
碟形一号砂轮	30	35	
碟形二号砂轮	30		

(续表)

砂轮名称	最高线速度(m/s)		
	陶瓷结合剂	树脂结合剂	橡胶结合剂
碟形三号砂轮	30		
磨量规砂轮	30	30	
丝锥抛光砂轮			20
板牙抛光砂轮			20
磨螺纹砂轮	50	50	

3. 砂轮的代号

根据磨床的类型和规格、加工工件尺寸形状和加工要求，砂轮有许多形状和尺寸。在砂轮的断面上印有砂轮的标志，其顺序是形状、尺寸、磨料、粒度号、硬度、组织号、结合剂和允许的最高线速度。例如：

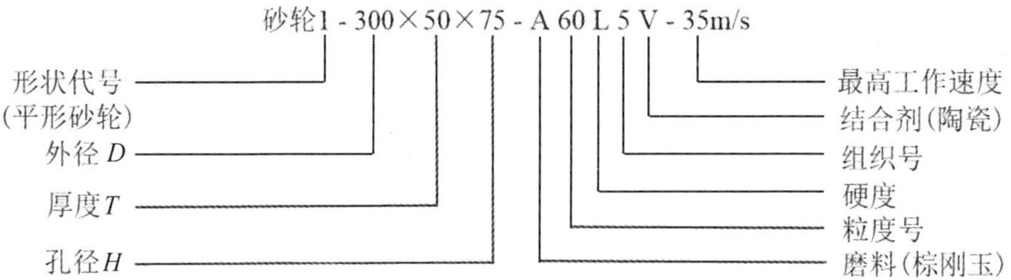

4. 砂轮特性选择的一般方法

每种砂轮按其特性，都有一定的适用范围。磨削时，应根据工件材料的力学性能、热处理情况、形状、加工方式、磨削用量、加工精度、表面粗糙度及生产批量等方面的要求，选择合适的砂轮。

五、磨削加工类型与应用

根据工件被加工表面的形状与工件的相对运行，磨削加工有外圆磨削、内圆磨削、平面磨削、无心磨削等几种主要类型。

1. 外圆磨削

外圆磨削是用砂轮外圆周面来磨削工件的外回转表面的磨削方法。如图 6-22 所示，它不仅能加工圆柱面，还能加工圆锥面、端面、球面和特殊形状的外表面等。

磨削中，砂轮的高速旋转运动为主运动 n_c，磨削速度是指砂轮外圆的线速度 v_c，单位为 m/s。

进给运动有工件的圆周进给 n_w、轴向进给 f_a 和砂轮相对工件的径向进给运动 f_r。

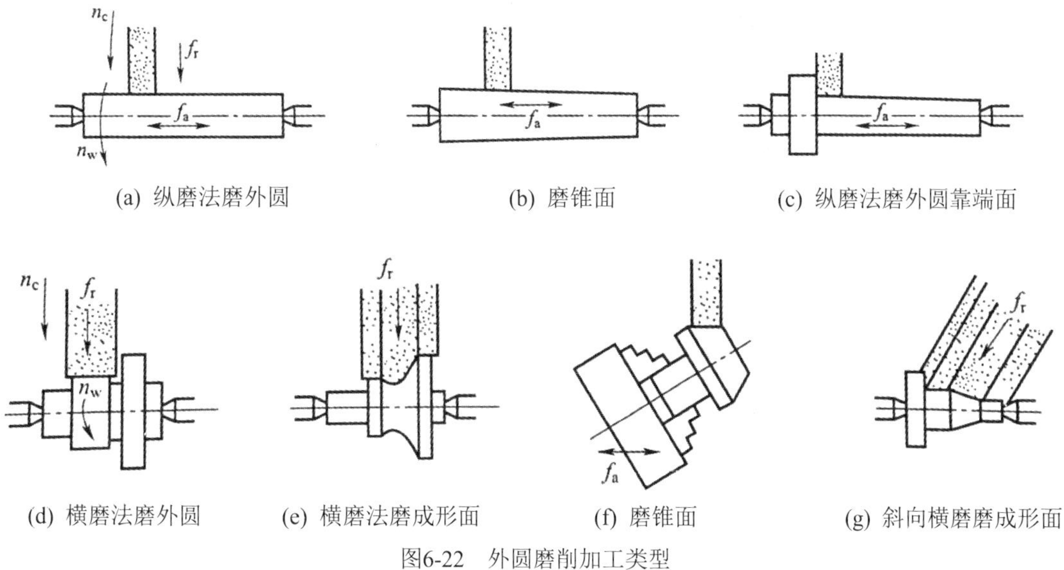

图6-22　外圆磨削加工类型

工件的圆周进给速度是指工件外圆的线速度 v_w，单位为 m/s。

轴向进给量 f_a 是指工件转一周时，沿轴线方向相对于砂轮移动的距离，单位为 mm/r，通常 f_a=(0.02～0.08)B；B 为砂轮宽度，单位为 mm。和砂轮相对工件的径向进给运动量 f_r 是指砂轮相对于工件在工作台每双(单)行程内径向移动的距离，单位为 mm/dstr(毫米/双行程)或 mm/str(毫米/单行程)。

外圆磨削按照不同的进给方向可分为纵磨法和横磨法两种形式。

(1) 纵磨法如图 6-22(a)所示。纵磨法是工件随工作台纵向往复运动，即纵向进给，每个行程终了时砂轮作横向进给一次，直至磨到所需尺寸。纵磨法的特点是：

① 每次磨削深度小，磨削力小，磨削热少，散热条件好，不易烧伤工件表面。

② 在磨削至最后时，可进行几次无横向进给的“光磨”行程，直到无火花，能逐步消除因弹性变形而产生的误差，所以工件加工精度较高，表面粗糙度数值较小。

③ 可用同一砂轮磨削长度不同的各种工件，适应性好。

④ 生产效率不高，所以广泛用于单件、小批生产及精磨，特别适用于细长轴的磨削。

(2) 横磨法如图 6-22(d)所示。横磨法是工件不作纵向进给，砂轮一边高速旋转进行磨削加工，一边以缓慢的速度连续或断续地作横向进给，直到去除全部磨削余量为止。它的特点是：

① 工件与砂轮的接触面积大，磨削力大，发热量高、集中，散热条件差，工件易变形和烧伤，所以只能磨削刚性好的且待磨表面较短的工件，如阶梯轴的轴颈等工件，并要提供充足的冷却液。

② 由于工件和砂轮无纵向运动，磨粒会在工件表面上留下重复刻划痕迹，当砂轮因修整得不好或磨损不均匀时，会直接影响工件的精度，所以加工精度和表面质量不如纵磨法；生产效率高。

③ 适用于成批或大量生产，将砂轮修整成特定形状，可以加工成形表面，生产简便。

2. 内圆磨削

内圆磨削是在普通内圆磨床上磨削内圆。磨削时根据工件的形状和尺寸的不同，可采用纵磨法和横磨法，如图 6-23 所示。有些普通内圆磨床上备有专门的端磨装置，可在工件一次装夹中磨削内孔和端面，这样不仅容易保证内孔和端面的垂直度，而且生产率较高。

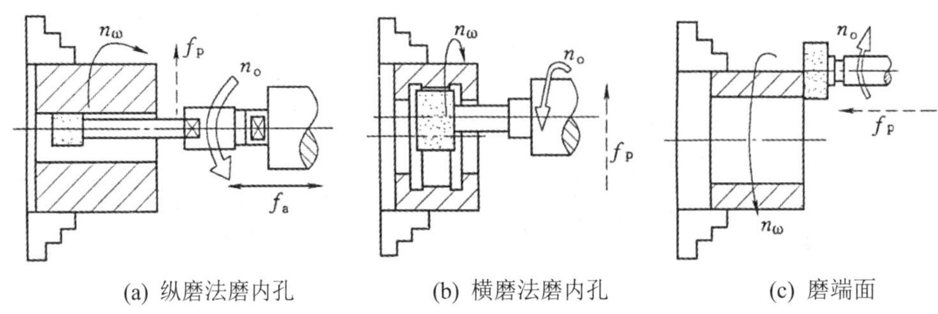

(a) 纵磨法磨内孔　(b) 横磨法磨内孔　(c) 磨端面

图6-23　普通内圆磨削方法

与外圆磨削相比，内圆磨削有以下一些特点：

(1) 磨孔时砂轮直径受到工件孔的限制，直径较小。小直径的砂轮很容易磨钝，需要经常修整和更换。

(2) 为保证正常的磨削速度，小直径砂轮转速要求较高，目前生产的普通内圆磨床砂轮转速一般为 10 000～24 000r/min，有的专用内圆磨床砂轮转速达 80 000～100 000 r/min。

(3) 砂轮轴的直径由于受到孔径的限制比较小，而悬伸长度较大，刚性较差，磨削时容易发生弯曲和振动，使工件的加工精度和表面粗糙度难以控制，限制了磨削用量的提高。

3. 平面磨削

常见的平面磨削方法如图 6-24 所示。

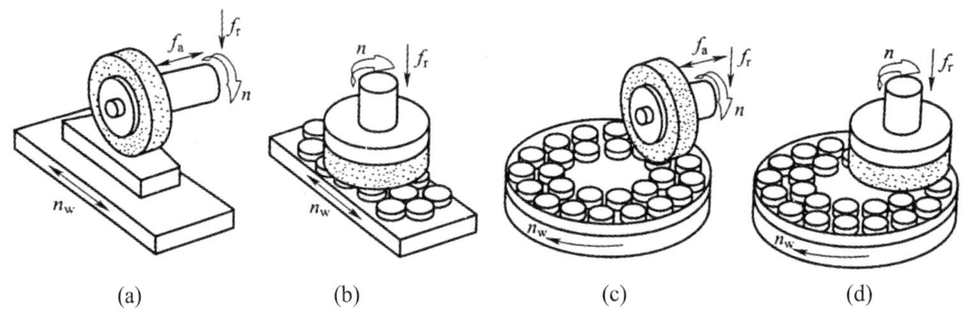

(a)　(b)　(c)　(d)

图6-24　平面磨削方法

(1) 周边磨削如图 6-24(a)、(c)所示，以砂轮的周边为磨削工作面，砂轮与工件的接触面积小，摩擦发热小，排屑及冷却条件好，工件受热变形小，且砂轮磨损均匀，所以加工精度较高。但是，砂轮主轴处于水平位置，呈悬臂状态，刚性较差。不能采用较大的磨削用量，生产效率较低。

(2) 端面磨削如图 6-24(b)、(d)所示，用砂轮的端面作为磨削工作面。端面磨削时，砂轮轴伸出较短，磨头架主要承受轴向力，所以刚性较好，可以采用较大的磨削用量；另外，砂轮与工件的接触面积较大，同时参加磨削的磨粒较多，生产效率较高。但是，由于磨削过程中发热量大，冷却条件差，脱落的磨粒及磨屑从磨削区排出比较困难，所以工件热变形大，表面易烧伤。且砂轮端面沿径向各点的线速度不等，使砂轮磨损不均匀，因此磨削质量比周边磨削差。

4. 无心磨削

无心磨削是工件不定中心的磨削，主要有无心外圆磨削和无心内圆磨削两种方式。无心磨削不仅可以磨削外圆柱面、内圆柱面和内外锥面，还可以磨削螺纹和其他形状表面。

1) 工作原理

无心外圆磨削与普通外圆磨削方法不同，工件不是支承在顶尖上或夹持在卡盘上，而是放在磨削砂轮与导轮之间，以被磨削外圆表面作为基准，支承在托板上，如图 6-25 所示。砂轮与导轮的旋转方向相同，由于磨削砂轮的旋转速度很大，但导轮(用摩擦系数较大的树脂或橡胶作结合剂制成的刚玉砂轮)则依靠摩擦力限制工件的旋转，使工件的圆周速度基本等于导轮的线速度，从而在砂轮和工件间形成很大的速度差，产生磨削作用。

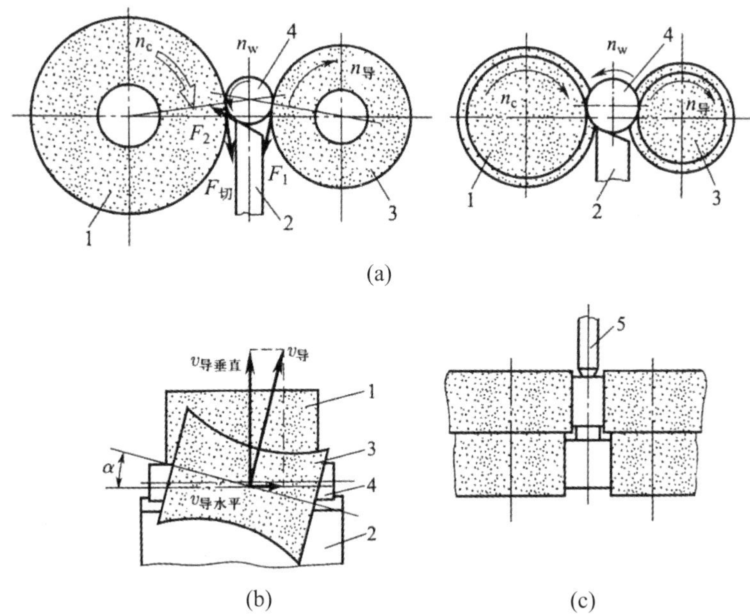

1—砂轮；2—托板；3—导轮；4—工件；5—挡块

图6-25　无心外圆磨削

为了加快成圆过程和提高工件圆度，工件的中心必须高于磨削砂轮和导轮中心连线，这样工件与磨削砂轮和导轮的接触点不可能对称，从而使工件上凸点在多次转动中逐渐磨圆。

2) 磨削方式

无心磨削有两种磨削方式：贯穿磨削法(纵磨法)和切入磨削法(横磨法)。

(1) 贯穿磨削使导轮轴线在垂直平面内倾斜一个角度 α(图 6-25(b))。这样把工件从前面推入两砂轮之间，它除了作圆周进给运动以外，还由于导轮与工件间水平摩擦力的作用，同时沿轴向移动，完成纵向进给。导轮偏转角 α 的大小，直接影响工件的纵向进给速度。α 越大，

进给速度越大，磨削表面粗糙度值越高。通常粗磨时取 α=2°～6°，精磨时取 α=1°～2°。

贯穿磨削适用于磨削不带凸台的圆柱形工件，磨削表面长度可大于或小于磨削砂轮宽度。磨削加工时一个接一个连续进行，生产率高。

(2) 切入磨削先将工件放在托板和导轮之间，然后使磨削砂轮横向切入进给，来磨削工件表面。这时导轮中心线仅需偏转一个很小的角度(约 30′)，使工件在微小轴向推力的作用下紧靠挡块，得到可靠的轴向定位(图 6-25(c))。

3) 特点与应用范围

在无心外圆磨床上磨削外圆，工件不需打中心孔，装卸简单省时；用贯穿磨削时，加工过程可连续不断运行；工件支承刚性好，可用较大的切削用量进行切削，而磨削余量可较小(没有因中心孔偏心而造成的余量不均匀现象)，故生产效率较高。

由于工件定位面为外圆柱表面，消除了工件中心孔误差、外圆磨床工作台运动方向与前后顶尖的连线不平行以及顶尖的径向跳动等误差的影响，所以磨削出来的工件尺寸精度和几何精度都比较高，表面粗糙度值也较小。但无心磨削调整费时，只适于成批及大量生产；又因工件的支承及传动特点，只能用来加工尺寸较小、形状比较简单的零件。此外无心磨削不能磨削不连续的外圆表面，如带有键槽、小平面的表面，也不能保证加工面与其他被加工面的相互位置精度。

除上述几种磨削类型外，实际生产中常用的还有螺纹磨削、齿轮磨削等方法，在大批大量生产中，还有许多如曲轴磨削、凸轮轴磨削等专门化和专用磨削方法。

大国工匠——洪家光

洪家光是中国航发沈阳黎明航空发动机有限责任公司的一位特级技能师。认真做事的人，总会有不凡的成就，而属于洪家光的最耀眼的成就便是名为《航空发动机叶片滚轮精密磨削技术》的一个项目。

只要与“航空”二字挂钩，那就必然是难上加难、精上加精的技术，放在航空发动机这种关键的地方，就更要求追求完美的精细。航空发动机叶片的磨削需要达到的加工精度，是比发丝还要细的 0.003 毫米，这需要靠金刚石滚轮去仔细操作，稍有差池便会造成上万元的损失。一开始，洪家光连续干了十几个小时也没有做出一件合格的成品。可“倔脾气”的洪家光对于技术这件事情，一直是不钻透不罢休，决不轻易被打倒。之后的洪家光，凭借自己的钻研，竟然真的将这些技术难题一一攻破。这项技术一从洪家光手上完成，便为中航工业公司创造了九千多万的价值，自己也申请了国家专利。他也凭借 39 岁的年纪，成为了我国最年轻的大国工匠！

任务实施

1. 结合图 6-26 磨床结构，在表 6-8 中填写 M1432 型万能外圆磨床的结构组成。

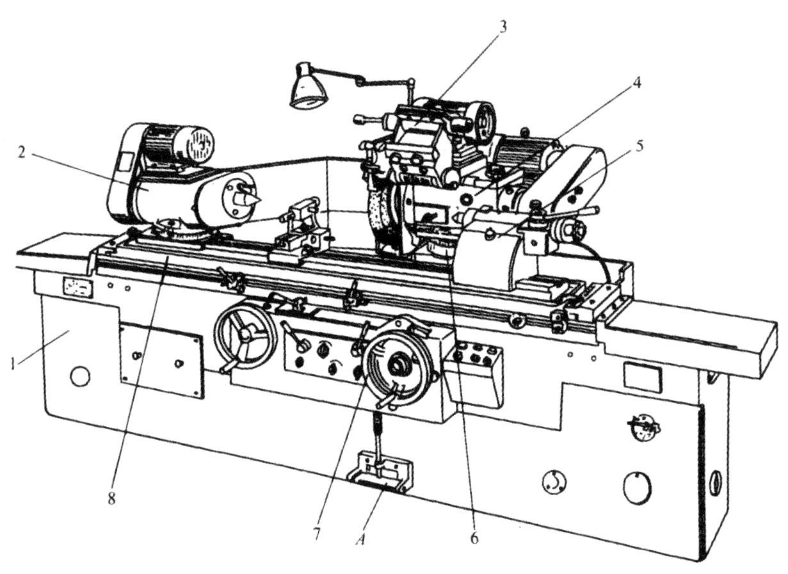

图6-26　M1432型万能外圆磨床的结构组成

表6-8　M1432型万能外圆磨床的结构

序号	结构名称	序号	结构名称
1		5	
2		6	
3		7	
4		8	

2. 砂轮都包括哪些特性要素？

____

____

____

3. 简述纵磨法与横磨法各自的特点。

____

____

____

4. 磨削外圆柱面。

1) 加工零件

接刀轴磨削加工零件练习如图 6-27 所示。

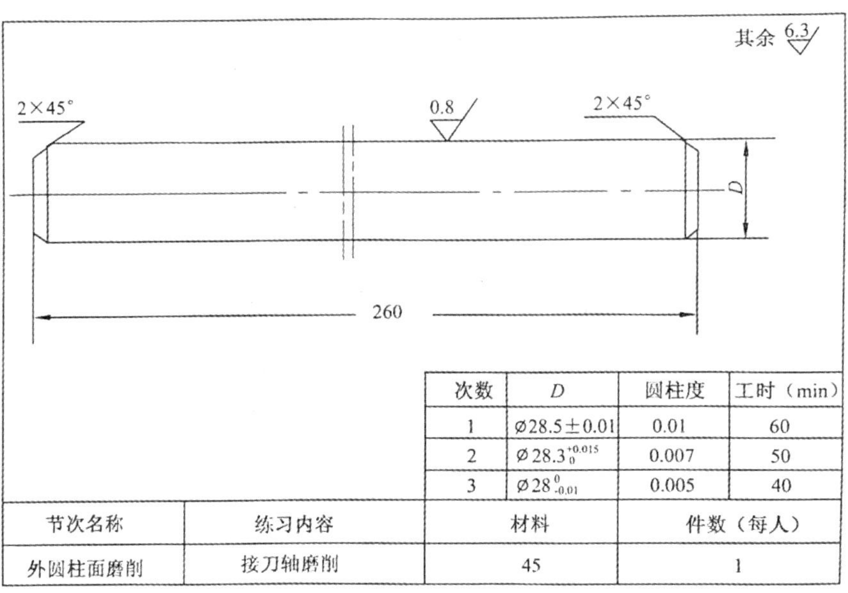

次数	D	圆柱度	工时（min）
1	$\varnothing 28.5\pm0.01$	0.01	60
2	$\varnothing 28.3^{+0.015}_{0}$	0.007	50
3	$\varnothing 28^{0}_{-0.01}$	0.005	40

节次名称	练习内容	材料	件数（每人）
外圆柱面磨削	接刀轴磨削	45	1

图6-27　接刀轴磨削练习

2) 加工工艺

(1) 研磨中心孔，角度要准确，粗糙度达 *Ra*1.6μm。

(2) 装夹工件，将工件磨至尺寸，且头架端尺寸要比尾架端尺寸大 0.005mm。

(3) 两头装夹，接刀磨削工件至图样要求。

3) 加工方法

(1) 研磨中心孔，角度要准确，粗糙度达 *Ra*1.6μm。

(2) 在接刀轴任意一端外圆上装上合适的夹头，根据接刀轴的长度，调整头架、尾架的距离。

(3) 调整拨杆的位置，使拨杆能带动工件旋转。

(4) 调整工作台纵向进给行程挡铁的位置。近头架处使砂轮离轴端约 30～40mm 处换向，如图 6-28 所示。

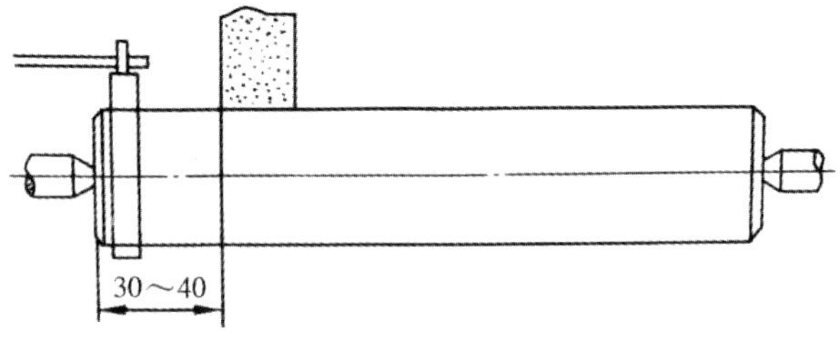

图6-28　接刀轴磨削左端挡铁的调整位置

(5) 磨削外圆调整工作台找正工件圆柱度，使近头架端外圆尺寸比尾架端尺寸大 0.005mm。

(6) 磨外圆至尺寸，粗糙度达图样要求(尺寸最好控制在中上偏差)。

(7) 调头接刀，用纵磨法磨削接刀处外圆，接近尺寸时，控制横向进给量在 0.005mm 之内。在磨削余量剩下 0.003～0.005mm 时，横向进给量减少，最好以无横向进给的光磨接平外圆，如图 6-29 所示。

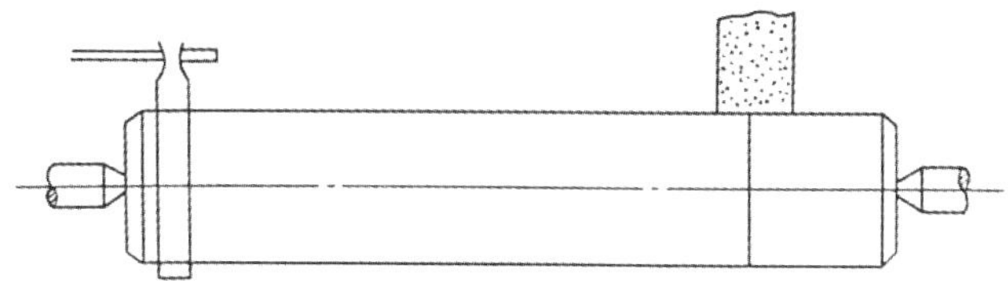

图6-29　接刀磨削

4) 容易产生的问题和注意事项

(1) 磨削前注意检查中心孔的质量，以免接刀时产生偏痕。

(2) 调头接刀时，注意在外圆表面和夹头螺钉间垫上铜皮，避免夹伤工件。

(3) 接刀时，动作要协调，耐心细致地做好横向进给与纵向进给的配合，并注意观察接刀处，避免进给过大出现接刀痕。

(4) 磨削时，应注意冷却要充分，避免工件产生烧伤痕迹。

(5) 成批加工，或工件磨削余量较大时，可分粗、精磨，留 0.03～0.05mm 的精磨量即可。

能力拓展

磨削加工常见质量缺陷与预防如表 6-9 所示。

表6-9　磨削加工常见质量缺陷与预防

质量缺陷	产生原因	预防方法
磨削表面有直波纹	1. 机床以外的振动； 2. 砂轮主轴间隙过大； 3. 砂轮没平衡好； 4. 砂轮太硬； 5. 砂轮变钝； 6. 工件在两顶尖间顶得太松； 7. 细长工件没有使用中心架或者数量太少，或中心架的支承块顶得太松或太紧； 8. 工件中心孔与顶尖接触不良； 9. 横向进给量太大； 10. 工件转速过大	1. 消除或隔离振源； 2. 按规定重新调整间隙； 3. 重新平衡； 4. 换用较软砂轮； 5. 重新修整； 6. 调整尾架套筒的弹簧力； 7. 装上中心架重新调整； 8. 重修中心孔与顶尖； 9. 适当调小； 10. 适当调小

(续表)

质量缺陷	产生原因	预防方法
磨削表面有螺旋线	1. 砂轮主轴间隙过大，造成主轴偏移砂轮半边磨削； 2. 砂轮架及头架热变形，造成砂轮半边磨削； 3. 因进给导轨不直，砂轮修整时的位置和磨削时的位置不同造成单边磨损； 4. 头尾架顶尖刚性差； 5. 砂轮修整后母线不平直，两端没有倒圆； 6. 工作台速度过高	1. 按规定重新调整间隙； 2. 待机床达到稳定的温度后再使用； 3. 尽可能使砂轮修整位置和磨削位置一致； 4. 查明刚性不好的原因并消除； 5. 重新调整； 6. 适当改变
外圆工件有凸度，中间直径大两端小	1. 工件磨削时朝离开砂轮方向弯； 2. 使用中心架后支承块顶得太松或直径磨小后没及时调整支承块； 3. 砂轮在工件两端出刀太多或停留； 4. 床身工作台纵向导轨原始精度丧失	1. 使用中心架磨削； 2. 重新调整支承块； 3. 重新调整； 4. 重新刮研
外圆工件有凹度，中间直径小两端大	1. 中心架顶力太大； 2. 床身工作台纵向导轨原始精度丧失； 3. 两端磨削时间比中间部分短； 4. 中心架顶力太大	1. 调整支承块； 2. 重新刮研； 3. 增加砂轮在工件两端的出刀量； 4. 调整支承块
磨削表面划伤	1. 冷却液不清洁； 2. 砂轮和工件接触面间有脱落磨粒	1. 换新冷却液并精细过滤； 2. 砂轮修整后将表面刷净或加大冷却液流量，增加其洗涤性能
磨削表面烧伤甚至有裂纹	1. 砂轮过硬； 2. 进给量过大； 3. 砂轮不够锋利或变钝； 4. 冷却液不足	1. 换用较软的砂轮； 2. 调小； 3. 重新修整或更换新的金刚笔； 4. 加大冷却液
表面粗糙呈鱼鳞状	1. 砂轮修整的不够锋利，变钝砂轮表面不洁，有油污； 2. 砂轮硬度不均匀； 3. 砂轮修整得不好，金刚石不尖锐，金刚石在修整时颤动	1. 重新修整将其清除； 2. 将不均匀层修掉或更换优质砂轮； 3. 将金刚石重新磨尖锐或消除其颤动
外圆工件圆度较差	1. 工件顶尖孔或顶尖不圆或两者的锥度配合不好，或两者接触面间有污物； 2. 工件不平衡； 3. 工件回转不正常； 4. 头架轴承孔或尾架顶尖套筒孔原始精度丧失	1. 重研或消除污物； 2. 降低工件转速或用附加的平衡重量； 3. 将工件平衡； 4. 检查各传动件，找出原因或将其消除，拆下修复或更换

项目七

现代加工技术

任务十五　走进先进制造技术

知识目标

1. 了解先进制造技术在机械制造领域的发展方向及应用；
2. 了解几种先进制造方法的概念、特点以及相关的工艺原理。

能力目标

1. 能够形成对先进制造技术的认知；
2. 能够对先进制造技术进行合理选择。

素质目标

1. 具有严谨认真的工作态度；
2. 具有勇于创新的工作精神。

任务描述

机械制造业是国民经济最重要的基础产业，而先进制造技术的不断创新是机械工业发展的技术基础和动力。先进制造技术(advanced manufacturing technology，AMT)是指微电子技术、自动化技术、信息技术等先进技术给传统制造技术带来的种种变化与新型系统。具体地说，就是指集机械工程技术、

特种加工视频

电子技术、自动化技术、信息技术等多种技术为一体所产生的技术、设备和系统的总称。通过对本任务的学习，了解先进制造技术在机械制造领域的应用，了解几种先进制造方法的概念、特点以及相关的工艺原理。

知识链接

一、特种加工

随着产品向高精度、高速度、高温、高压、大功率、小型化、环保化及人性化方向的发展，产品所使用的材料性能越来越强韧，零件的形状越来越复杂，表面粗糙度的要求也越来越高，同时零件的尺寸也越来越细微，使用常规的加工方法很难达到要求，甚至无法加工。一种本质上区别于常规加工的特种加工便应运而生，并不断获得发展。

特种加工是指切削加工以外的一种新的去除材料的加工方法。特种加工与常规加工方法的区别主要有以下三点：

(1) 主要利用电能、光能、声能、热能、化学能及电化学能等进行材料的去除。

(2) 工具的硬度不必大于工件的硬度。

(3) 加工中，工具和工件不存在显著的机械切削力。

常用的特种加工方法有以下几种：

1. 电火花加工

电火花加工又称“放电加工”或“电蚀加工”，是利用脉冲放电对导电材料的腐蚀现象除去工件上的多余材料，达到尺寸加工目的的一种加工方法。

1) 电火花加工原理

电火花加工的原理是基于工具和工件(正、负电极)之间不断产生脉冲性火花放电，依靠放电使局部在瞬间产生高温，把金属溶解、汽化，从而蚀除多余的金属，达到对零件的尺寸、形状及表面质量的加工要求。

图 7-1 所示为电火花加工原理示意图。工件 1 与工具 4 分别与脉冲电源 2 的两极相连接。自动进给调节装置 3(液压缸)使工具和工件间经常保持一很小的放电间隙，当脉冲电压加到两极之间时，便在某一相对最小间隙处击穿介质，在该局部产生火花放电，瞬时高温可达 10 000℃～12 000℃，使该处工具和工件之间都腐蚀掉一小部分金属，各自形成一个小凹坑，如图 7-2(a)所示。脉冲放电结束后，经过一段间隔时间，使工作液恢复绝缘，第二个脉冲电压又加到两极上，又会在当时相对最小间隙处击穿放电，电蚀出一个小凹坑。这样，随着高频率的连续不断地重复放电，工具电极不断地向工件进给，就可将工具的形状复制在工件上，加工出所需要的零件，整个加工表面将由无数个小凹坑组成，如图 7-2(b)所示。

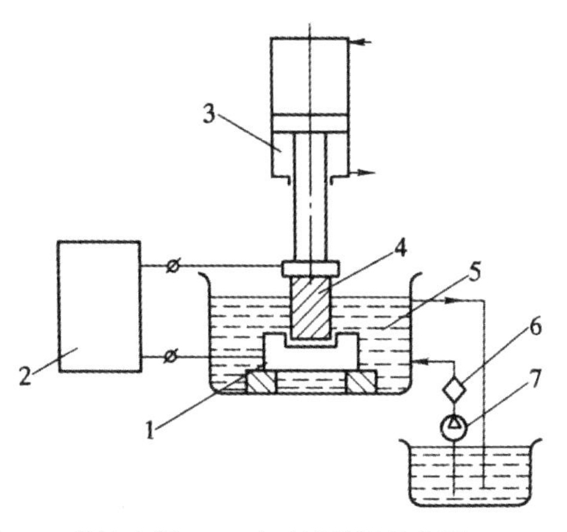

1—工件；2—脉冲电源；3—自动进给调节装置；4—工具；
5—工作液；6—过滤器；7—工作液泵

图7-1　电火花加工原理示意图

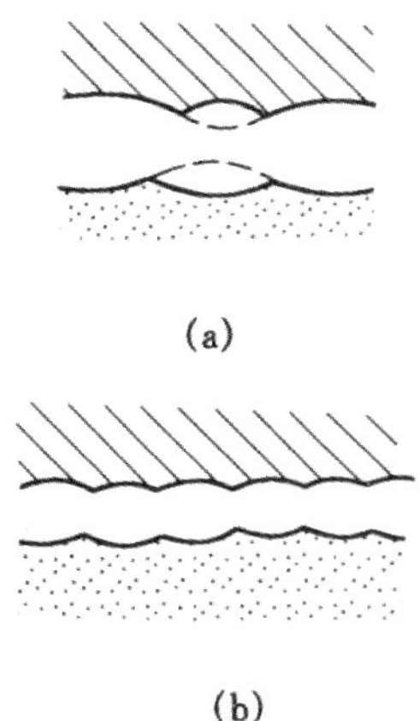

图7-2　电火花加工表面局部放大图

2) 电火花加工的特点

(1) “以柔克刚”，即用软的工具电极来加工任何硬度的导电性工件材料，如淬火钢、不锈钢、耐热合金和硬质合金等。

(2) 加工过程中无显著的“切削力”。因而加工小孔、深孔、弯孔、窄孔和薄壁弹性件，可以不至因工具和(或)工件刚度太低而无法加工。各种复杂的型孔、型腔和立体曲面都可以采用成形电极一次加工成形，不会因为面积过大使切削力过大而引起切削变形。

(3) 脉冲参数可以任意调节。加工中只要更换工具电极，就可以在同一台机床上通过改变电规准(指电压、电流、脉冲宽度、脉冲间隔等电参数)连续进行粗、半精和精加工。精加工尺寸精度可达 0.01mm，表面粗糙度 *Ra* 为 0.63～1.25μm。

3) 电火花加工工艺方法类别和应用

电火花加工广泛应用于机械(特别是模具制造)、航天、航空、电子、电机电器、精密机械、仪器仪表、汽车、轻工等行业，它的特点及用途如表 7-1 所示。

表7-1　电火花加工工艺方法的特点和用途

工艺方法	特点	用途
电火花穿孔成形加工	① 工具和工件间只有一个相对的伺服进给运动； ② 工具为成形电极，与被加工表面有相同的截面或形状	① 加工各类型腔模及各种复杂的型腔零件； ② 加工各种冲模、挤压模、粉末冶金模、各种异形及微孔
电火花线切割加工	① 工具电极为顺电极丝轴线移动着的线状电极； ② 工具与工件在两个水平方向同时有相对伺服进给运动	① 切割各种冲模和具有直纹面的零件； ② 下料、截割和窄缝加工
电火花内孔、外圆和成形磨削	① 工具与工件有相对的旋转运动； ② 工具与工件间有径向和轴向的进给运动	① 加工高精度、良好表面质量的小孔； ② 加工外圆、小模数滚刀等

(续表)

工艺方法	特点	用途
电火花同步共轭回转加工	① 成形工具与工件均作旋转运动，但二者角速度相等或成整倍数，相对应接近的放电点可有切向相对运动速度； ② 工作相对工件可作纵、横进给运动	以同步回转、范成回转、倍角速度回转等不同方式加工各种复杂型面的零件，如高精度的异形齿轮，精密螺纹环规，高精度、高对称度、良好表面质量的内、外回转体表面
电火花高速小孔加工	① 采用细管电极，管内冲入高压水基工作液； ② 细管电极旋转； ③ 穿孔速度极高	① 线切割预穿丝孔； ② 深径比很大的小孔，如喷嘴等
电火花表面强化、刻字	① 工具在工件表面上振动； ② 工具相对工件移动	① 模具、刀、量具刃口表面强化和镀覆； ② 点火化刻字、打印记

2. 激光加工

激光技术是20世纪60年代出现的一门尖端科学，激光是一种在激光器中受激辐射而产生的相干性光源，它与普通光相比有如下特性：

(1) 方向性极好，几乎是一束平行光。

(2) 单色性好，指光的波长或频率在一个确定的极窄的数值范围内。

(3) 亮度极高，比太阳表面亮度还要高 10^{10}(即100亿)倍。

(4) 能量高度集中。

随着激光技术的迅速发展，出现了一种崭新的加工方法——激光加工。

1) 激光加工的原理

由于激光的方向性好，发散角小，通过透镜聚焦后，可以得到直径很小的焦点；再加上它的单色性好，波长极为一致，亮度极高，所以聚焦点处的能量高度集中，功率密度可达 10^7～10^{10}W/cm^2，温度可达上万度。在此高温下，任何坚硬的材料都将瞬时熔化和气化，产生很强的冲击波，使熔化物质爆炸式地喷射去除。因此，激光的聚焦点可以作为一种有效的工具用来对任何材料进行去除加工。

激光加工原理如图7-3所示。

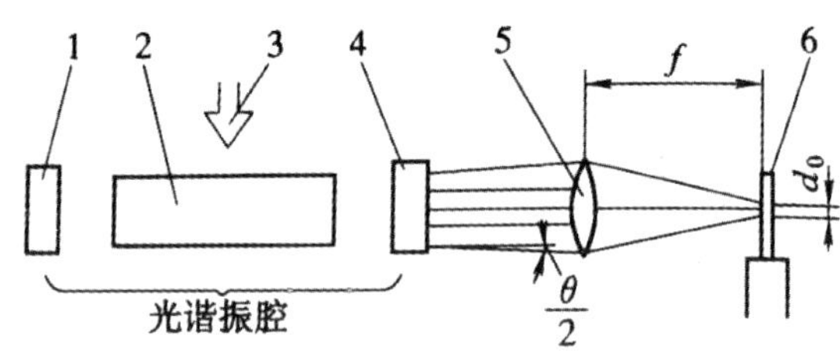

1—全反射镜；2—激光工作物质；3—激励能源；

4—部分反射镜；5—透镜；6—工件；θ—激光束发散全角；d_0—激光焦点直径

图7-3 激光加工原理示意图

激光器由激光工作物质 2、激励能源 3 和由全反射镜 1 与部分反射镜 4 构成的光谐振腔组成。当工作物质被光或放电电流等能量激发后，在一定条件下可以使光得到放大，并通过光谐振腔的作用产生光的振荡，由光谐振腔的部分反射镜输出激光。由激光器发射的激光束通过透镜 5 聚焦到工件 6 的待加工表面，对工件进行各种加工。

2) 激光加工的特点

(1) 激光加工是目前细微加工领域中可以实现的最细微的加工方法之一。激光聚焦后的焦点直径理论上可小至 0.001mm 左右，可进行小孔加工和窄缝切割。

(2) 激光加工的功率密度是各种加工方法中最高的一种，它几乎可以加工任何金属与非金属材料，如高熔点材料、耐热合金及陶瓷、宝石、金刚石等硬脆材料均可加工。

(3) 激光加工是非接触加工，无加工工具，故工件无受力变形；并可通过空气、惰性气体和透明体对工件进行加工，因此，可通过由玻璃等光学材料制成的窗口对被封闭的零件进行加工。

(4) 激光打孔、切割的速度很高，加工部位周围的材料几乎不受影响，工件热变形很小。

(5) 可控性好，易于实现加工自动化。

表 7-2 为激光加工的应用情况。

表7-2　激光加工的应用

应用种类	加工原理	应用举例
激光打孔	利用激光焦点处的高温使材料迅速熔化、汽化，汽化的物质以超音速喷射出来后，它的反冲击力在工件内部形成一个向后的冲击波，在此冲击波的作用下将孔打出	多用于加工金刚石拉丝模、钟表宝石轴承、化纤喷丝头等零件的小孔和非金属零件的打孔等
激光切割	将激光能量聚集到很微小的范围内把工件烧穿，切割时连续移动工件，沿切口连续打一排小孔即可把工件割开	可以切割各种金属、陶瓷、玻璃、布、纸、橡胶、木材等材料；特别适合切割各种复杂形状的零件、窄缝；在大规模集成电路的制作中，可用激光划片
激光焊接	用小功率激光器将工件的加工区烧熔，使其粘合在一起	既能焊接同种材料，也能焊接不同种类的材料，甚至可以焊接金属与非金属材料
激光雕刻	与激光切割基本相同，只是工件的移动由两个坐标数字控制的数控系统传动，可在平板上蚀除成所需的图形	一般多用于印染行业及美术作品
激光的表面热处理	用激光对金属工件表面进行扫描，从而引起的工件表面金相组织发生变化，进而对工件表面进行表面淬火、粉末粘合等	适用于对齿轮、气缸筒等形状复杂的零件和大型零件进行表面淬火，也可以利用激光除锈、激光消除工件表面的沉积物

3. 其他特种加工方法

1) 超声波加工

声波频率超过 16 000Hz 以上的振动声波称为超声波。超声波加工是利用超声波作为动力，带动工具做超声振动，通过工具与工件之间加入的磨料悬浮液冲击工件表面进行加工的一种成形加工方法。超声波加工具有波长短、能量大，传播过程中有显著的反射、折射、共振、损耗等现象。

(1) 超声波加工的工作原理如图 7-4 所示，加工中工具以一定的静压力压在工件 1 上，在工具与工件之间不断注入工作液 2(磨料与水的混合物)。由超声波发生器 7 产生的超声频电振荡，通过超声换能器 5 将其转变为超声频机械振动，再经振幅扩大棒 4 将其振幅扩大后，带动固定在振幅扩大棒的端头工具 3 产生垂直于工件表面的超声振动，迫使工作液中悬浮的磨料以很高的速度和加速度不断地撞击、抛磨被加工表面，把加工区域的材料粉碎成很细的微粒，从工件表面上脱落下来。同时，工作液受工具端面超声振动作用而产生液压冲击，也加速了工件表面被机械破坏的效果。工具的不断进给，使加工继续进行，工具的形状便复印在工件上，直至达到要求的尺寸。

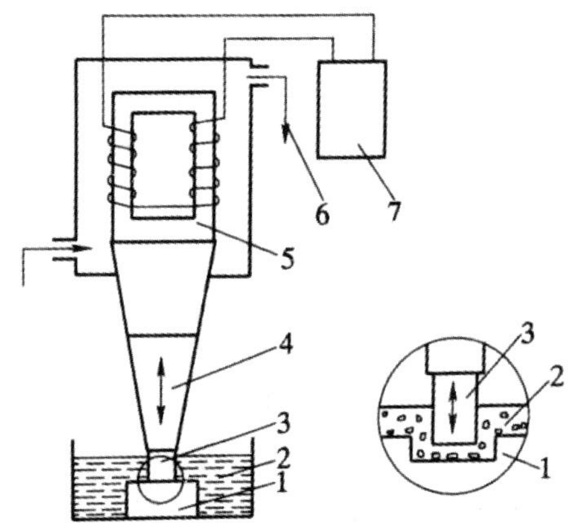

1—工件；2—工作液；3—工具；4—振幅扩大棒；5—超声换能器；6—冷水；7—超声波发生器

图7-4 超声波加工原理图

(2) 超声波加工的特点表现在以下几个方面。

一是适用范围广。适用于加工淬硬材料，特别是不导电的非金属材料，如玻璃、陶瓷、石英、硅、锗、玛瑙、宝石、金刚石等；对硬质的金属材料，如淬硬钢、硬质合金等虽可进行加工，但效率低。

二是加工精度高，表面质量好。在超声波加工中，工件表面所受切削应力小，可以加工薄壁、窄缝等低刚度工件。超声加工能获得较好的加工质量，一般尺寸精度可达 0.01～0.02mn，表面粗糙度 *Ra* 为 0.1～0.4μm。

三是超声波加工机床结构简单，工具较软且可以制成复杂形状、成形运动简单，故可加工各种复杂的型孔与型腔、套料、微小孔等。

四是超声波加工还可以与电解、电火花进行复合加工，对提高生产效率、降低表面粗糙度值都有较好的效果。

2) 电子束加工

利用电子束的热效应对工件进行加工的方法称为电子束加工。

(1) 电子束加工原理。在真空条件下，由电子枪射出的高速运动的电子束经电磁透镜聚焦后轰击工件表面，由于电子束的能量密度高、作用时间短，所产生的热量来不及传导扩散就将工件被冲击部分局部熔化、汽化，蒸发成为雾状粒子而飞散，从而实现加工的目的。

电子束加工原理如图 7-5 所示，电磁透镜实质上是一个通以直流电流的多匝线圈，其作用与光学玻璃透镜相似，当线圈通以电流后形成磁场，利用磁场力的作用使电子束聚焦。偏转器也是一个多匝线圈，当通以不同的交流电流时，产生不同的磁场，可迫使电子束按照加工的需要作相应的偏转。

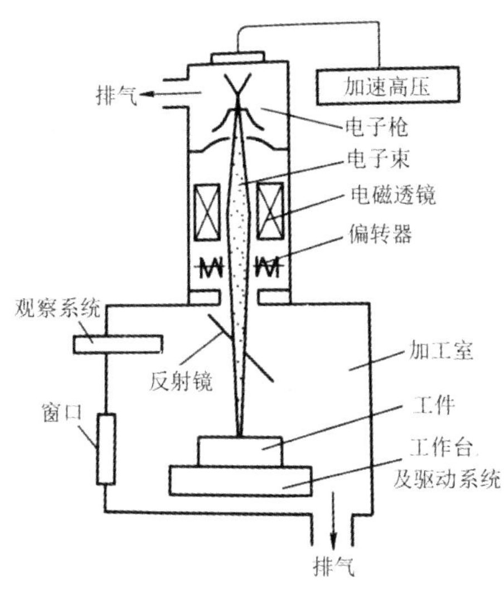

图7-5　电子束加工原理图

通过控制电子束能量密度的大小和能量注入时间，就可以达到不同的加工目的。如果只使材料局部加热就可进行电子束热处理；使材料局部熔化可进行电子束焊接；提高电子束能量密度，使材料熔化或汽化，便可进行打孔、切割等加工；利用较低能量密度的电子束轰击高分子材料是产生化学变化的原理，进行电子束光刻加工。

(2) 电子束加工的特点及应用。电子束能够聚焦细微(聚焦直径一般可达 0.1～100μm)，加工面积很小，是一种精密细微的加工方法。它靠蒸发去除材料，是非接触式加工；不受机械力的作用，故加工材料范围广，可加工脆性、韧性、导体、非导体及半导体材料。电子束加工在真空中进行，污染少，加工表面不氧化，适用于纯度要求极高的半导体材料加工。

目前，电子束加工主要应用于以下领域：

一是高速打孔。如每秒钟可在 2.5mm 厚的钢板上钻 50 个直径为 0.4mm 的孔。目前加工的最小孔直径为 0.003mm。

二是加工型孔和特殊面。利用电子束在磁场中偏转的原理，使电子束在工件内部偏转，控制电子速度和磁场强度，可以加工曲面、曲槽、弯孔等。

三是焊接。用于精加工后的精密焊，焊接强度高，焊缝深而窄；可对难熔金属、异种金属焊接。

四是蚀刻。用于半导体微电子器件制造多层固体组件刻细槽。

五是热处理。适当控制电子束的能量，使金属表面加热而不熔化，达到热处理的目的。

3) 离子束加工

利用高速离子束流，以实现各种微细加工的方法称为离子束加工。

(1) 离子束的加工原理。在真空条件下，将由离子源产生的离子经过电场加速，获得高速的离子束投射到被加工材料表面，产生溅射效应和注入效应。由于离子带正电荷，其质量比电子大数千、数万倍，所以离子束比电子束具有更大的撞击功能，它是靠围观的机械撞击能量来加工的。

离子束加工的物理基础是离子束射到材料表面时所发生的撞击效应、溅射效应和注入效应。具有一定动能的离子斜射到工件材料(靶材)表面时，可以将表面的原子撞击出来，这就是离子束的撞击效应和溅射效应。如果将工件直接作为离子轰击的靶材，工件表面就会受到离子刻蚀。如果将工件放置在靶材附近，靶材原子就会溅射到工件表面而被溅射沉积吸附，使工件表面镀上一层靶材原子的薄膜。如果离子能量足够大并垂直工件表面撞击时，离子就会钻进工件表面，这就是离子的注入效应。

(2) 离子束加工类型。按加工目的和所利用的物理效应不同，离子束加工可以分为如图7-6所示的四种类型。

离子刻蚀(图7-6(a))：离子刻蚀是利用能量为0.5～5keV的氩离子以一定的角度轰击工件，将工件表面的原子逐个剥离，实质上是一种原子尺度的切削加工，称为离子铣削，即纳米加工。

离子溅射沉积(图7-6(b))：离子溅射沉积是利用能量为0.5～5keV的氩离子以一定角度轰击靶材，将靶材原子击出，沉积在工件上，使工件表面镀上一层薄膜，实质是一种镀膜工艺。

离子镀(图7-6(c))：离子镀是利用能量为0.5～5keV的氩离子分两路以不同的角度同时轰击靶材和工件，目的在于增强靶材镀膜与工件基材的结合力。又被称为离子溅射辅助沉积。

离子注入(图7-6(d))：离子注入是利用能量为5～500keV能量的离子束轰击被加工材料，离子直接进入工件成为工件基体材料的一部分，达到改变材料性质的目的。

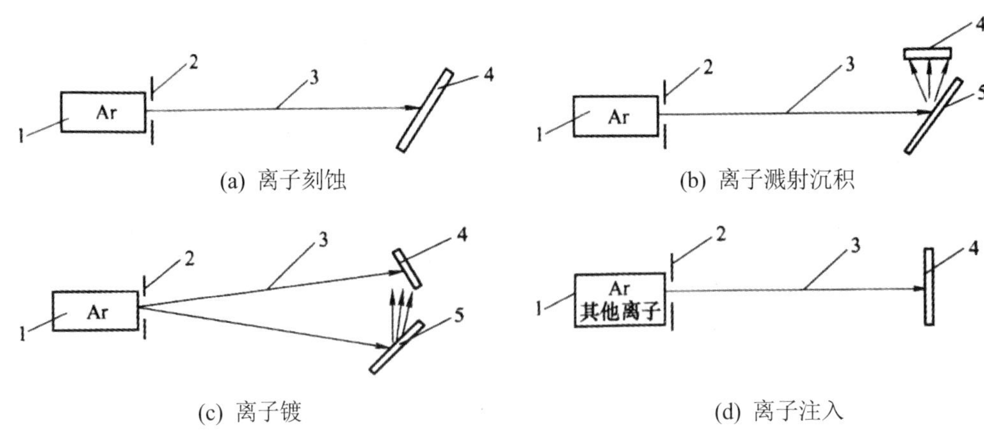

1—离子源；2—吸极(吸收电子，引出离子)；3—离子束；4—工件；5—靶材

图7-6 离子束加工的应用

(3) 离子束加工的特点表现在以下几个方面。

离子束加工具有精度高(可达纳米级)、污染少、加工应力小、热变形小等特点，广泛应用于以下领域：

一是刻蚀加工。目前已应用于蚀刻陀螺仪空气轴承和动压马达沟槽、高精度非球面透镜加工、高精度图形刻蚀(如集成电路、光电器件、光集成器件等微电子学器件的亚微米图形)、集成光路制造、薄材料纳米蚀刻等。

二是镀膜加工。离子镀膜主要应用于各种润滑膜、耐热膜、耐蚀膜、耐磨膜、装饰膜、电气膜的镀膜以及图层刀具的制造等。

三是离子注入。目前主要用于半导体改变或制造 PN 结、改变金属表面性质、制造光波导等。

二、精密与超精密加工

按加工精度和加工表面质量的不同，通常可以把机械加工分为一般加工、精密加工和超精密加工。精密和超精密加工包括所有能使零件的形状、位置和尺寸精度达到微米和亚微米范围的机械加工方法。精密和超精密加工是相对而言的，随着生产技术的不断发展，其间的界限随时间的推移而不断变化，因而精密加工和超精密加工在不同时期使用不同的尺寸来区分。目前，一般加工、精密加工、超精密加工的范围大致划分如下：

(1) 一般加工指加工精度在 10μm 左右，相当于 IT5～IT7，表面粗糙度 *Ra* 为 0.2～0.8μm 的加工方法，如车、铣、刨、磨、铰等工艺方法。适用于一般机械制造行业(如汽车、机床等)。

(2) 精密加工指加工精度为 0.1～10μm，公差等级在 IT5 或 IT5 以上，表面粗糙度 *Ra* 为 0.1μm 以下的加工方法，如精密车削、研磨、抛光、精密磨削等。适用于精密机床、精密测量等行业。

(3) 超精密加工指加工精度为 0.01～0.1μm，表面粗糙度 *Ra* 小于 0.025μm 的加工方法，如金刚石超精密切削、超精密磨料加工、电子束加工、离子束加工等。用于精密组件、大规模和超大规模集成电路及计量标准组件制造等方面。超精密加工已经进入纳米级，并被称为纳米加工及相应的纳米技术。

1. 金刚石刀具超精密切削

金刚石刀具超精密切削是指用金刚石刀具对铜、铝等软金属及其合金进行切削加工，以获得极高的精度和极低表面粗糙度值的一种超精密切削方法。

1) 金刚石刀具超精密切削机理

金刚石刀具超精密切削属于一种原子、分子级加工单位去除工件材料的加工方法，切削时其被吃刀量 a_p 在 1μm 以下。由于切削深度小于材料晶格尺寸，所以切削是将金属晶体一部分一部分地去除，这样的切削力就要超过分子或原子间巨大的亲和力，使刀刃承受很大的应力，同时产生很大的热量，显然对于一般的刀具材料是无法承受的。

单晶体天然金刚石刀具材料细密，刃口圆角半径经仔细修研后可达 0.02～0.05μm，刀刃锋利。进行微量切削时，由于其切削速度很高、进给量和被吃刀量极小，故工件的温升并不

高，塑性变形小，可以获得高精度、小表面粗糙度值的加工表面。

2) 金刚石刀具超精密切削的特点和应用

金刚石刀具超精密切削的尺寸精度在 0.1μm 数量级，表面粗糙度 Ra 为 0.02～0.01μm，主要用来加工无氧铜、铝合金、黄铜、非电解镍等有色金属和某些非金属材料。现在用于加工陀螺仪、激光反射镜、天文望远镜的反射镜、红外反射镜、雷达的波导管内腔、计算机磁盘、激光打印机的多面棱镜、录像机的磁头、复印机的硒鼓等。

金刚石刀具超精密切削时，必须防止切削擦伤已加工表面，常采用吸尘器及时吸走切屑，用煤油或橄榄油对切削区域进行润滑和冲洗，或采用净化压缩空气喷射雾化的润滑剂，使刀具冷却、润滑并清除切削。

2. 超精加工

超精加工是用极细磨粒 W60～W2 的低硬度油石，在一定的压力下对工件表面进行加工的一种光整加工方法。

1) 超精加工的工作原理

如图 7-7 所示，加工时，工件作低速旋转(v=15～150m/min)，装有油石条的磨头以恒定的压力轻压于工件表面，并作慢速轴向进给(v=0.1～0.15mm/r)，同时油石作轴向低频振动，实现对工件表面的低速微量磨削。加工时，应在油石和工件之间注入切削液以冲洗切屑和脱落的磨粒，并在油石和工件之间形成油膜。

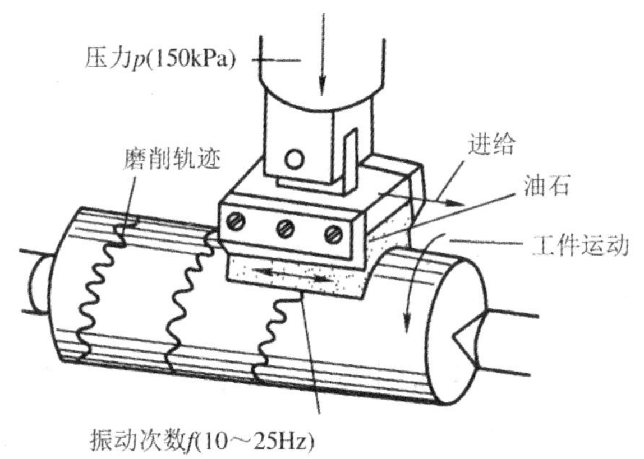

图7-7　超精加工工作原理图

超精加工过程分为四个阶段：当油石与工件表面最初接触时，因工件表面粗糙，只有少数凸峰，比压极大，油石易破碎脱落，切刃锋利，切削作用强烈，工件表面凸峰很快被磨去；随着油石与工件接触面积逐渐增大，比压降低，进入正常切削状态；加工继续进行，细小的切屑嵌入油石空隙中，油石产生光滑表面，切削作用减弱，摩擦抛光作用增强；当工件磨平后，单位面积上压力很小，切削液在工件与油石之间形成油膜，切削过程自动停止。

2) 超精加工的特点及应用

(1) 超精加工的切削余量极小，可获得表面粗糙度 Ra 为 0.01～0.04μm 的精细表面，但不能纠正工件的形状误差和相互位置误差。

(2) 超精加工发热小，工件表面没有烧伤现象，且加工后的表面层耐磨性好。

(3) 超精加工生产效率高，所用设备简单，广泛用于机械制造领域，如汽车零件、精密量具等的加工。

3. 高精度磨削

高精度磨削加工技术就是利用细粒度的磨粒对黑色金属、脆硬材料等进行加工，以得到高加工精度和低表面粗糙度值。高精度磨削分为精密磨削和超精密磨削。精密磨削是指加工精度为 0.1～1μm，表面粗糙度 *Ra* 为 0.025～0.16μm 的磨削方法；超精密磨削是指加工精度在 0.1μm 以下，表面粗糙度 *Ra* 为 0.008～0.025μm 的磨削方法。

1) 高精度磨削的机理

精密磨削是利用粒度为 60#～80#的砂轮，经过精细修整，使磨粒具有较高的微刃性和等高性(图 7-8)，这些等高的微刃在磨削时能切除极薄的金属，从而获得具有极细微磨痕、极小残留高度的加工表面，再加上无火花阶段微刃的滑挤、摩擦、抛光作用，使工件进行磨削加工并得到很高的加工精度。

(a) 砂轮磨粒　　(b) 微刃　　(c) 微刃的变化

图7-8　磨粒的微刃及磨削中微刃的变化

超精密磨削则是利用粒度为 W40～W50 的金刚石、立方氮化硼等超硬磨料砂轮，经过精细修整在超精密磨床上对工件进行磨削加工。其去除的金属比精密磨削还要薄。

2) 高精度磨削的应用

精密及超精密磨削主要用于对钢铁等黑色材料的精密及超精密加工。精密磨削一般用于机床主轴、轴承、液压滑阀、滚动导轨、量规等的精密加工。如果采用金刚石砂轮和立方氮化硼砂轮，还可对各种高硬度、高脆性材料(如硬质合金、陶瓷、玻璃等)和高温合金材料进行超精加工。因此，精密及超精密磨削加工的应用范围非常广阔。

三、快速成形制造技术

快速成形制造技术是 20 世纪 80 年代中期发展起来的一项高新技术，是制造业继应用数字控制技术后的又一次革命。快速成形制造技术具有技术高度集成、设计制造一体化、加工快速等特征。加工中不需要传统的模具和刀具，所加工的材料十分广泛，金属、纸、塑料、光敏树脂、蜡、陶瓷，甚至纤维等都在快速成形制造中被广泛应用。

快速成形制造技术视频

1. 快速成形制造技术的基本原理及工艺

1) 快速成形制造技术的基本原理

快速成形制造技术(rapid prototype manufacturing，RPM)是综合利用CAD技术、逆向工程技术、分层制造技术、激光加工技术和材料技术实现从零件设计到三维实体原型制造一体化的系统技术，是由CAD模型直接驱动的快速制造复杂形状三维物理实体技术的总称。它采用软件离散——材料堆积成形的原理实现零件的成形，如图7-9所示。

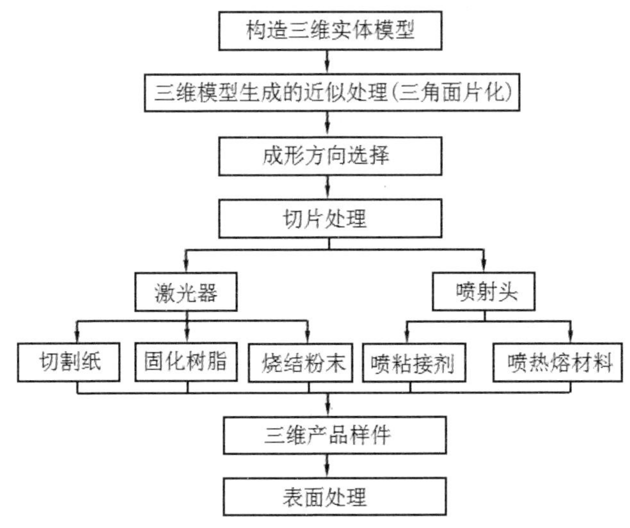

图7-9 快速成形制造流程图

具体过程是：先由CAD软件设计出所需零件的计算机三维曲面或实体模型，然后根据工艺要求选择成形方向，将生成的实体模型按一定厚度进行分层切片，把原来的三维模型变成二维平面信息(即软件离散过程)；将分层后的平面信息进行工艺处理，对加工过程进行仿真与确认；最后由成形机接受控制指令，制造一系列层片并自动将它们连接起来，得到一个三维物理实体(即材料堆积的过程)。

2) 快速成形制造工艺

从1988年世界上第一台快速成形机问世以来，各种不同的快速成形工艺相继出现并逐渐成熟。典型的和较成熟的商品化RPM技术有如下几种：

(1) 光固化成形(stereolithography，SL)以液态光敏树脂为原料，通过计算机控制紫外激光使其凝固成形。成形过程如图7-10所示。在液槽中盛满液态光敏树脂，氦—镉激光器或氩离子激光器发出的紫外激光束在控制系统的控制下，按零件的各分层信息在光敏树脂表面进行逐点扫描，被扫描区域的树脂薄层产生光聚合反应而固化，形成零件的第一个薄层。然后，升降架带动平台再下降一层高度，上面又布满一层树脂以便进行第二层扫描，新固化的一层牢固地粘在前一层上，如此重复直至三维零件制作完成。

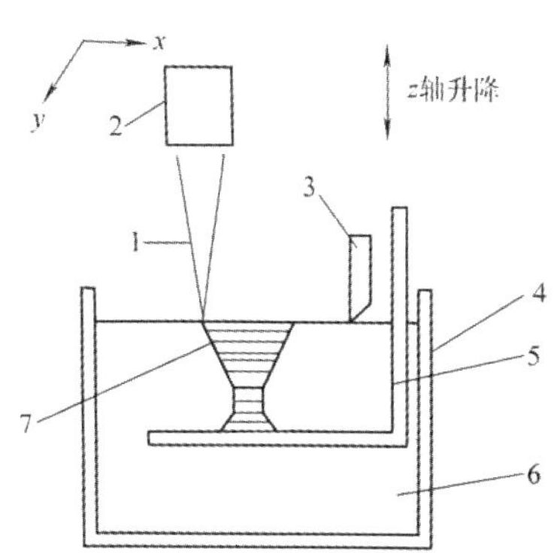

1—激光束；2—扫描镜；3—刮平器；4—树脂槽；5—升降台；6—光敏树脂；7—成形零件

图7-10　SL法原理图

SL 是最早发展的快速成形技术，已成为最为成熟且广泛应用的 RPM 典型技术之一。这种技术加工尺寸精度高，能达到 0.1mm，表面质量优良。和其他几种快速成形方法相比，它也有自身局限性，如成形过程中伴随着物理和化学变化，制件较易弯曲，需要支撑；树脂收缩导致精度下降；光固化树脂有一定的毒性。

(2) 选择性激光烧结(selective laser sintering，SLS)又称选区激光烧结。它利用粉末材料(金属粉末或非金属粉末)在激光照射下烧结的原理，在计算机控制下层层堆积成形。

成形过程如图 7-11 所示。将材料粉末铺洒在工作台上，用 CO_2 激光器在刚铺的新层上扫描出零件的截面；截面轮廓上的材料粉末在高强度的激光照射下被烧结并与下面已成形的部分实现粘接；一层完成后压平进行下一层，逐步形成三维实体，在去掉多余粉末，打磨、烘干等处理后获得零件。

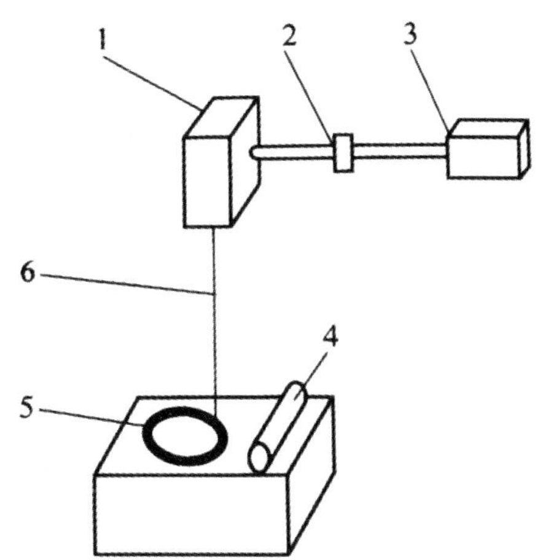

1—扫描镜；2—透镜；3—激光器；4—压平辊子；5—成形零件；6—激光束

图7-11　SLS法原理图

SLS 的工艺特点是材料适应面广，可以制造金属、塑料、陶瓷、蜡等材料的零件；制造工艺简单，可以直接制造出零件并且不需要支撑；成形零件的机械性能好、强度高。

(3) 分层实体制造(laminated object manufacturing，LOM)将涂有热熔胶的纤维纸热压粘

连，利用激光按 CAD 分层模型轨迹切割出轮廓线，从而堆积成形。

成形过程如图 7-12 所示。首先铺上一层预涂覆热熔胶的纸料，用 CO_2 激光器在计算机的控制下切割出本层轮廓，将不属于原型的材料切割成网格便于以后去除，本层完成后，再铺上一层纸料，用辊子碾压并加热固化再切割。如此反复直到加工完毕，最后去除切碎部分得到完整的零件。LOM 的关键技术是控制激光的光强和切割速度，保证良好的切口质量和切割深度。

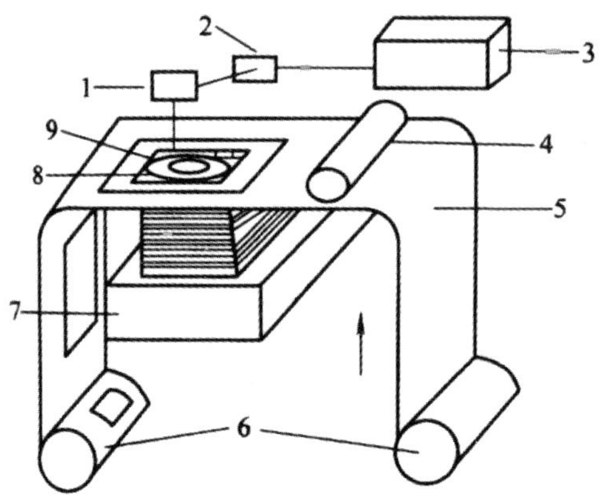

1—xy扫描器；2—光路系统；3—激光器；

4—加热器；5—纸料；6—滚筒；7—工作平台；8—边角料；9—成形零件

图7-12　LOM法原理图

LOM 工艺成形厚壁零件的速度较快，易于制造大型零件；工艺过程中不存在材料相变，不易引起翘曲变形，无需加支撑。

(4) 熔融沉积成形(fused deposition modeling，FDM)又称熔丝沉积。PDM 的材料一般是热塑性材料，如蜡、ABS、尼龙等，以丝状供料。材料在喷头内被加热熔化，喷嘴通过计算机控制沿零件截面轮廓和填充轨迹运动，同时挤出熔融的材料，快速冷却固化形成一个加工层并与上一层牢牢连接在一起，层层堆积，自下而上形成一个三维实体。成形过程如图 7-13 所示。

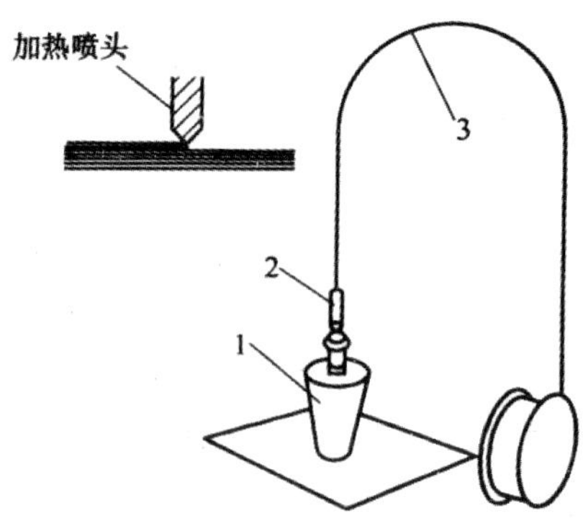

1—成形零件；2—喷头；3—料丝

图7-13　FDM法原理图

FDM 不使用激光器，操作简单，但成形时间长，需要辅助支撑，适合概念成形、原型开发等应用。

几种常用快速成形制造工艺比较参见表 7-3。

表7-3　常用快速成形制造工艺的综合比较

指标 / 工艺方法	精度	表面质量	材料成本	材料利用率	运行成本	生产成本	设备成本
光固化成形(SLA)	好	优	较贵	接近 100%	较高	高	较贵
选择性激光烧结成形(SLS)	一般	一般	较贵	接近 100%	较高	一般	较贵
分层实体成形(LOM)	一般	较差	较便宜	较差	较低	高	较便宜
熔融沉积成形(FDM)	较差	较差	较贵	接近 100%	一般	较低	较便宜

2. 快速成形制造技术的应用及发展方向

快速成形制造技术主要适用于新产品开发、快速单件及小批量零件制造、复杂形状零件的制造、模具设计与制造，也适合于难加工材料的制造、装配检验等，可以广泛应用于汽车制造、航天航空、船舶工程、动力机械、家电、电动工具、医疗修复、轻工玩具与工艺品制作等行业，如图 7-14 所示。

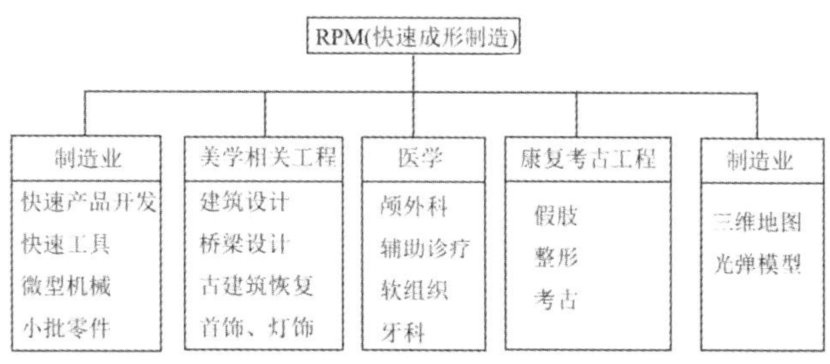

图7-14　RPM应用总图

快速成形技术的研究主要包括 CAD 数据的准备、新型成形工艺的开发与已有工艺的完善、RPM 自动化设备的研制和提高以及应用范围的推广等，其中发展新型、先进的快速成形工艺是核心。其主要发展有以下几个方向：

1) 喷射成形技术的广泛应用

喷射成形技术材料应用广泛，运行成本降低，容易将材料与原型成形结合起来，该技术的广泛应用已成为快速成形技术发展的主要趋势。喷射成形技术可采用的实现方法有挤压喷射成形和压电喷射成形，挤压喷射成形又包括挤压筒挤压及螺杆挤压方式等。目前，喷射成形技术面临的主要难题是喷射速度较低，从而降低了成形效率和成形速度，这也是研究人员正致力解决的问题。

2) 分层方式的演变

目前，分层方式已由传统的二维平面分层发展为空间的曲面分层，也就是平面演变为曲

面，二维分层发展为三维分层。

3) 向大型制造与微型制造进军

由于大型模具的制造难度和RPM在模具制造方面的优势，可以预测将来的RPM市场将有一定比例被大型原型制造占据。与此形成鲜明对比的将是，RPM向微型领域的进军，制造微米零件(microscale part)，如日本Nagoya University的激光光斑可达5μm，成形时原型不动，激光束通过透明板精密聚焦在被成形的原型上。*X-Y*扫描全停位精度为0.000 25mm，*Z*向停位精度为0.001mm，可制造5μm×5μm×3μm的零件，如静脉阀、集成电路零件等。

4) 组织工程材料快速成形

生物医学工程已经成为继信息产业后最重要的科学研究和经济增长热点，其中生命体的人工合成和人体器官的人工替代成为目前全球瞩目的科学前沿。生命体中的细胞载体框架结构是一种特殊结构，是由纳米级材料构成的极其精细的复杂非均质多孔结构，传统制造技术是无法完成的，应用快速成形制造技术能精确地堆积材料，以保证成形件的正确结构关系、强度、表面质量等。

总之，RPM技术是一种快速开发和制造产品的技术，作为一种关键的先进制造技术，其对国家的制造能力及企业的市场竞争力有着极大影响，RPM技术的发展有着巨大的产业化前景。

开拓创新的精神 量变引起质变

突如其来的新冠病毒令人猝不及防，但值得庆幸的是，我们看到在抗击新冠肺炎疫情中，3D打印企业借助自己的技术积累与创新，做了不少科技防控的工作。

2020年2月13日，首批15套3D打印隔离屋运抵湖北咸宁中心医院，3D打印隔离屋具有快速制造、抗风抗震、保温隔热的效果。

2020年2月7日首批3D打印医用护目镜上市。

3D打印机打印的口罩佩戴神器上市。

3D打印机打印的手持式红外线测温仪外壳上市。

我国制造技术的快速发展，反应了一代代技术人员的开拓创新精神，技术的积累带来了丰硕成果。

四、柔性制造系统

1. 柔性制造系统的概念和特点

柔性制造系统视频

柔性制造技术是以数控技术为核心，以计算机技术、信息技术、检测技术、质量控制技术与生产管理技术相结合的先进制造技术。柔性制造系统(flexible manufacturing system，FMS)是以数控加工设备、物料运储装置和计算机控制系统等组成的自动化制造系统，它包括多个柔性制造单元，能根据制造任务或生产环境的变化做出迅速调整，适用于多品种、中小批量生产。

FMS具备以下特点：

1) 自动制造功能

该功能能自动管理零件的生产过程，自动控制制造质量，自动进行故障诊断及处理，自动进行信息收集及传输。

2) 加工品种多

简单地改变软件或系统参数，便能制造出某一零件族的多种零件。

3) 自动交换与自动运输功能

利用该功能能自动交换工件和刀具，自动完成物料的运输和存储(包括刀具、工装和工件的自动运输)。

4) 作业计划与调度

利用该功能能解决多机床条件下零件的混乱加工，且无需额外增加费用；具有优化调度管理功能，能实现无人化或少人化加工。

2. 柔性制造系统的组成

柔性制造系统由三部分组成：多工位数控加工系统、自动化的物流系统和计算机控制的信息流系统，如图 7-15 所示。

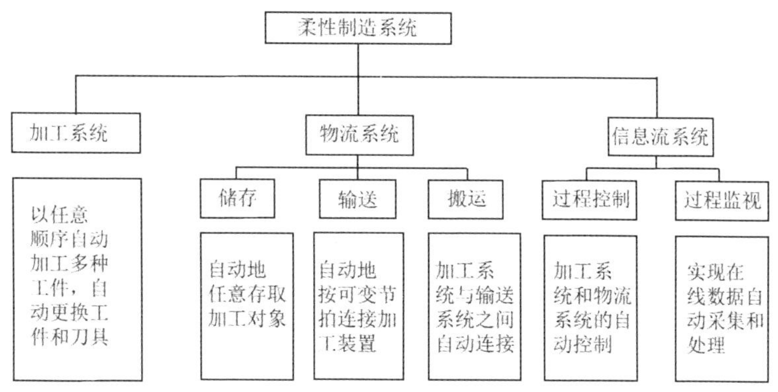

图7-15　FMS的组成框图

1) 加工系统

加工系统通常由两台以上的数控机床、加工中心或柔性制造单元等设备(图 7-16)及检测设备和清洗设备等辅助设备组成。加工系统的功能是以任意顺序自动加工各种工件，并能自动地更换工件和刀具。

FMS 的加工能力是由它所拥有的加工设备决定的。在 FMS 里加工中心所需的功率、加工尺寸范围和精度由待加工的工件族决定。由于箱体、框架类工件在采用 FMS 加工时经济效益特别显著，故现有的 FMS 中，加工箱体类工件的 FMS 占的比重较大。

(a) 数控机床　　(b) 加工中心

图7-16　加工设备

2) 物流系统

如图 7-17 所示，在 FMS 中，工件流、刀具流统称为物流，物流系统即物料储运系统，是柔性制造系统中的一个重要组成部分。物流系统由输送系统、存储系统和操作系统组成。输送系统功能是建立各加工设备之间的自动化联系，该系统处于可以进行随机调度的工作状态。存储系统具有自动存取机能，用以调节加工节拍的差异。操作系统建立起加工系统同物流系统之间的自动化联系。

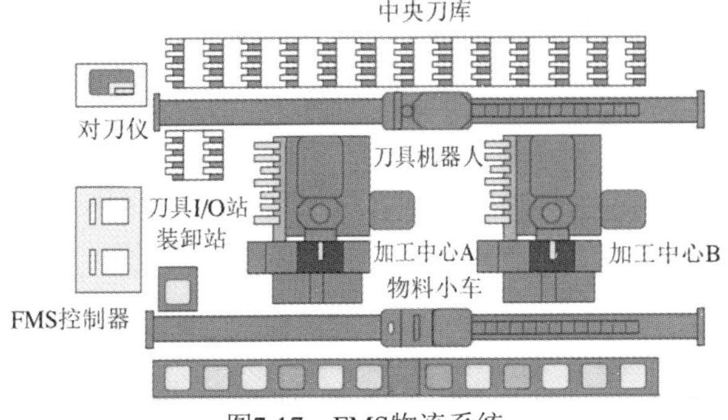

图7-17　FMS物流系统

一般情况下，FMS 的物流系统中工件流和刀具流分开，工件流子系统完成工件传送，刀具流子系统完成刀具传送，两套传输设备互不影响；但也有些 FMS 的物流系统中工件流和刀具流混合在一起，用一套传输设备，相互有一定的影响，通常用于工件每道工序加工时间长、输送设备用于工件的传送时间少、有足够的空余时间用于传递刀具的 FMS 中。

在 FMS 物料传送系统中，工件流系统主要由工件库(毛坯、半成品、成品)、夹具库、堆垛机、托盘缓冲站、装卸站、传送小车(有轨运输车、无轨运输车)或传送带组成，如图 7-18 所示。刀具流主要由对刀仪、刀具缓冲站、中央刀库、机附刀库和刀具传送机器人组成。

(a) 堆垛机和立体仓库

(b) 托盘缓冲站

(c) 有轨运输车

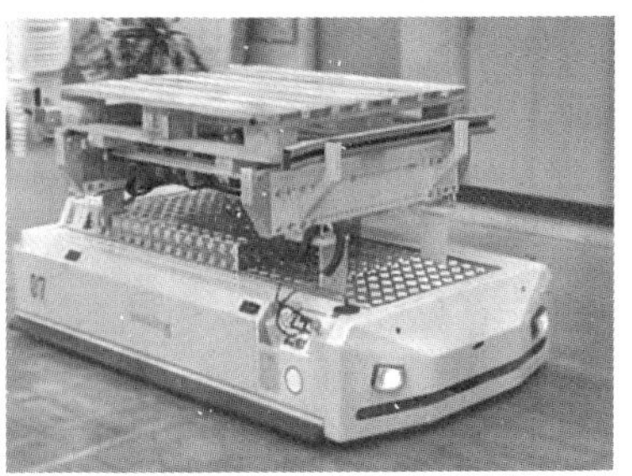

(d) 无轨运输车

(e) 刀具缓冲站、中央刀库和刀具传送机器人

图7-18　物料传送系统

3) 信息系统

信息系统包括过程控制及过程监控两个系统。过程监控系统进行加工系统及物流系统的自动控制；过程监控系统自动采集和处理在线状态数据。信息系统的核心是一个分布式数据库管理系统和控制系统，整个系统采用分级控制机构，即 FMS 中的信息由多级计算机进行处理和控制，其主要任务是：组织和指挥制造流程，并对制造流程进行控制和监视；向 FMS 的加工系统、物流系统提供全部控制信息并进行过程监视，反馈各种在线检测数据，以便修正控制信息，保证安全运行。如图 7-19 所示为具有工作站级的 FMS 递阶控制结构。

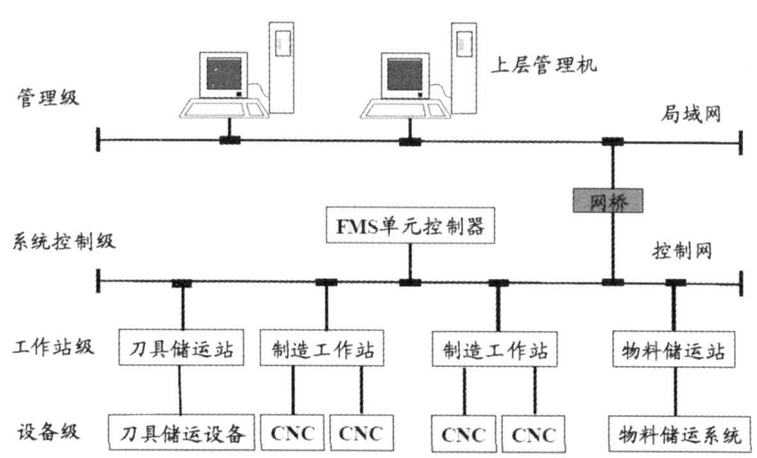

图7-19　具有工作站级的FMS递阶控制结构

图 7-20 是一个典型的柔性制造系统示意图。该系统由 4 台卧式加工中心、3 台立式加工中心、2 台平面磨床、2 台自动导向运输车、2 台检验机器人组成，此外还包括自动仓库、托盘站和装卸站等。在装卸站由人工将工件毛坯安装在托盘夹具上，然后由物料传送系统把毛坯连同托盘夹具输送到第一道工序的加工机床旁边，排队等候加工；一旦该加工机床空闲，就由自动上下料装置立即将工件送上机床进行加工；当每道工序加工完成后，物料传送系统便将该机床加工完成的半成品取出，并送至执行下一道工序的机床处等候。如此不停地运行，直到完成最后一道加工工序为止。在整个运作过程中，除了进行切削加工之外，若有必要，还需进行清洗、检验等工序，最后将加工结束的零件入库储存。

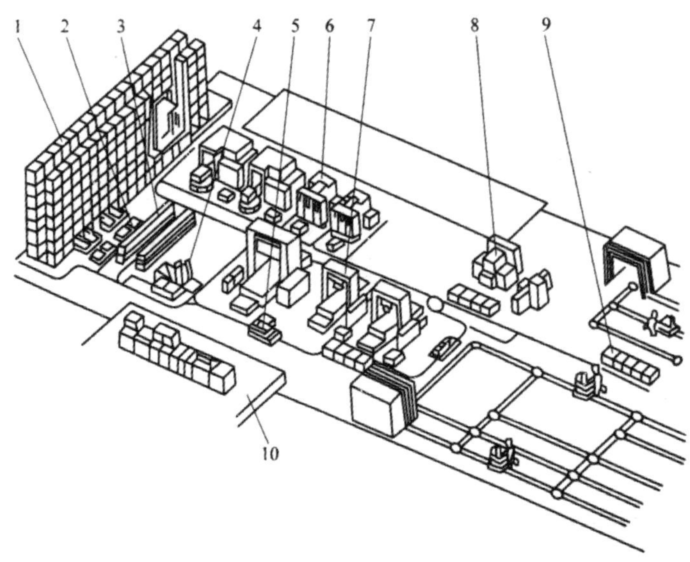

1—自动仓库；2—装卸站；3—托盘站；4—检验机器人；5—自动运输车；6—卧式加工中心；
7—立式加工中心；8—磨床；9—组装交付站；10—计算机控制室

图7-20　典型的柔性制造系统示意图

3. 柔性制造系统的类型和适用范围

按照制造系统的规模、柔性和其他特征，柔性制造系统的类型有以下三种：

1) 柔性制造单元(flexible manufacturing cell，FMC)

柔性制造单元由1～2台加工中心及物料运送存储设备构成，它有固定的加工工艺流程，零件流按固定工序顺序运行，它不具有实时加工路线流控制、载荷平衡及生产调度计划逻辑的中央计算机控制。其特点是实现单机柔性化及自动化，适用于多品种、小批量工件的生产。FMC具有规模小、成本低，便于扩展的优点，但是信息系统自动化程度较低，加工柔性不高，只能完成品种有限的零件加工。

2) 柔性制造系统(flexible manufacturing system，FMS)

FMS通常包括3台以上的加工中心，由集中的控制系统及物料系统连接起来，可在不停机情况下实现多品种、中小批量的加工管理，能接受各种不同零件的加工，解决了多品种、中小批量生产的生产率不高的问题，对扩大变形产品的生产和新产品开发特别有利。FMS是使用柔性制造系统最具代表性的制造自动化系统。

3) 柔性制造生产线(flexible manufacturing line，FML)

它是处于单一或少品种大批量非柔性自动线与中小批量多品种FMS之间的生产线。其加工设备可以是通用的加工中心、数控机床，也可采用专用机床或数控专用机床。对物料搬运系统柔性的要求低于FMS，但生产率更高。它是以离散型生产中的柔性制造系统和连续生产过程中的分散型控制系统(DCS)为代表，其特点是实现生产线柔性化及自动化，其技术已日臻成熟，迄今已进入实用阶段。

五、虚拟制造

虚拟制造技术是 CAD/CAE/CAPP/CAM 和仿真技术的更高阶段。利用虚拟现实技术、仿真技术等在计算机上建立起虚拟制造环境是接近人们自然活动的一种“自然”环境，人们的视觉、触觉和听觉都与实际环境接近。人们在这样的环境中进行产品的开发，可以充分发挥技术人员的想象力和创造能力，相互协作发挥集体智慧，大大提高了产品开发的质量，缩短了开发周期。

1. 虚拟制造的概念及特点

1) 虚拟制造的概念

虚拟制造技术(virtual manufacturing technology，VMT)是 20 世纪 90 年代提出并得到迅速发展的一个新技术。它以虚拟现实和仿真技术为基础，对产品的设计、生产过程统一建模，在计算机上实现产品从设计、加工、装配、检验、使用整个生命周期的模拟和仿真。虚拟技术在优化产品设计质量和制造过程、优化生产管理和资源规划、使产品开发周期和成本最小化等方面具有显著优势。

2) 虚拟制造的特点

(1) 信息集成性。虚拟制造系统涉及的技术与工具很多，它综合运用系统工程、知识工程、人机工程等多学科先进技术，具有更高信息和知识的集成度。

(2) 组织灵活性。根据市场的变化和用户要求，利用虚拟制造系统随时修改设计和加工的产品，有非常高的灵活性。

(3) 功能一致性。即虚拟制造系统的功能与相应现实制造系统功能一致，忠实地反映制造过程本身的动态特性。

(4) 分工合作。可使分布在不同地点、不同部门的人员在同一个建模上同时工作，信息共享，有效缩短开发周期。

2. 虚拟制造的技术分类与应用

虚拟制造技术按其功能可划分为：

1) 以设计为核心的虚拟制造

将制造信息引入设计过程，利用仿真技术优化产品设计，从而在设计阶段就可以对所设计的零件甚至整机进行可制造性分析，包括加工工艺分析、铸造过程热力学分析、运动部件的运动学分析和动力学分析等。

2) 以生产为核心的虚拟制造

在制造过程中融入仿真技术，以评估和优化生产过程，快速地对不同工艺方案、资源计划、生产计划以及调度结果做出评估，其目标是评价产品的可生产性。

3) 以控制为核心的虚拟制造

它是将仿真加到控制模型和实际处理中，实现基于仿真的最优先控制。其中，虚拟仪器就是利用计算机硬件的强大功能，将传统的各种控制仪表、检测仪表的功能数字化，并可以灵活地进行各种功能组合，形成不同控制方案和模块。

三种虚拟制造的特点及其应用如表 7-4 所示。

表7-4　三种虚拟制造的特点及其应用

类别	特点	目标	主要技术	应用领域
以设计为核心的虚拟制造	① 为设计人员提供制造信息； ② 利用仿真技术以优化产品设计； ③ 在计算机上制造多个“软"样机	评价可制造性	① 特征造型； ② 数学模型； ③ 加工仿真	① 造型设计； ② 热力学分析； ③ 运动学分析； ④ 动力学分析； ⑤ 加工过程仿真
以生产为核心的虚拟制造	① 将仿真能力用于制造过程模型，快速评价不同的工艺方案； ② 对资源计划、生产计划及调度结果做出评估	评价可生产性	① 虚拟现实； ② 嵌入式仿真	① 工厂或产品的物理布局 传统制造：主要考虑空间 虚拟制造：总体协调、优化动态过程 ② 生产计划的编排 传统制造：静态、确定型 虚拟制造：动态、随机型
以控制为核心的虚拟制造	① 将仿真加到控制模型和实际处理中； ② 可“无缝”地仿真，使实际生产周期不间断地优化		① 对离散制造，基于仿真的实时动态调度； ② 对连续制造，基于仿真的最优控制	

六、绿色制造

1. 绿色制造的概念与特点

绿色制造(green manufacturing，GM)也被称为环境意识制造，是指在保证产品功能、质量、成本的前提下，综合考虑环境影响和资源效率的现代制造模式。它使产品从设计、制造、使用到报废的整个产品生命周期中不产生环境污染或环境污染最小化，符合环境保护要求，对生态环境无害或危害极小；节约资源和能源，使自用利用率最高，能源消耗最低。

绿色制造的特点如下：

1) 强调系统性

绿色制造涉及制造(含产品生命周期全过程)、环境保护、资源优化利用三个领域，与传统制造有本质的区别。

2) 突出预防性

绿色制造对产品生命周期实施综合预防污染战略，通过减少污染源和保证环境安全的回收利用，使废弃物最小化或消失在生产过程中。

3) 符合经济性

绿色制造可使能源消耗最低，零件材料回收再生产利用最大，处置废弃物费用合理，从而降低了生产成本。

4) 可持续发展动态性

绿色制造是一个动态概念，绝对的绿色是不存在的。随着科技的发展，绿色制造的目标、内容会产生相应的变化与提高，并不断完善。绿色制造必须与市场需求、经济发展的动态相适应，它是一个不断发展的持续过程。

2. 绿色制造模式

1) 绿色制造的体系结构

绿色制造的内涵包括绿色能源、绿色生产过程和绿色产品三项主要内容和两个层次的全过程控制。绿色制造的体系结构如图 7-21 所示。

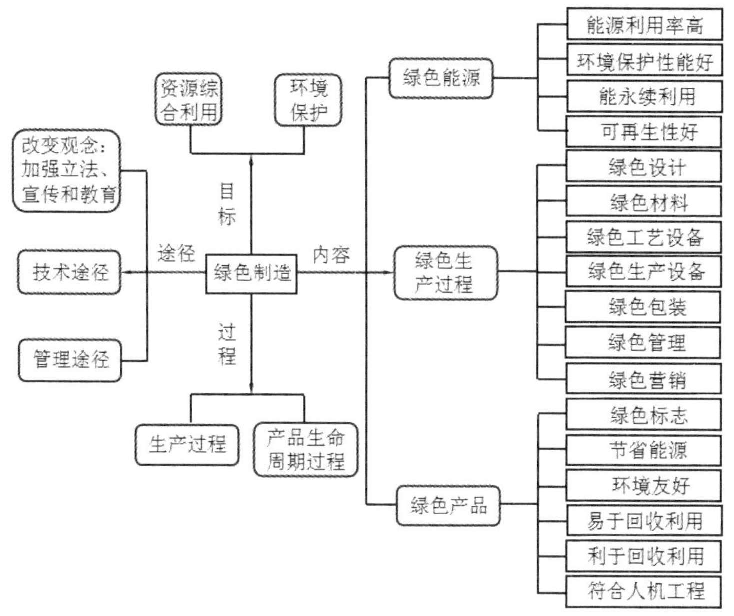

图7-21　绿色制造的体系结构图

绿色制造的两个过程包括产品制造过程和产品生产周期过程。在从产品的规划、设计、生产、销售、使用到报废淘汰的回收利用、处理处置的整个生命周期中，产品的生产均要做到节能降耗、无或少环境污染。

绿色制造的内容包括三部分：用绿色材料、绿色能源，经过绿色的生产过程(绿色设计、绿色工艺技术、绿色生产设备、绿色包装、绿色管理等)生产出绿色产品。

绿色制造追求两个目标：通过资源综合利用、短缺资源的代用、可再生资源的利用、二次能源的利用及节能降耗措施延缓资源能源的枯竭，实现持续利用；减少废料和污染物的生成和排放，提高工业产品在生产过程中和消费过程中与环境的相容程度，降低整个生产活动给人类和环境带来的风险，最终实现经济效益和环境效益的最优化。

2) 绿色制造模式

绿色制造系统中，最优化地利用资源和最低限度地产生废弃物，是环境污染问题治本的根本措施。因此，绿色制造的战略途径是资源最优利用和综合利用。

绿色制造的实施模式如图 7-22 所示。绿色制造的实施应重点抓住两条主线：一是绿色设计，是以环境资源保护为核心概念的设计过程，它要求在产品的整个生命周期内把产品的基本属性和环境属性紧密结合，在进行设计决策时，除满足产品的物理目标外，还应满足环境目标，以达到优化设计要求。二是物流，包括原材料生产、供应、制造加工过程、产品装配、包装、使用维修、产品使用寿命终结回收的处理和利用。物流主线应具有废弃物的最小化和整个物流主线基本为闭环的两个基本特征。

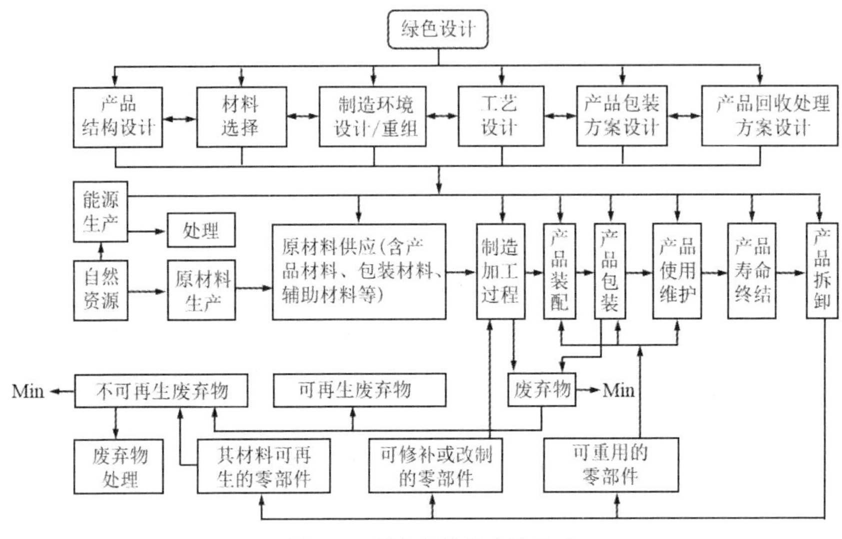

图7-22　绿色制造的实施模式

任务实施

1. 小组协作与分工。每组 4～5 人，请同学们思考，并讨论以下问题。

(1) 特种加工的特点是什么？有哪些工艺方法？

____

____

____

(2) 试述激光加工应用的种类及工作原理。

____

____

____

____

(3) 快速成形制造技术的基本原理是什么？有何工艺特点？

____

____

____

____

(4) 柔性制造系统由哪几部分组成？各部分的任务是什么？

____

____

____

____

(5) 绿色制造的定义与内涵是什么？有哪些特点？

____

____

____

2. 小组协作与分工。每组 4～5 人，通过查阅相关资料，按要求在表 7-5 中填写中国制造 2025 十大领域关键词。

表7-5　中国制造2025十大领域

十大领域		关键词
新一代信息技术产业		
高档数控机床和机器人		
航空航天装备		
海洋工程装备及 高技术船舶		
先进轨道交通装备		

(续表)

十大领域		关键词
节能与新能源汽车		
电力装备		
农机装备		
新材料		
生物医药及高性能医疗器械